U0279705

西门子工业通信工程应用技术

姜建芳　主编

机械工业出版社

本书结合工业工程应用讨论了西门子工业网络通信技术，用理论与工程应用技术相结合的方式讨论了全集成自动化体系中的 SIMATIC NET 部分，并把工业控制系统工程设计思想和方法及其工程实例融合到其中，便于读者在学习过程中理论联系实际，较好地掌握工业网络通信技术理论基础知识和工程应用技术。

　　本书全面介绍了西门子工业网络通信、通信协议、通信服务和通信组态编程与故障诊断。重点讨论了工业控制层应用广泛的 MPI、PROFIBUS-DP 和工业以太网通信技术及其通信原理、组态步骤以及编程方法。通过本书，读者能够系统全面地通过参考教学例程掌握工业网络通信技术和工程应用实现方法。

　　本书可作为高等院校电气、自动化等相关专业教学用书，也可以作为工程技术人员的培训和自学用书。

　　本书配套授课电子课件，需要的教师可登录 www.cmpedu.com 免费注册、审核通过后下载，或联系编辑索取（QQ：3046009282，电话：010-88379753）。

图书在版编目（CIP）数据

西门子工业通信工程应用技术／姜建芳主编．—北京：机械工业出版社，2015.12（2024.1重印）

ISBN 978-7-111-52480-9

Ⅰ.①西…　Ⅱ.①姜…　Ⅲ.①工业-通信网　Ⅳ.①TP393.18

中国版本图书馆 CIP 数据核字（2015）第 301226 号

机械工业出版社（北京市百万庄大街22号　邮政编码100037）
策划编辑：时　静　　责任编辑：时　静
责任校对：张艳霞　　责任印制：邓　博
北京盛通数码印刷有限公司印刷

2024 年 1 月第 1 版 · 第 11 次印刷
184mm×260mm · 22.25 印张 · 549 千字
标准书号：ISBN 978-7-111-52480-9
　　　　　 ISBN 978-7-89405-969-7（光盘）
定价：59.80 元（含 1DVD）

凡购本书，如有缺页、倒页、脱页，由本社发行部调换

电话服务　　　　　　　　　　　　网络服务
服务咨询热线：(010)88379833　　机 工 官 网：www.cmpbook.com
　　　　　　　　　　　　　　　　机 工 官 博：weibo.com/cmp1952
读者购书热线：(010)88379649
　　　　　　　　　　　　　　　　教育服务网：www.cmpedu.com
封底无防伪标均为盗版　　　　金 书 网：www.golden-book.com

前　言

工业网络通信是集计算机技术、控制技术、现场总线技术等为一体的工业工程应用技术，它被广泛地应用于工业控制系统中。工业网络通信已经成为当今自动化过程应用中的重要内容，并深入到工业自动化的各个层次当中，从现场设备、可编程序控制器、I/O 设备等硬件组件到操作系统、驱动设备以及人机接口、网络通信的应用可谓是无所不在。

本书是《西门子 S7 – 300/400 工程应用技术》和《西门子 WINCC 组态软件工程应用技术》的姐妹篇，对西门子工业网络通信结构、通信协议、通信服务和通信组态与编程进行了全面介绍，对通信中常用的一些基本概念和名词也做了解释。全书内容建立在硬件实验的基础上，书中所有的例程均经过实验验证。读者可以一边看书，一边根据书中的例程在 STEP 7 以及 PLCSIM 软件中进行编程仿真实验，做到学习与练习同步，较快地掌握工业网络通信的硬件组态、网络组态、编程及工程应用实现方法。

本书结合工程实例，以当前工业控制通信网络中应用最为广泛的 MPI、PROFIBUS – DP 和工业以太网为重点，介绍了通信原理、组态步骤以及编程方法。全书共分为 12 章，第 1 章绪论；第 2 章全集成自动化与网络通信；第 3 章网络通信基础；第 4 ~ 9 章为通信的主体知识：第 4 章 MPI 网络通信，第 5 章 PROFIBUS 网络通信，第 6 章 PROFIBUS – DP 网络通信，第 7 章 PROFIBUS – PA 网络通信，第 8 章工业以太网通信，第 9 章 PROFINET 网络通信；第 10 章其他网络通信与通信服务，对其他应用较少的通信方式做了简要的介绍。第 11 章故障诊断与远程维护，第 12 章工业网络通信综合应用实例。

为了便于读者学习和查阅相关技术参数和内容，本书附有附录和光盘，附录为实验指导书，光盘中给出了软件、软件手册、通信例程序和学习资料。

本书由姜建芳主编，陆振先、乔丙立、袁凯、耿旭东、周尚书、杨晨晨、钟广海、许英杰参与了编写和校稿。

由于编者水平有限，书中难免存在缺点、错误，恳请广大读者批评指正。

作者 E – mail：jiangjianfang@ mail. njust. edu. cn。

编　者

目　　录

第1章 绪 论

本章学习目标:

了解自动化控制系统的发展过程和工业网络通信在自动化控制系统中的应用地位,为工业网络通信技术学习奠定良好基础。

随着计算机技术和网络技术的飞速发展,工业自动化水平的不断提高,分布式控制系统在工厂自动化和过程自动化中的应用迅速增长,工业控制网络已经成为现代工业控制系统中不可或缺的重要组成部分。其中,现场总线技术已成为工业网络通信中的重要发展方向,从计算机、PLC 到现场 I/O 设备、驱动设备和人机界面,总线网络通信技术无处不在。因此,掌握现场总线技术尤为重要。

1. 自动化控制系统的发展

纵观自动化控制系统的发展历史,我们可以发现,自动化控制系统的发展和工业通信技术的不断成熟是相辅相成的。自动化控制系统的发展给工业通信提出了新的要求;反过来,工业通信技术的进步也极大地提升了自动化控制系统的性能,为用户带来了巨大的收益。

(1) 集中式控制系统

20 世纪 50 年代,现场的仪表和自动化设备提供的都是模拟信号,这些模拟信号统一送往集中控制室的控制盘上,操作员可以在控制室中集中观测生产流程各处的状况。但是,模拟信号的传递需要一对一的物理连接,信号变化缓慢,计算速度和精度都难以保证,信号传输的抗干扰能力也很差,传输距离也有限。

为了解决模拟信号的这些缺点,一部分模拟信号被数字信号所取代,这些数字信号和模拟信号都接入到主控制室的中心计算机上,由中心计算机统一进行监视和处理。通过使用数字技术,克服了模拟技术的缺陷,延长了通信距离,提高了信号精度。不过,由于当时计算机技术的限制,中心计算机并不可靠,一旦中心计算机出现故障,就会导致整个系统瘫痪。

(2) 集散式控制系统

随着计算机技术的发展,计算机的可靠性不断提高,价格也大幅度地下降,出现了可编程序控制器(PLC)及多个计算机递阶构成的集中与分散相结合的集散式控制系统(Distributed Control System,DCS)。集散式控制系统弥补了传统的集中式控制系统的缺陷,实现了集中控制、分散处理。这种系统在功能、性能上较集中式控制系统有了很大进步,实现了控制室与 DCS 控制站或 PLC 之间的网络通信,减少了控制室与现场之间的电缆数目。但是在现场的传感器、执行器与 DCS 控制站之间仍然是一个信号一根电缆的传输方式,电缆数量很多,信号传送过程中干扰问题仍然很突出,而且,在 DCS 形成的过程中,各厂商的产品自成系统,难以实现不同系统间的互操作。

(3) 现场总线控制系统

随着智能芯片技术的发展成熟,设备的智能程度越来越高,成本在不断下降。因此,在智能设备之间使用基于开放标准的现场总线技术构建的自动化系统逐渐成熟。通过标准的现场总线通信接口，现场的 I/O 信号、传感器及变送器的设备可以直接连接到现场总线上，现场总线控制系统通过一根总线电缆传递所有数据信号，替代了原来的数量庞大的电缆，大大降低了布线的成本，提高了通信的可靠性。

现场总线技术的出现，彻底改变了自动化控制系统的面貌，正是在这个阶段，工业通信网络的概念逐渐深入人心，覆盖全厂范围的工业通信网络逐渐成形。由于功能强大的工业通信网络的出现，使得对全厂信息的统一采集和管理成为可能，自动化控制系统开始向更高的层级迈进，控制信息与企业经营管理信息的对接成为流行趋势，这就对自动化控制系统提出了更高的要求，全集成自动化（Totally Integrated Automation，TIA）就是这个流行趋势的产物。本书第 2 章主要讲解此部分内容。

2. 现场总线技术及其国际标准

（1）现场总线的基本概念

IEC（国际电工委员会）对现场总线（Fieldbus）的定义是"安装在制造和过程区域的现场装置与控制室内的自动控制装置之间的数字式、串行、多点通信的数据总线"。它是当前工业自动化的热点之一。现场总线以开放的、独立的、全数字化的双向多变量通信取代 4～20 mA 现场模拟量信号。现场总线 I/O 集检测、数据处理、通信为一体，可以代替变送器、调节器、记录仪等模拟仪表，它不需要框架、机柜，可以直接安装在现场导轨槽上。现场总线 I/O 的接线极为简单，只需一根电缆，从主机开始，沿数据链从一个现场总线 I/O 连接到下一个现场总线 I/O。使用现场总线后，可以节约配线、安装、调试和维护等方面的费用，现场总线 I/O 与 PLC 可以组成高性能价格比的 DCS（集散控制系统）。使用现场总线后，操作员可以在中央控制室实现远程监控，对现场设备进行参数调整，还可以通过现场设备的自诊断功能诊断故障和寻找故障点。

（2）IEC 61158

由于历史的原因，现在有多种现场总线标准并存，IEC 的现场总线国际标准（IEC 61158）在 1999 年底获得通过，经过多方的争执和妥协，最后容纳了 8 种互不兼容的协议，这 8 种协议对应于 IEC 61158 中的 8 种现场总线类型。

类型 1：TS 61158，原 IEC 技术报告。

类型 2：ControlNet（美国 Rockwell 公司支持）。

类型 3：PROFIBUS（德国西门子公司支持）。

类型 4：P－Net（丹麦 Process Data 公司支持）。

类型 5：FF 的 HSE（高速以太网，现场总线基金会的 H2，美国 Fisher Rosemount 公司支持）。

类型 6：SwiftNet（美国波音公司支持）。

类型 7：WorldFIP（法国 Alstom 公司支持）。

类型 8：Interbus（德国 Phoenix contact 公司支持）。

2000 年又补充了两种类型。

类型 9：FF H1（美国 Fisher Rosemount 公司支持）。

类型 10：PROFINET（德国西门子公司支持）。

由于以太网应用非常普及，产品价格低廉，硬件软件资源丰富，传输速率高（工业控制网络已经在使用 1000 Mbit/s 以太网），网络结构灵活，可以用软件和硬件措施来解决响应时间不确定性的问题，各大公司和标准化组织纷纷提出了各种提升工业以太网实时性的解决方案，从而产生了实时以太网（Real Time Ethernet，RTE）。

EPA（Ethernet for Plant Automation，用于工厂自动化的以太网）是我国拥有自主知识产权的实时以太网通信标准，已被列入现场总线国际标准 IEC 61158 第 4 版（见表 1-1）的类型 14。

表 1-1　IEC 61158 中的现场总线类型

类　型	技　术　名　称	类　型	技　术　名　称
类型 1	TS1158 现场总线	类型 11	TC net 实时以太网
类型 2	CIP 现场总线	类型 12	Ether CAT 实时以太网
类型 3	PROFIBUS 现场总线	类型 13	Ethernet Power 实时以太网
类型 4	P – Net 现场总线	类型 14	EPA 实时以太网
类型 5	FF – HSE 高速以太网	类型 15	Modbus RTPS 实时以太网
类型 6	SwiftNet（已被撤销）	类型 16	SERCOS Ⅰ Ⅱ 现场总线
类型 7	WorldFIP 现场总线	类型 17	VNET/IP 实时以太网
类型 8	Interbus 现场总线	类型 18	CC – Link 现场总线
类型 9	FF H1 现场总线	类型 19	SERCOS Ⅲ 实时以太网
类型 10	PROFINET 实时以太网	类型 20	HART 现场总线

（3）IEC 62026

IEC 62026 是供低压开关设备与控制设备使用的控制器电气接口标准，于 2000 年 6 月通过。它包括如下标准。

IEC 62026 – 1：一般要求。

IEC 62026 – 2：执行器传感器接口（Actuator Sensor Interface，AS – i），德国西门子公司支持。

IEC 62026 – 3：设备网络（Device Network，DN），美国 Rockwell 公司支持。

IEC 62026 – 4：Lonworks（Local Operating Networks）总线的通信协议 LonTalk，已取消。

IEC 62026 – 5：智能分布式系统（Smart Distributed System，SDS），美国 Honeywell 公司支持。

IEC 62026 – 6：串行多路控制总线（Serial Multiplexed Control Bus，SMCB），美国 Honey-well 公司支持。

3. 课程性质及学习方法

（1）课程性质

本课程是一门集计算机技术、控制技术、网络通信技术等为一体的专业课，其具有很强的实践性特点。本课程的主要内容是以可编程序控制器（Programmable Logic Controller，PLC）、远程从站、驱动器和 HIM 产品等为对象，介绍它们之间的通信方式和通信方法，通过典型的工业通信实例来讨论工业网络通信技术，使读者较容易理解工业网络通信技术在工业控制现场的应用。

（2）学习方法

本书介绍的通信网络总线技术分为两类：

1）不需要编程，只需要组态就可以实现数据传输。例如基于 MPI 网络的全局数据通信、PROFIBUS – DP 主站和标准从站之间的通信。

2）既需要组态，也需要编程。通过组态和调用 STEP7 库中用于网络通信的系统功能 SFC、系统功能块 SFB 和功能 FC、功能块 FB 来实现网络通信任务。

S7 – 300/400 的仿真软件 PLCSIM 可以对 CPU 的用户程序执行过程和某些 DP 从站的故障进行仿真，但它对于通信的仿真是有限制的。大部分的通信过程需要用通信硬件模块实验来验证，在读者没有通信硬件模块的情况下，可以用 STEP 7 来练习通信网络的组态和编程。

STEP 7 主要用硬件组态工具 HW Config 和网络组态工具 NetPro 来组态通信网络。网络的组态是"可视化"的，可以在组态时形象地看到网络的结构，设置网络和各个站点的参数。可以通过查阅产品目录和有关的手册，了解 CPU 集成的通信接口和通信处理器的通信功能。组态时选中硬件目录中的某个组件，可以在下面的小窗口看到该组件主要的性能指标。

组态工具提供了非常强的防止误操作的措施。组态时某些菜单项、单选框、复选框、按钮和选择框如果为灰色，表示对于选中的对象（例如 CPU、CP、DP 从站和模块），不能使用它们提供的功能，从而可以有效地防止组态错误。

组态结束后，单击 HW Config 或 NetPro 工具栏上的"保存和编译"按钮，如果有组态错误或警告信息，将会用对话框显示出来。应改正所有的组态错误，系统才能运行，但是警告信息不会影响系统的正常运行。成功的组态是实现网络通信的必要条件。

习题

1. 自动化控制系统经历了哪几代的发展？请简述。
2. 列举现场总线技术国际标准 IEC 61158（第 4 版）包含的现场总线类型。

第2章 全集成自动化与网络通信

本章学习目标:

了解西门子自动化技术与产品的核心思想和主导理念"全集成自动化",学习全集成自动化组件 SIMATIC NET 的产生、定义及其特点,全面把握西门子工业网络通信产品和技术。

2.1 工业自动化及全集成自动化

随着工业自动控制理论、计算机技术和网络通信技术的飞速发展。同时各类控制系统竞争日益激烈,用户对工业自动化过程控制系统的可靠性、复杂性、功能的完善性、人机界面的友好性、数据分析和管理的快速性、系统安装调试和运行维护的方便性等提出了越来越高的要求,即各类控制系统之间的数据调用日益频繁,要求实时性和开放性越来越强。西门子自动化与驱动集团作为全球自动化领域技术、标准与市场的领导者,响应这一市场需求,于是在 1996 年提出了"全集成自动化"。全集成自动化技术(Totally Integrated Automation,TIA)是西门子自动化技术与产品的核心思想和主导理念。

全集成自动化立足于一种新的概念以实现工业自动化控制任务,解决现有的系统瓶颈。它将所有的设备和系统都完整地嵌入到一个彻底的自动控制解决方案中,采用共同的组态和编程、共同的数据管理和共同的通信。应用这种解决方案可以大大简化系统的结构、减少大量接口部件,克服上位机和工业控制器之间、连续控制和逻辑控制之间、集中控制和分散控制之间的界限。西门子全集成自动化概念如图 2-1 所示。

2.1.1 TIA 的统一性

西门子的全集成自动化可以为所有的自动化应用提供统一的技术环境和开发的网络。

通过全集成自动化,可以实现从自动化系统及驱动技术到现场设备整个产品范围的高度集成,其高度集成的统一性主要体现在以下三个方面:

1. 统一的数据管理

全集成自动化技术采用统一的数据库,西门子各工业软件都从一个全局共享的统一的数据库中获取数据,这种统一的数据库、统一的数据管理机制使得所有的系统信息都存储于一个数据库中而且仅需输入一次,不仅可以减少数据的重复输入,还可以降低出错率,提高系统诊断效率。

2. 统一的组态和编程

在全集成自动化中,所有的西门子工业软件都可以相互配合,实现了高度统一,高度集成,组态和编程工具也是统一的,只需从全部列表中选择相应的项对控制器进行编程、组态HMI、定义通信连接或实现动作控制等操作。

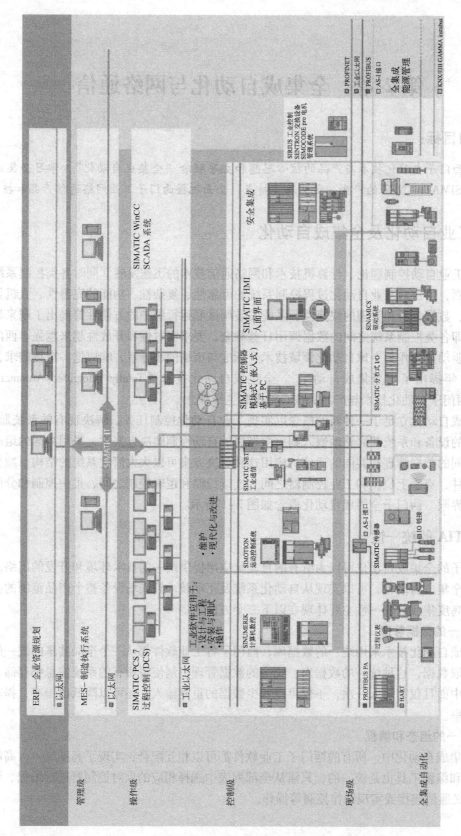

图 2-1 西门子全集成自动化概念图

3. 统一的通信

全集成自动化实现了从现场级、控制级到管理级协调一致的通信，所采用的总线能适合于所有应用：以太网和带 AS-I 总线的 PROFIBUS 网络是开关和安装技术集成的重要扩展，而 EIB 用于楼宇系统控制的集成。集中式 I/O 和分布式 I/O 用相同的方法进行组态。

2.1.2　TIA 的开放性

自动化发展到今天，已经从单一自动化、系统自动化向全厂自动化、集团自动化方向转变。西门子将工业以太网技术引入全集成自动化，在产品上集成以太网接口，使以太网进入现场级，从而实现元件自动化。而工业以太网是业界广泛接受的通信标准，所以西门子的全集成自动化是高度开放的。其高度的开放性主要体现在以下几个方面：

1. 对所有类型的现场设备开放

对于现场设备的开放，TIA 可通过 PROFIBUS 来实现；对于开关类产品和安装设备还可以通过 AS-I 总线接入自动化系统中；楼宇自动化与生产自动化则可以通过 EIB 来实现开放性。

2. 对办公系统开放并支持 Internet

TIA 与办公自动化应用及 Internet/Intranet 之间的连接是基于 Ethernet 通过 TCP/IP 来实现的。TIA 采用 OPC 接口，可以建立所有基于 PC 的自动化系统与办公应用之间的连接。

3. 对新型自动化结构开放

自动化领域中的一个明显的技术趋势是带有智能功能的技术模块组成的自动化结构。通过 PROFINET，TIA 可以与带有智能功能的技术模块相连，而不必关心它们是否与 RPOFIBUS 或者以太网相连接。通过新的工程工具，TIA 实现了对这种结构的简单而集成化的组态。

2.2　全集成自动化的体系结构

全集成自动化具有开放式、可扩展、模块化和协调一致的硬件和软件架构，其体系结构分为水平集成和垂直集成两方面。

1. TIA 的垂直集成

如图 2-2 所示，全集成自动化体系结构分为四个自动化层级，TIA 实现了从管理级到现场级协调一致的通信，降低了工程人员的软件开发时间，减少接口数量并降低工程费用，提高了自动化系统的智能：

图 2-2　TIA 体系结构（垂直集成）

7

（1）现场级

现场级拥有最多的组件。从简单的异步电动机（驱动器）、传感器或过程仪表、过程分析仪到可用于分布式自动化系统设计的产品（如 ET200 分布式 I/O）。

（2）控制级

控制级的产品可控制 PLC 控制器或允许操作人员通过操作面板（HMI）来操作和监视自动化过程。

（3）操作级

操作级为用户提供整个自动化系统的全局视图。控制系统（DCS）或一个 SCADA 系统（WinCC）为车间管理人员提供预期的、相关的、精炼的各种形式的信息。WinCC 作为西门子开发的组态软件，功能十分强大，TIA 的集成化设计方案无疑给 SCADA 系统的设计提供更多的便利性和可能性。

（4）管理级

管理级代表了自动化系统与客户 ERP 系统之间的交互关系。经济数据和自动化数据（现场级）之间的关系对中型和大型生产线向车间管理人员提供相关信息和决策至关重要。

2. TIA 的水平集成

水平集成也称水平一致性，如图 2-3 所示，指的是集成化系统结构从整个生产过程中读取由原料入库到产品出库期间所有数据的能力。水平集成读取数据的过程对用户透明。

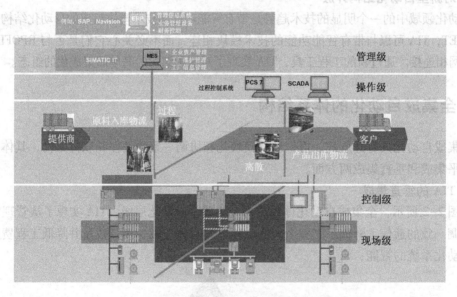

图 2-3　TIA 体系结构（水平集成）

TIA 将所有的设备和系统都完整地嵌入到一个彻底的自动控制解决方案中，通过相同的工程组态、诊断和产品，节省了设备和资源，使得自动化信息透明化。

2.3　SIMATIC NET 介绍

SIMATIC NET 是西门子的工业通信网络解决方案的统称。

1. 工业通信网络结构

一般而言，企业的通信网络可划分为三级：企业级、车间级和现场级。如图 2-4 所示。

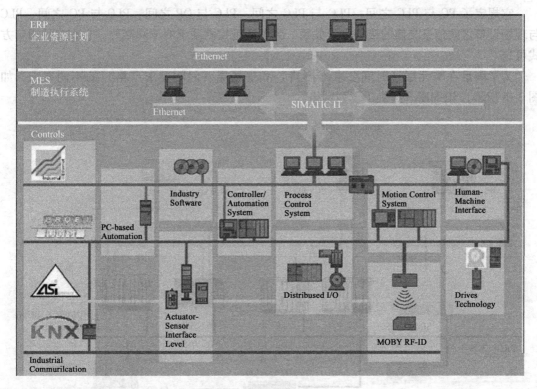

图 2-4　网络层次结构

（1）企业级通信网络

企业级通信网络用于企业的上层管理，为企业提供生产、经营、管理等数据，通过信息化的方式优化企业的资源，提高企业的管理水平。

在这个层次的通信网络中，IT 技术的应用十分广泛，如 Internet。

（2）车间级通信网络

车间级通信网络介于企业级和现场级之间。它的主要任务是解决车间内各需要协调工作的不同工艺段之间的通信，从通信需求角度来看，要求通信网络能够高速传递大量信息和少量控制数据，同时具有较强的实时性。

对车间级通信网络，所使用的主要解决方案是工业以太网。

（3）现场级通信网络

现场级通信网络处于工业网络系统的最底层，直接连接现场的各种设备，包括 I/O 设备、传感器、变送器、变频与驱动等装置，由于连接的设备千变万化，因此所使用的通信方式也比较复杂。而且，由于现场级通信网络直接连接现场的设备，网络上传递的主要是控制信号，因此，对网络的实时性和确定性有很高的要求。

对现场级通信网络，PROFIBUS 是主要的解决方案。同时，SIMATIC NET 也支持诸如 AS－I、EIB 等总线技术。

9

2. SIMATIC NET 工业通信网络解决方案

SIMATIC NET 为工业控制领域提供了非常完整的通信解决方案。

它规定了 PC 与 PLC 之间、PLC 与 PLC 之间、PLC 与 OP 之间、PLC 与 PG 之间、PLC 与现场设备之间信息交换的接口连接关系，为了满足控制系统的不同需要，它有多种通信方式可选。

为了满足在单元层（时间要求不严格）和现场层（时间要求严格）的不同要求，如图 2-5 所示，SIEMENS 提供了下列网络：

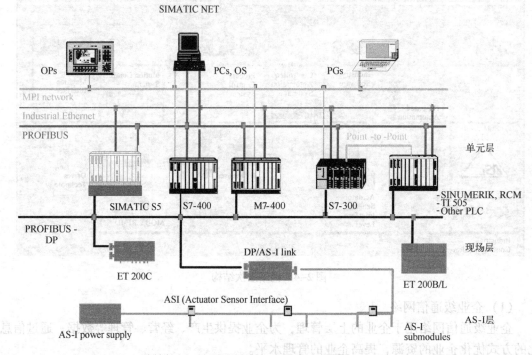

图 2-5　SIMATIC NET

（1）PtP

点到点连接（Point – to – Point connections）最初用于对时间要求不严格的数据交换，可以连接两个站或连接下列设备到 PLC，如 OP、打印机、条码扫描器、磁卡阅读机等。

（2）MPI

MPI 网络可用于单元层，它是 SIMATIC S7、M7 和 C7 的多点接口。MPI 从根本上是一个 PG 接口，它被设计用来连接 PG（为了起动和测试）和 OP（人–机接口）。MPI 网络只能用于连接少量的 CPU。

（3）PROFIBUS

工业现场总线（PROFIBUS）是用于单元层和现场层的通信系统。有两个版本：对时间要求不严格的 PROFIBUS，用于连接单元层上对等的智能结点；对时间要求严格的 PROFI-BUS DP，用于智能主机和现场设备间的循环的数据交换。

（4）Industrial Ethernet

工业以太网（Industrial Ethernet）是一个用于工厂管理和单元层的通信系统。工业以太网被设计为对时间要求不严格用于传输大量数据的通信系统，可以通过网关设备来连接远程网络。

（5）AS－I

执行器－传感器－接口（Actuator－Sensor－Interface）是位于自动控制系统最底层的网络，可以将二进制传感器和执行器连接到网络上。

SIMATIC NET 可以分为两类网络类型：

（1）网络类型1：符合国际标准通信网络类型（见表2-1）

这类网络性能优异、功能强大、互连性好，但应用复杂、软硬件投资成本高。

表2-1 网络类型1

类　　型	特　　性	通 信 标 准
工业以太网	大量数据、高速传输	IEEE802.3 10MB/S 国际标准 IEEE802.3U 100MB/S 国际标准
PROFIBUS	中量数据、高速传输	IEC61158 TYPE3 国际标准 EN50170 欧洲标准 JB/T 10308.3 中国标准
AS－I	用于传感器和执行器级	IEC TG 17B 国际标准 EN50295 欧洲标准
EIB	用于楼宇自动化	ANSI EIA 776 国际标准 EN50090 欧洲标准

（2）网络类型2：西门子专有通信网络类型（见表2-2）

这类网络开发应用方便、软硬件投资成本低。但与国际标准通信网络类型比较性能低于以上标准，互连性差于以上标准。

表2-2 网络类型2

类　　型	特　　性
MPI	适合用于多个 CPU 之间少量数据、高速传输、成本要求低；产品集成、成本低、使用简单；较多用于编程、监控等
PPI	专为 S7－200 系列 PLC 设计的双绞线点对点通信协议
自由通信方式	适合用于特殊协议、串行传输；控制系统用此通信方式可与通信协议公开的任何设备进行通信

考虑到车间级网络和现场级网络的不同需求，我们在不同的层次提供了不同的解决方案。现场控制信号，如 I/O、传感器、变频器，直接连接到 PROFIBUS－DP 上，也可以连接到 AS－I 或 EIB 总线上，再通过转换器接到 PROFIBUS－DP 上；控制器和控制器之间的数据通信通过工业以太网来实现。

使用 SIMATIC NET，可以很容易地实现工业控制系统中数据的横向和纵向集成，很好地满足工业领域的通信需求。而且，借助于集成的网络管理功能，用户可以在上层网络中很方便地实现对整个网络的监控。

2.4 习题

1. 全集成自动化有什么特点？有什么优点？
2. 简述全集成自动化的体系结构。
3. SIMATIC NET 有哪几种网络类型？各类型的网络都有哪些特性？

第3章 网络通信基础

本章学习目标：

学习通信的基础知识及相关的专业术语；了解 OSI 参考模型以及计算机通信的国际标准；掌握西门子工业网络通信架构及相关概念。

3.1 通信的基本概念

3.1.1 单工通信、半双工通信及全双工通信

数据在通信线路上传输有方向性，如果通信仅在点与点之间进行，按照数据在某一时间传输的方向，通信方式可分为单工通信、半双工通信及全双工通信三种。

1. 单工通信方式

单工通信是信息只能单方向进行传输的一种通信方式，如图 3-1 所示。单工通信的例子很多，如广播、遥控、无线寻呼等。这里，信号只从广播发射台、遥控器和无线寻呼中心分别传到收音机、遥控对象和 BP 机上。

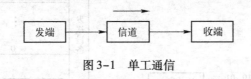

图 3-1 单工通信

2. 半双工通信方式

半双工通信是指通信双方都能收发信息，但不能同时进行收和发的工作方式，如图 3-2 所示。例如对讲机就是半双工通信方式。

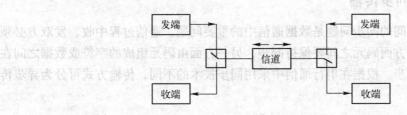

图 3-2 半双工通信

3. 全双工通信方式

全双工通信是指通信双方可同时进行双向传输的工作方式，如图 3-3 所示。例如普通电话、计算机通信网络等采用的就是全双工通信方式。

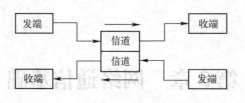

图 3-3　全双工通信

3.1.2　串行传输与并行传输

在数字通信中按照数字码元排列顺序的不同，可将通信方式分为串行传输和并行传输。

1. 串行传输

串行传输通信是指仅通过一个信道交换数据，代表信号的数字信号码元序列按照时间顺序一个接一个地在信道中传输，如图 3-4 所示。串行通信的特点是通信线路简单，成本低，但与并行传输相比，传输速度慢，常用于传输距离远而对速度要求不高的场合。

2. 并行传输

将代表信息的数字信号码元序列分割成两路或以上的数字信号序列同时在信道上传输，则称为并行传输通信方式，如图 3-5 所示。并行传输的优点是速度快、节省传输时间，但需占用频带宽，设备复杂，成本高，故较少采用，一般适用于计算机和其他高速数字系统，特别适用于设备之间的近距离通信。

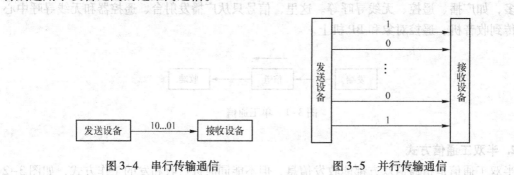

图 3-4　串行传输通信　　　　　　　图 3-5　并行传输通信

3.1.3　异步传输与同步传输

发送端和接收端之间的同步问题是数据通信中的重要问题。通信过程中收、发双方必须在时间上保持同步，一方面码元之间要保持同步，另一方面由码元组成的字符或数据之间在起止时间上也要保持同步。根据在串行通信中采用同步技术的不同，传输方式可分为异步传输和同步传输。

1. 异步传输

异步通信传输也称起止式传输，是利用起止法来达到收发同步的，每次只传输或接收一个字符，用起始位和停止位来指示被传输字符的开始和结束。它在发送字符时，先发送起始位（起始位为 "0"，占一位时间），然后是字符本身，最后是停止位（停止位为 "1"，占 1～2 位的持续时间），字符之后还可以加入校验位（可省略）。例如传输一个 7 位 ASCII 字符，若选用 2 位停止位、1 位校验位和一位起始位，那么传输这个字符的格式如图 3-6 所

14

示。异步传输具有硬件简单、成本低的特点，但因对每个字符附加上了起止信号，因而传输效率低。目前主要用于中速以下的通信线路中。

图 3-6　异步传输格式

2. 同步传输

同步传输用连续比特传输一组字符，可以克服传输效率低的缺点。同步传输在数据开始处用同步字符"SYN"来指示，由定时信号（同步时钟）来实现发送端和接收端同步。在同步传输中，所有的设备都使用一个共同的时钟，所有传输的数据位都和这个时钟信号同步，即传输的每个数据位只在时钟信号跳变之后的一个规定时间内有效。接收方利用时钟跳变来决定什么时候读取一个输入的数据位。同步传输所需要的软件、硬件的价格比异步传输的高，因此常在数据传输速率较高的系统中才采用同步传输。同步传输格式如图 3-7 所示。

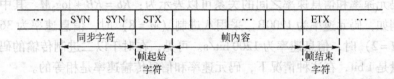

图 3-7　同步传输格式

3.1.4　串行通信接口

1. RS–232C 接口

RS–232C 是目前最常用的串行通信接口，是美国电气工业协会（Electronic Industries Association，EIA）于 1969 年 3 月发布的标准。其中"RS"是 Recommended Standard 的缩写，代表推荐标准；"232"是标识符，"C"代表 RS–232 的最新一次修改。RS–232C 采用负逻辑，规定逻辑"1"电平为 –15 ~ –5 V，逻辑"0"电平为 +5 ~ +15 V，单端发送、单端接收，所以数据传送速率低，抗干扰能力差，标准速率是 0 ~ 20 Kbit/s，最大通信距离是 15 m。在通信距离近、传送速率和环境要求不高的场合应用较广泛。

2. RS–422A 接口

RS–422A 是利用差分传输方式增长通信距离并提高可靠性的一种通信标准，是全双工工作方式，它是基于改善 RS–232C 标准的电气特性，又考虑 RS–232C 兼容而制定的。RS–422A 传输速率最大值为 10 Mbit/s，在此速率下电缆允许长度是 120 m。RS–422 是单向、全双工通信协议，适合嘈杂的工业环境。

3. RS–485 接口

RS–485 是最常用的传输技术之一。它使用屏蔽双绞线电缆，采用二线差分平衡传输，传输速率可达到 12 Mbit/s，具有较强的抑制共模干扰能力。RS–485 为半双工工作方式，在一个 RS-485 网络中，可以有 32 个模块，这些模块可以是被动发送器、接收器或收发器。这种接口适合远距离传输，是工业设备的通信中应用最多的一种接口。S7-200 CPU 上的通信口是符合国际标准 IEC61158-3 和欧洲标准 EN 50170 中 PROFIBUS 标准的 RS-485 兼容9 针 D 型连接器。

RS-422 与 RS-485 的区别在于 RS-485 采用的是半双工传送方式，RS-422 采用的是全双工传送方式；RS-422 用两对差分信号线，RS-485 只用一对差分信号线。

3.1.5 传输速率

1. 码元传输速率（RB）

简称传码率，它是指系统每秒钟传送码元的数目，单位是波特（Baud），常用符号 B 表示。数字信号有多进制和二进制之分，但码元速率与进制数无关，只与传输的码元长度有关。例如，若 1 秒内传 2400 个码元，则传码率为 2400B。

2. 信息传输速率（Rb）

简称传信率，又称比特率等，它是指系统每秒钟传送的平均信息量或比特数，单位是比特/秒，常用符号"bit/s"表示。

传码率和传信率既有联系又有区别。每个码元含有的信息量乘以码元速率得到的就是信息传信率。码元速率和信息速率之间的关系可以表示为：$Rb = RB * \log_2 M$。其中，M 为信号的进制数。例如，码元速率为 1200B，采用八进制（$M = 8$）时，信息速率为 $3600\,\text{bit/s}$；采用二进制（$M = 2$）时，信息速率为 $1200\,\text{bit/s}$。可见，在对于以二进制传输的码元中，每个码元的信息量是 1 bit，在这种情况下，码元速率和信息传输速率是相等的。

3.2 计算机通信的国际标准

3.2.1 OSI 参考模型

国际标准化组织（International Organization for Standardization，ISO）为通信网络国际标准化制定了开放系统互连（Open System Interconnect，OSI）参考模型。OSI 参考模型最早是为通信技术而开发的，是一种开放的 7 层网络协议标准框架，如图 3-8 所示。OSI 参考模型为协调研制系统互连的各类标准提供共同的基础，同时规定了研制标准和改进标准的范围，为保证所有相关标准的相容性提供了共同的参考。它为研究、设计、实现和改造信息处理系统提供功能上和概念上的框架。

OSI 参考模型采用的是层次结构，按系统功能从下到上分为 7 层，每层都有相对的独立功能，并且下一层为上一层提供服务。7 层模型分为两类，一类是面向网络的第 1~4 层，给用户提供适当的方式去访问网络系统，对数

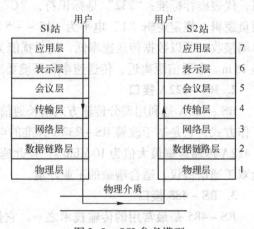

图 3-8　OSI 参考模型

据进行分析、解释、转换和利用；另一类是面向用户的第 5~7 层，保证用户数据进行可靠的透明传输。

OSI 参考模型的各层功能如下：

1. 物理层（Physical Layer）

物理层是 OSI 参考模型的最底层，它利用物理介质为数据链路层提供物理连接。物理层为用户提供建立、保持和断开物理连接的功能，定义了传输媒体接口的机械、电气、功能和规程的特性。物理层协议标准有 RS–232C、RS–422A 和 RS–485 等。

2. 数据链路层（Data Link Layer）

数据链路层为网络层提供服务，解决两个相邻节点之间的通信问题。数据链路层的数据以帧（Frame）为单位传送，每一帧包含一定数量的数据和必要的控制信息，例如同步信息、地址信息和流量控制信息。该层的主要作用是通过校验、确认和反馈重发等手段，将不可靠的物理链路转换成对网络层来说无差错的数据链路。数据链路层负责在两个相邻节点间的链路上，实现差错控制、数据成帧和同步控制等。

3. 网络层（Network Layer）

网络层为传输层提供服务，传送的协议数据单元称为分组（packet，也称包）。网络层的主要功能是报文包的分段、报文包阻塞的处理和通信子网中路径的选择。

4. 传输层（Transport Layer）

传输层的作用是为上层协议提供端到端的可靠和透明的数据传输服务，它的主要功能是流量控制、差错控制、连接支持等。传输层传送的协议数据单元称为段（segment）或报文（datagram）。

5. 会话层（Session Layer）

会话层主要功能是管理和协调不同主机上各种进程之间的通信（对话），即负责建立、管理和终止应用程序之间的会话。

6. 表示层（Presentation Layer）

表示层用于应用层信息内容的形式变换，例如数据加密/解密、信息压缩/解压和数据兼容，把应用层提供的信息变成能够共同理解的形式。

7. 应用层（Application Layer）

应用层是 OSI 参考模型的最高层，是用户与网络的接口，为用户的应用服务提供信息交换，为应用接口提供操作标准。该层通过应用程序来完成网络用户的应用需求，如文件传输、收发电子邮件等。

如果按照 OSI 参考模型的全部 7 层编制通信协议来实现通信，发送方传送给接收方的数据，实际上是经过发送方各层从上到下传递到物理层，通过物理介质传输到接收方后，再经过从下到上各层的传递，最后到达接收方的应用程序。发送方的每一层协议都要在数据报文前增加报文头，报文头包含完成数据传输所需的各种信息，只能被接收方的同一层识别和使用。接收方的每一层只阅读本层的报文头的信息，并进行相应的操作，然后删除本层的报文头，最后得到发送方发送的数据。实际上，数据通信是在第 1 层（物理层）之间进行的，其余各同等层之间并不能直接通信。因此，可把第 2~7 层看作逻辑层，它们是组织传输的软件层。

OSI 参考模型仅为各种通信协议标准提供了一种主体结构，供各种标准选择。但并不是所有的通信协议都需要 OSI 模型的全部 7 层，对于具体的通信系统如果不需要某些特定的功能，则不使用相应的层。例如现场总线标准的结构分层采用了 OSI 模型的第 1、2 和 7 层，并且在现场总线标准中，把第 2 层和第 7 层合并，称为通信栈。

3.2.2 IEEE 802 通信标准

IEEE（国际电工与电子工程师学会）的 802 委员会于 1982 年颁布了一系列计算机局域网分层通信协议标准草案，总称为 IEEE 802 标准。IEEE 局域网参考模型对应于 OSI 参考模型的数据链路层与物理层。数据链路层分为逻辑链路控制（Logical Link Control，LLC）子层与介质访问控制（Media Access Control，MAC）子层。图 3-9 给出了 OSI 参考模型结构与 IEEE 802 参考模型。

介质访问控制层（MAC）的主要功能是控制对传输媒体的访问，实现帧的寻址和识别，并检测传输媒体的异常情况。逻辑链路控制层（LLC）用于在节点间对帧的发送、接收信号进行控制，以保证信息正确有序、透明地在有噪信道上传输，它包含检错功能等。

IEEE 802 标准有：

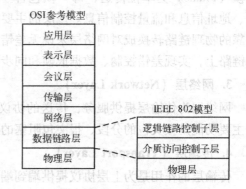

图 3-9　OSI 参考模型结构与 IEEE 802 参考模型

① IEEE 802.1 标准，它包括局域网体系结构、网络互连及网路管理与性能测试。

② IEEE 802.2 标准，定义了逻辑链路控制（LLC）子层功能与服务。

③ IEEE 802.3 标准，定义了 CSMA/CD 总线介质访问控制子层与物理层规范。

④ IEEE 802.4 标准，定义了令牌总线介质访问控制子层与物理层规范。

⑤ IEEE 802.5 标准，定义了令牌环介质访问控制子层与物理层规范。

⑥ IEEE 802.6 标准，定义了城域网（Metropolitan Area Network，MAN）介质访问控制子层与物理层规范。

⑦ IEEE 802.7 标准，定义了宽带技术。

⑧ IEEE 802.8 标准，定义了光纤技术。

⑨ IEEE 802.9 标准，定义了综合语音与数据局域网技术。

⑩ IEEE 802.10 标准，定义了可互操作的局域网安全性规范。

⑪ IEEE 802.11 标准，定义了无线局域网技术。

按照 IEEE 802.3 标准组建的控制网络称为以太控制网络。以太控制网络是目前使用最广泛的一种控制网络。而 IEEE 802.4 标准定义了令牌总线介质访问协议，这一协议标准在现场总线中多有使用，如 ControlNet 的数据链路层的介质访问控制（MAC）就是采用了该协议。图 3-10 给出了 IEEE 802 标准之间的关系。

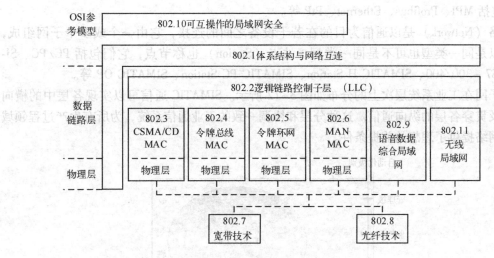

图 3-10 IEEE 802 标准之间的关系

3.3 SIMATIC 通信与标准通信

西门子工业通信网络解决方案 SIMATIC NET 包括两大部分：SIMATIC 通信（SIMATIC Communications）和标准通信（Standard Communications）。

为了更好地理解 SIMATIC NET，首先应该理解与 SIMATIC NET 相关的基本概念。这些概念包括子网（Subnet）、行规（Utility）、协议（Protocols）、服务（Service）。图 3-11 是 SIMATIC 通信的概念图。

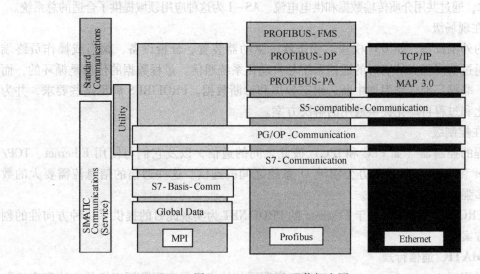

图 3-11 SIMATIC 通信概念图

1. 子网

由具有相同的物理特性和传输参数（如传输速率）的多个硬件站点相互连接组成的网络，这些多个硬件站点使用相同的通信行规进行数据交换，那么这个网络称为子网（Subnet），包括 MPI、Profibus、Ethernet、PtP 等。

网络（Network）是以通信为目的在若干设备之间的连接，它由一个或多个子网组成，子网可以是同一类型也可不是同一类型。站点（Station）也称节点，它们包括 PG/PC、SI-MATIC S7 –300/400、SIMATIC H Station、SIMATIC PC Station、SIMATIC OP 等。

各子网在工业系统层次上的分布如图 3–12 所示。SIMATIC 通信可以实现各层中的横向通信以及贯穿各层的纵向通信。这种分层和协调一致的工业通信系统，为所有生产过程领域的透明网络提供了理想的前提条件。

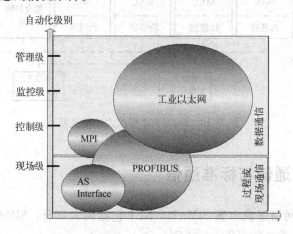

图 3–12　子网在工业系统层次上的分布图

（1）在传感器 – 执行机构级

二进制的传感器和执行机构的信号通过传感器 – 执行机构总线来传输。它提供了一种简单和廉价的技术，通过共用介质传输数据和供电电流。AS – I 为这种应用领域提供了合适的总系统。

（2）在现场级

分散的外围设备，如 I/O 模块、变送器、驱动器装置、分析设备、阀门或操作员终端等，它们通过功能强大的实时的通信系统与自动化系统通信。过程数据的传输是循环的，而当需要时，非循环地传输附加中断、组态数据和诊断数据。PROFIBUS 满足这些要求，并为工厂自动化和过程自动化提供通用的解决方案。

（3）在控制级

可编程的控制器（如 PLC 和 IPC）彼此之间的通信，以及它们与使用 Ethernet、TCP/IP、Intranet 和 Internet 标准的办公领域 IT 系统之间的通信。这些通信的信息流需要大的数据包和许多强有力的通信功能。

除了 PROFIBUS 之外，基于 Ethernet 的 PROFINET 为实现此目的提供了一种方向性的创新的解决方案。

2. SIMATIC 通信行规

通信行规（Communication utility）用于说明通信站点之间实现数据交换的方法和交换数据的处理方式，其基础是通信协议。通信行规也可以看作在某个网络连接上建立数据通信需要遵循的要求。SIMATIC 通信行规主要包括 PG 与 OP 通信、PtP 通信、S7 基本通信、S7 通信和全局数据（Global Data）通信。表 3–1 说明了子网、通信模块与通信行规间的关系。

1）PG 通信：用于工程师站与 SIMATIC 站点之间的数据交换通信行规。

2）OP 通信：用于 HMI 站与 SIMATIC 站点之间的数据交换通信行规。

3）PtP：通过串行口通信伙伴之间进行数据交换的通信行规。

4）S7 基本通信：用于 CPU 与 CP 模块（站点内部或外部）之间的小量数据交换，是一种事件控制行规。

5）S7 通信：用于具有控制和监视功能 CPU 之间的大量数据交换，是一种事件控制行规。

6）全局数据通信：通过 MPI 或 K 总线几个 CPU 之间的小量数据交换控制行规。

表 3-1　子网、通信模块与通信行规间的关系

子　网	模　块	通信服务和连接	组态和接口
MPI	所有 CPU	全局数据通信	GD 表
		工作站内 S7 基本通信	SFC 调用
		S7 通信	连接表、FB/SFB 调用
PROFIBUS	集成 DP 口的 CPU	PROFIBUS – DP（DP 主站或 DP 从站）	硬件组态、SFB/SFC 调用、输入/输出
		工作站内 S7 基本通信	SFC 调用
	IM 467	PROFIBUS – DP（DP 主站）	硬件组态、SFB/SFC 调用、输入/输出
		工作站内 S7 基本通信	SFC 调用
	CP 342 – 5 扩展 CP 443 – 5	CP342 – 5：PROFIBUS – DP V0 CP443 – 5 Ext：PROFIBUS – DP V1（DP 主站或 DP 从站）	硬件组态、SFB/SFC 调用、输入/输出
		工作站内 S7 基本通信	SFC 调用
		S7 通信	连接表、FB/SFB 调用
		S5 兼容通信	NCM、连接表、SEND/RECEIVE
	CP 343 – 5 基本 CP 443 – 5	工作站内 S7 基本通信	SFC 调用
		S7 通信	连接表、FB/SFB 调用
		S5 兼容通信	NCM、连接表、SEND/RECEIVE
		PROFIBUS – FMS	NCM、连接表、FMS 接口
工业以太网	带有 PN 接口的 CPU	PROFINET IO（IO 控制器）	硬件组态、SFB/SFC 调用、输入/输出
	瘦型 CP 343 – 1 CP 343 – 1 CP 443 – 1	S7 通信	连接表、FB/SFB 调用
		S5 兼容通信传输协议 TCP/IP 和 UDP、CP44 – 1 也用 ISO	NCM、连接表、SEND/RECEIVE
	CP 343 – 1 IT 高级 CP 443 – 1 CP 443 – 1 IT	S7 通信	连接表、FB/SFB 调用
		S5 兼容通信传输协议 TCP/IP 和 UDP、CP44 – 1 也用 ISO	NCM、连接表、SEND/RECEIVE
		IT 通信（HTTP、ETP、E – mail）	NCM、连接表、SEND/RECEIVE
	CP 343 – 1 PN	S7 通信	连接表、FB/SFB 调用
		S5 兼容通信传输协议 TCP 和 UDP	NCM、连接表、SEND/RECEIVE

子　　网	模　　块	通信服务和连接	组态和接口
PtP	CP340	ASCⅡ协议，3964（R）	自己的组态工具
	CP441-1	打印机驱动器	可装载的块，对于CP441；SFB
	CP341	ASCⅡ协议，3964（R），RK 512	自己的组态工具
	CP441-2	特殊驱动器	可装载的块，对于CP441；SFB
	CPU313C-2 PtP	ASCⅡ协议，3964（R），RK 512	CPU组态，SFB调用
	CPU314C-2 PtP	对于CPU 314C	

3. 标准通信

标准通信（Standard Communications）即符合国际标准的通信方式。

从用户的角度看，PROFIBUS提供了三种不同的通信协议：DP、FMS（Fieldbus Message Specification，现场总线报文规范）和PA（Process Automation）。Ethernet提供了两种不同的通信协议：TCP/IP和MAP 3.0。

4. 连接

连接（connection）用于描述两个设备之间的通信关系。根据通信行规，连接类型分为动态连接（不组态，事件建立和清除连接）和静态连接（通过连接表组态连接）；SIMATIC通信的连接类型包括S7连接、PtP连接、TCP连接、UDP连接等。

3.4　习题

1. 区别异步传输与同步传输。
2. 简述传码率和传信率之间的联系与区别。
3. 简述按照OSI参考模型的全部7层编制通信协议来实现通信的过程。
4. 数据链路层的两个子层是什么？它们的主要功能是什么？
5. SIMATIC网络主要包括哪些子网络？请简述这些子网的应用领域。

第4章　MPI 网络通信

本章学习目标：

学习 MPI 可以实现的三种通信方式（全局数据包通信、S7 基本通信即无组态通信和 S7 通信即组态连接通信）；了解三种通信方式的系统组成和通信原理，掌握实现 MPI 三种通信方式的硬件组态和网络组态，通信程序编写和软件调试。

4.1　MPI 通信简介

MPI（MultiPoint Interface）可用于单元层，它是多点接口的简称。MPI 通信是当通信要求速率不高时，可以采用的一种简单经济的通信方式。MPI 物理接口符合 PROFIBUS RS – 485（EN 50170）接口标准。MPI 网络的通信速率为 19.2 kbit/s ~ 12 Mbit/s，S7 – 300 通常默认设置为 187.5 kbit/s，只有能够设置为 PROFIBUS 接口的 MPI 网络才支持 12 Mbit/s 的通信速率。

MPI 通信的主要优点是 CPU 可以同时与多种设备建立通信联系。也就是说，编程器、HMI 设备和其他 PLC 可以连接在一起并同时运行。编程器通过 MPI 接口生成的网络还可以访问所连接硬件站上的所有智能模块。可同时连接的其他通信对象的数目取决于 CPU 的型号。例如，CPU314 的最大连接数为 4，CPU416 为 64。

MPI 接口的主要特征如下：

1）RS – 485 物理接口。

2）传输率为 19.2 kbit/s 或 187.5 kbit/s 或 1.5 Mbit/s。

3）最大连接距离为 50 m（2 个相邻节点之间），有两个中继器时为 1100 m，采用光纤和星形耦合器时为 23.8 km。

4）采用 PROFIBUS 元件（电缆、连接器）。

PLC 通过 MPI 能同时连接编程器/计算机（PG/PC）、人机界面（HMI）、SIMATIC S7、M7 和 C7。每个 CPU 可以使用的 MPI 连接总数与 CPU 的型号有关，为 6 ~ 64 个。例如，CPU312 为 6 个，CPU417 为 64 个。

接入到 MPI 网络的设备称为一个节点，不分段的 MPI 网络最多可以连接 32 个节点，两个相邻节点间的最大通信距离为 50 m，但是可以通过中继器来扩展长度，实现更大范围的设备互连。如图 4-1 所示。两个中继器之间没有站点，最大通信距离可扩展到 1000 m；最多可增加中继器为 10 个，因此通过加中继器最大通信距离可扩展到 9100 m（1000 m * 9 + 50 * 2 = 9100 m）。如果在两个中继器之间有 MPI 节点，则每个中继器只能扩展 50 m。

MPI 网络使用 PROFIBUS 总线连接器和 PROFIBUS 总线电缆。位于网络终端的站，应将其总线连接器上的终端电阻开关扳到 On 位置。如图 4-2 所示。网络中间的站总线连接器上的终端电阻开关扳到 Off 位置。

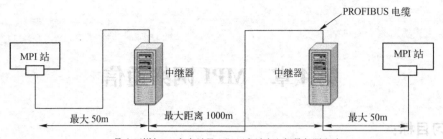

图 4-1 带中继器的 MPI 网络

为了实现 PLC 与计算机的通信，计算机应配置一块 MPI 卡，或使用 PC/MPI、USB/MPI 适配器。应为每个 MPI 节点设置 MPI 地址（0～126），编程设备、人机界面和 CPU 的默认地址分别为 0、1、2。MPI 网络最多可以连接 125 个站。

通过 MPI 可以实现 S7 PLC 之间的三种通信方式：全局数据包通信、S7 基本通信（无组态连接通信）和 S7 通信（组态连接通信）。

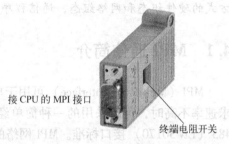

图 4-2 总线连接器

1）全局数据包通信方式：对于 PLC 之间的数据交换，只需组态数据的发送区和接收区，无需额外编程，适合于 S7-300/400 PLC 之间的相互通信。

2）S7 基本通信（无组态连接通信）方式：需要调用系统功能块 SFC65～SFC69 来实现，适合于 S7-200/300/400 PLC 之间的相互通信。无组态连接通信方式有可分两种方式：双边编程和单边编程。

3）S7 通信（组态连接通信）方式：S7-300 的 MPI 接口只能作服务器，S7-400 在与 S7-300 通信时作客户机，与 S7-400 通信时既可以作服务器，又可以作客户机，S7 通信方式只适合于 S7-300/400 PLC 之间的相互通信。

4.2 MPI 通信方式

4.2.1 全局数据包通信方式

全局数据包通信（GD 通信）通过 MPI 接口在 CPU 间循环地交换数据，数据通信不需要编程，也不需要在 CPU 上建立连接，而是利用全局数据表来进行配置。全局数据表是在配置 PLC 的 MPI 网络时，组态所要通信的 PLC 站的发送区和接收区。当过程映像被刷新时，在循环扫描检测点上进行数据交换。这种通信方法可用于所有 S7-300/400 的 CPU。对于 S7-400，数据交换可以用 SFC 来起动。全局数据可以是输入、输出、标志位、定时器、计数器和数据块区。最多可以在一个项目中的 15 个 CPU 之间建立全局数据通信。它只能用来循环地交换少量数据，全局数据包最大长度为 22B，原理图如图 4-3a 所示。

对于全局数据包通信来说，如果需要对数据的发送和接收进行控制，如在某一事件或某一时刻，接收和发送所需要的数据，则需要采用事件驱动的全局数据包通信方式。这种通信方式是通过调用 CPU 的系统功能 SFC60（GD_SND）和 SFC61（GD_RCV）来完成的，这种方式仅适合于 S7－400 PLC，并且相应设置 CPU 的 SR（扫描频率）为 0，原理图如图 4-3b 所示。

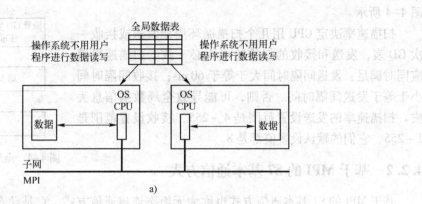

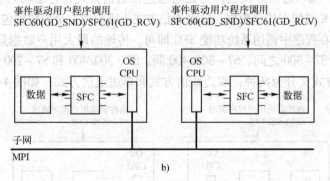

图 4-3　全局数据包通信方式原理图

a) 全局数据包通信方式原理图　b) 采用事件驱动的全局数据包通信方式原理图

SFC60（GD－SND）和 SFC61（GD－RCV）的输入输出参数分别见表 4-1 和表 4-2。

表 4-1　SFC60（GD_SND）的输入／输出参数说明

参　数　名	参数类型	数据类型	参　数　说　明
CIRLCE_ID	INPUT	BYTE	要发送的 GD 包所在 GD 环的数目，允许的数值 1～16
BLOCK_ID	INPUT	BYTE	所选择的 GD 环中要发送的 GD 的包数，允许的数值 1～3
RET_VAL	OUTPUT	INT	错误信息

表 4-2　SFC61（GD_RCV）的输入／输出参数说明

参　数　名	参数类型	数据类型	参　数　说　明
CIRLCE_ID	INPUT	BYTE	用于输入进入 GD 包的 GD 环的数目，允许的数值 1～16
BLOCK_ID	INPUT	BYTE	所选择的 GD 环中的 GD 的包数，将在其中输入进入的数据，允许的数值 1～3
RET_VAL	OUTPUT	INT	错误信息

应用全局数据包通信，就是要在 CPU 中定义全局数据块，这一过程也称为全局数据包通信组态。在 STEP 7 进行全局数据包通信组态时，由系统菜单 Option 中的"Define Global Data"进行全局数据表（GD 表）组态，具体步骤如图 4-4 所示。

扫描速率决定 CPU 用几个扫描循环周期发送或接收一次 GD 表，发送和接收的扫描速率不必一致。扫描速率值应同时满足：发送间隔时间大于等于 60 ms；接收间隔时间小于等于发送间隔时间。否则，可能导致全局数据信息丢失。扫描速率的发送设置范围是 4～255，接收设置范围是 1～255，它们的默认设置值都是 8。

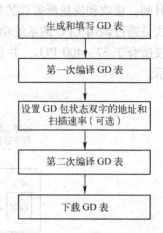

图 4-4　全局数据表的组态步骤

4.2.2　基于 MPI 的 S7 基本通信方式

基于 MPI 的 S7 基本通信方式也称为无组态连接通信方式，它是动态直接通信方式通过 MPI 子网或站中的 K 总线来传送数据。这种通信方式不需要建立全局数据包，也不需要在 CPU 上建立连接，仅需在程序中调用系统功能 SFC 即可。传输的最大用户数据量为 76 个字节。这种通信方式适合于 S7-300 之间、S7-300/400 间、S7-300/400 和 S7-200 间的数据通信。

S7 基本通信方式又分为两种：双边通信方式和单边通信方式，如图 4-5 所示。

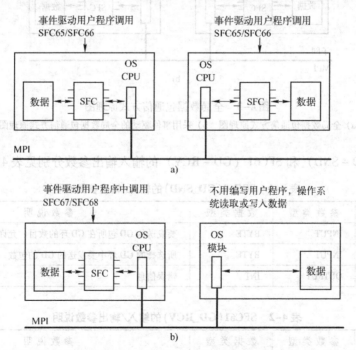

图 4-5　S7 基本通信双边通信方式和单边通信方式原理图
a）双边通信方式　b）单边通信方式

1. 单边通信方式

单边通信只在一方编写通信程序，即客户机与服务器的访问模式，编写程序一方的

CPU 作为客户机，没有编写程序一方的 CPU 作为服务器，客户机调用 SFC 通信块对服务器的数据进行读写操作，这种通信方式适合 S7 – 300/400/200 之间通信，S7 – 300/400 的 CPU 可以同时作为客户机和服务器，S7 – 200 只能作服务器。在客户机方，调用 SFC67(X_GET) 用来读回服务器指定数据区中的数据并存放到本地的数据区中，调用 SFC68(X_PUT) 用来写本地数据区中的数据到服务器中指定的数据区中。如图 4-6 所示。

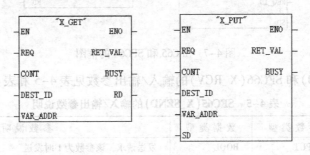

图 4-6　SFC67 和 SFC68 的框图

SFC67(X_GET) 和 SFC68(X_PUT) 的输入/输出参数分别见表 4-3 和表 4-4。

表 4-3　SFC67(X_GET) 的输入/输出参数说明

参 数 名	参数类型	数据类型	参 数 说 明
REQ	INPUT	BOOL	接收请求，该参数为 1 时发送
CONT	INPUT	BOOL	为 1 时，表示发送数据是连续的一个整体
DEST_ID	INPUT	WORD	对方的 MPI 地址
VAR_ADDR	INPUT	ANY	指向伙伴 CPU 上要读取数据的区域
RET_VAL	OUTPUT	INT	发送状态字
BUSY	OUTPUT	BOOL	通信进程，为 1 时表示正在发送，为 0 时表示发送完成
RD	OUTPUT	ANY	定义数据接收区

表 4-4　SFC68 (X_PUT) 的输入/输出参数说明

参 数 名	参数类型	数据类型	参 数 说 明
REQ	INPUT	BOOL	发送请求，该参数为 1 时发送
CONT	INPUT	BOOL	为 1 时，表示发送数据是连续的一个整体
DEST_ID	INPUT	WORD	对方的 MPI 地址
VAR_ADDR	INPUT	ANY	指向伙伴 CPU 上要写入数据的区域
SD	INPUT	ANY	定义数据发送区，以指针的格式表示
RET_VAL	OUTPUT	INT	发送状态字
BUSY	OUTPUT	BOOL	通信进程，为 1 时表示正在发送，为 0 时表示发送完成

2. 双边通信方式

双边通信方式是在收发双方都需要调用系统通信功能 SFC，一方调用发送块发送数据，另一方调用接收块来接收数据。在发送端调用 SFC65(X_SEND)，建立与接收端的动态连接并发送数据；在接收端调用 SFC66(X_RCV)来接收数据。如图 4-7 所示。

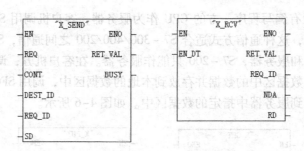

图 4-7 SFC65 和 SFC66 的框图

SFC65(X_SEND)和 SFC66(X_RCV)的输入/输出参数见表 4-5 和表 4-6。

表 4-5 SFC65(X_SEND)的输入/输出参数说明

参 数 名	参数类型	数据类型	参 数 说 明
REQ	INPUT	BOOL	发送请求，该参数为 1 时发送
CONT	INPUT	BOOL	为 1 时，表示发送数据是连续的一个整体
DEST_ID	INPUT	WORD	对方的 MPI 地址
REQ_ID	INPUT	DWORD	表示一包数据的标识符，标识符可定义
SD	INPUT	ANY	定义数据发送区，以指针的格式表示
RET_VAL	OUTPUT	INT	发送状态字
BUSY	OUTPUT	BOOL	通信进程，为 1 时表示正在发送，为 0 时表示发送完成

表 4-6 SFC66(X_RCV)的输入/输出参数说明

参 数 名	参数类型	数据类型	参 数 说 明
EN_DT	INPUT	BOOL	为 1 表示接收使能
RET_VAL	OUTPUT	INT	表示接收状态字
REQ_ID	OUTPUT	DWORD	为接收数据包的标识符
NDA	OUTPUT	BOOL	为 1 时表示有新的数据包，为 0 时表示没有新的数据包
RD	OUTPUT	ANY	接收区放在 DB1 中从 DBB0 开始的连续 76 字节

4.2.3 基于 MPI 的 S7 通信方式

基于 MPI 的 S7 通信方式也称为组态连接通信方式，仅用于 S7-300/400 间和 S7-400/400 间的通信。S7-300/400 通信时，S7-300 只作为服务器，S7-400 作为客户机对 S7-300 的数据进行读写操作；S7-400/400 通信时 S7-400 既可以作为服务器也可以作为客户机。除了要调用系统功能块 SFB 外，要在 CPU 的网络硬件组态中建立通信双方的连接，连接参数供调用 SFB 时使用。这种通信方式也适用于通过 PROFIBUS 和工业以太网的数据通信。

S7 通信方式分为两种：单边通信方式和双边通信方式。如图 4-8 所示。

1. 单边通信方式

在单边通信中，S7-400 作客户机，S7-300 作服务器，客户机调用单向通信块 SFB14 (GET) 和 SFB15 (PUT)，通过集成的 MPI 接口和 S7 通信，读、写服务器的存储区。服务器是通信中的被动方，不需要编写通信程序。S7-400 和 S7-300 之间只能建立单向的 S7 连接。如图 4-9 所示。

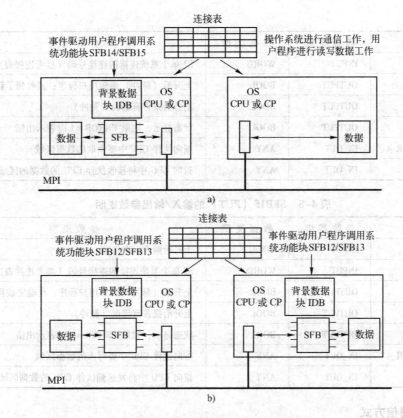

图 4-8 S7 通信通信方式原理图

a) 单边通信方式 b) 双边通信方式

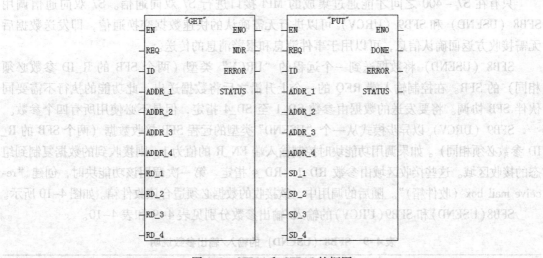

图 4-9 SFB14 和 SFB15 的框图

SFB14(GET) 和 SFB15(PUT) 的输入/输出参数分别见表 4-7 和表 4-8。

表 4-7 SFB14 (GET) 的输入/输出参数说明

参 数 名	参数类型	数据类型	参 数 说 明
REQ	INPUT	BOOL	上升沿激发一次传输

29

参　数　名	参数类型	数据类型	参　数　说　明
ID	INPUT	WORD	S7 单个系统连接的连接号码（参考连接表）
NDR	OUTPUT	BOOL	上升沿（脉冲）通知用户程序：接收到了新的数据
ERROR	OUTPUT	BOOL	上升沿报告有错误（脉冲）
STATUS	OUTPUT	BOOL	状态显示，如果 ERROR＝1 时表示出错
ADDR_1…ADDR_4	IN_OUT	ANY	指向伙伴 CPU 中要读取的数据区域
RD_1…RD_4	IN_OUT	ANY	指向 CPU 中将接收伙伴 CPU 的数据的区域

表 4-8　SFB15（PUT）的输入/输出参数说明

参　数　名	参数类型	数据类型	参　数　说　明
REQ	INPUT	BOOL	上升沿激发一次传输
ID	INPUT	WORD	S7 单个系统连接的连接号码（参考连接表）
DONE	OUTPUT	BOOL	上升沿（脉冲）通知用户程序：传输完成且未发生错误
ERROR	OUTPUT	BOOL	上升沿报告有错误（脉冲）
STATUS	OUTPUT	BOOL	状态显示，如果 ERROR＝1 时表示出错
ADDR_1…ADDR_4	IN_OUT	ANY	指向伙伴 CPU 中要写入的数据区域
SD_1…SD_4	IN_OUT	ANY	指向 CPU 中将发送到伙伴 CPU 的数据区域

2. 双边通信方式

（1）使用 USEND /URCV 的双边通信

只有在 S7 - 400 之间才能通过集成的 MPI 接口进行 S7 双向通信。S7 双向通信调用 SFB8（USEND）和 SFB9（URCV）可以进行无需确认的快速数据交换通信，即发送数据后无需接收方返回确认信息，可以用于事件消息和报警消息的传送。

SFB8（USEND）将数据送到一个远程的 "URCV" 类型（两个 SFB 的 R_ID 参数必须相同）的 SFB。在控制输入端 REQ 的一个上升沿之后将数据送出。此功能的执行不需要同伙伴 SFB 协调。将要发送的数据由参数 SD_1 至 SD_4 指定，但是不必使用所有四个参数。

SFB9（URCV）以异步模式从一个 "USEND" 类型的远程 SFB 接收数据（两个 SFB 的 R_ID 参数必须相同）。如果调用功能块时控制输入端 EN_R 的值为 1，则接收到的数据复制到组态的接收区域。这些接收区域由参数 RD_1 ~ RD_4 指定。第一次调用该功能块时，创建 "receive mail box（收件箱）"。随后的调用中，欲接收的数据必须适合该收件箱。如图 4-10 所示。

SFB8（USEND）和 SFB9（URCV）的输入/输出参数分别见表 4-9 和表 4-10。

表 4-9　SFB8（USEND）的输入/输出参数说明

参　数　名	参数类型	数据类型	参　数　说　明
REQ	INPUT	BOOL	上升沿激发一次传输
ID	INPUT	WORD	S7 单个系统连接的连接号码（参考连接表）
R_ID	INPUT	DWORD	两个 CFB 的参数必须相同（USEND 和 URCV）指定功能块对
DONE	OUTPUT	BOOL	上升沿（脉冲）通知用户程序：传输完成且未发生错误

参 数 名	参数类型	数据类型	参数说明
ERROR	OUTPUT	BOOL	上升沿报告有错误（脉冲）
STATUS	OUTPUT	BOOL	状态显示，如果 ERROR = 1 时表示出错
SD_1…SD_4	IN_OUT	ANY	指向 CPU 中将发送到伙伴 CPU 的数据区域

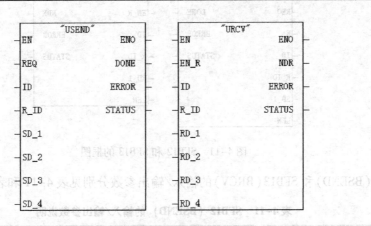

图 4-10　SFB8 和 SFB9 的框图

表 4-10　SFB9（URCV）的输入∕输出参数说明

参 数 名	参数类型	数据类型	参数说明
EN_R	INPUT	BOOL	若 RLO = 1，接收到的数据复制到组态的数据区域
ID	INPUT	WORD	S7 单个系统连接的连接号码（参考连接表）
R_ID	INPUT	DWORD	两个 CFB 的参数必须相同（USEND 和 URCV）指定功能块对
NDR	OUTPUT	BOOL	上升沿（脉冲）通知用户程序：有新的数据已传送
ERROR	OUTPUT	BOOL	上升沿 = 错误（脉冲）
STATUS	OUTPUT	BOOL	状态显示，如果 ERROR = 1
RD_1…RD_4	IN_OUT	ANY	指向 CPU 中将接收伙伴 CPU 的数据的区域

（2）使用 BSEND∕BRCV 的双向通信

S7 双向通信使用 SFB12（BSEND）和 SFB13（BRCV）可以进行需要确认的数据交换通信，即发送数据后需要接收方返回确认信息。BSEND∕BRCV 不能用于 S7 - 300 集成的 MPI 接口的 S7 通信。

SFB12（BSEND）向一个"BRCV"类型的远程伙伴 SFB 发送数据（相应的 SFB 的 R_ID 参数必须相同）。该数据传输操作最多可以传输 64 KB 的数据（适用于所有 CPU）。调用功能块之后当控制输入端 REQ 出现一个上升沿时，触发发送工作。从用户内存传输数据与用户程序的处理是异步进行的。

SFB13（BRCV）从一个"BSEND"类型的远程伙伴 SFB 接收数据（两个 SFB 的 R_ID 参数必须相同）。调用功能块之后当控制输入端 EN_R 为 1 时，功能块准备好接收数据。接收数据的起始地址由 RD_1 指定。接收到每个数据段之后，向伙伴 SFB 发送一个应答并且更新 LEN 参数。如果在异步接收数据时调用该功能块，将导致在状态参数 STATUS 端输出一个警告信息，如果调用发生时控制输入端 EN_R 的值为 0，则接收被终止并且 SFB 回到其初始状态。状态参数 NDR 的值为 1 表示成功地接收到所有的数据，且未发生错误。如图 4-11 所示。

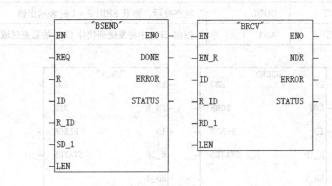

图 4-11　SFB12 和 SFB13 的框图

SFB12（BSEND）和 SFB13（BRCV）的输入/输出参数分别见表 4-11 和表 4-12。

表 4-11　SFB12（BSEND）的输入/输出参数说明

参　数　名	参数类型	数据类型	参 数 说 明
REQ	INPUT	BOOL	在上升沿激活一次传输
R	INPUT	BOOL	上升沿将 BSEND 置位到最初的状态
ID	INPUT	WORD	S7 单个系统连接的连接号码（参考连接表）
R_ID	INPUT	DWORD	两个 SFB 的参数必须相同（USEND 和 URCV），指定功能块对
SD_1	IN_OUT	ANY	欲传输的数据，ANY 指针中的长度未定
LEN	IN_OUT	WORD	欲传输数据的长度
DONE	OUTPUT	BOOL	上升沿报告完成了一个 BSEND 请求（脉冲）且没有发生错误
ERROR	OUTPUT	BOOL	上升沿报告一个错误（脉冲）
STATUS	OUTPUT	WORD	包含详细的错误解释或警告

表 4-12　SFB13（BRCV）的输入/输出参数说明

参　数　名	参数类型	数据类型	参 数 说 明
EN_R	INPUT	BOOL	RLO = 1 SFB 准备好接收数据 RLO = 0 操作程序被取消
ID	INPUT	WORD	S7 单个系统连接的连接号码（参考连接表）
R_ID	INPUT	DWORD	两个 SFB 的参数必须相同（BSEND 和 BRCV），分配功能块对
RD_1	IN_OUT	ANY	指向接收信箱。长度说明指定了欲接收的数据块的长度（2048 个字是 S5 的最大长度）
LEN	IN_OUT	WORD	到此为止接收到的数据字节数
NDR	OUTPUT	BOOL	上升沿告诉用户程序：接收到了新的数据
ERROR	OUTPUT	BOOL	上升沿表示有错误发生（脉冲）
STATUS	OUTPUT	WORD	包含详细的错误解释或警告

4.3 MPI 通信应用技术

4.3.1 全局数据包通信

1. 系统组成及通信原理

（1）系统组成

硬件：CPU413－2DP 和 CPU 315－2DP，CPU413－2DP 的站地址为 2，CPU 315－2DP 站地址为 3。网络配置图如图 4-12 所示。

（2）通信原理

S7－300 与 S7－400 之间的全局数据包通信，将 2 号站的 ID0 发送到对方的 QD4，将 3 号站的 ID0 发送到对方的 QD0，将 2 号站的 DB1. DBB0：22 发送到 3 号站的 DB2. DBB0：22 中，将 3 号站 S7－300 的 DB1. DBB0：22 发送到 2 号站的 DB1. DBB0：22 中。

通信原理图如图 4-13 所示。

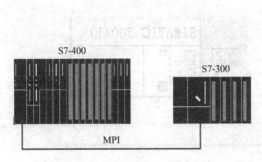

图 4-12　网络配置图

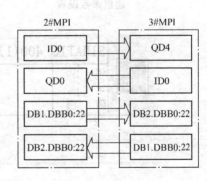

图 4-13　通信原理图

2. 硬件组态

在 STEP 7 中建立一个新项目，在此项目下插入一个"SIMATIC 400 站"和一个"SI-MATIC 300 站"，并分别完成硬件组态，硬件组态如图 4-14 和图 4-15 所示。

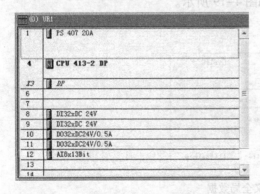

图 4-14　SIMATIC 400 站硬件组态图　　　图 4-15　SIMATIC 300 站硬件组态图

3. 网络组态

单击 ![按钮] 按钮，打开网络组态 NetPro，可以看到一条 MPI 网络和没有与网络连接的两个站点,双击 CPU 上的小红方块,打开 MPI 接口属性对话框,分别设置 MPI 的站地址为 2 和 3,选择子网"MPI(1)",单击"OK"按钮返回 NetPro,可以看到 CPU 已经连到 MPI 网络上。如图 4-16、图 4-17 和图 4-18 所示。

图 4-16　SIMATIC 400 站 MPI 网络　　　　　图 4-17　SIMATIC 300 站 MPI 网络
　　　　　　通信参数设置　　　　　　　　　　　　　　　通信参数设置

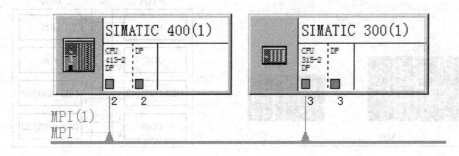

图 4-18　MPI 网络

4. 生成和填写 GD 表

鼠标右击 NetPro 中的 MPI 网络线,在菜单中单击"Define Global Data"命令,在出现的 GD 表对话框中,对全局数据通信进行组态。如图 4-19 所示。

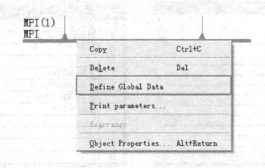

图 4-19　定义全局数据

双击"GD ID"右边的 CPU 栏选择需要通信的 CPU。如图 4-20 和图 4-21 所示。
在每个 CPU 栏底下填上数据的发送区和接收区,例如:第一行生成一个全局数据,

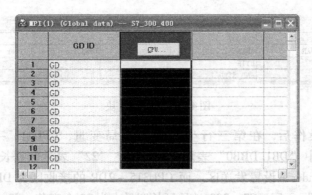

图 4-20　GD 表

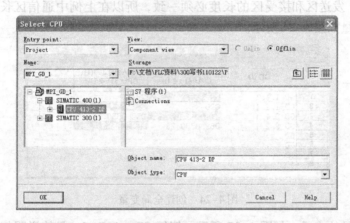

图 4-21　选择 CPU

CPU413－2DP 的发送区为 ID0，在菜单"Edit"下选择"Sender"设置发送区，方格变成深色，同时出现符号"＞"表示为发送站，CPU315－2DP 的接收区为 QD4。用同样的方法，在第二行生成一个全局数据，将 CPU315－2DP 的 ID0 发送给 CPU413－2DP 的 QD0。

选中 SIMATIC 管理器左边 400 站点的"块"文件夹，在右边空白处右击，选择"Insert New Object"→"Data Block"，生成共享数据块 DB1 和 DB2。为了定义数据块的大小，打开数据块，删除自动生成的临时占位符变量，生成一个有 22B 数据元素的数组。如图 4-22 所示。

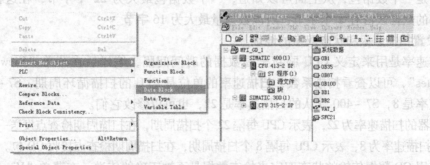

图 4-22　生成数据块

用同样的方法，在 CPU315－2DP 的"块"文件夹中生成共享数据块 DB1 和 DB2，用数组定义它们的大小。创建 DB 块如图 4-23 所示。

Address	Name	Type	Initial value	Comment
0.0		STRUCT		
+0.0	DB_VAR	ARRAY[1..22]		Temporary placeholder variable
*1.0		BYTE		
=22.0		END_STRUCT		

图 4-23　创建 DB 块

在完成上述操作后，在第三行生成一个全局变量，CPU413 - 2DP 的发送区为 DB1. DBB0:22（其中"DB1. DBB0"表示起始地址，"22"表示数据长度），然后在菜单"Edit"下选择"Sender"设置发送区。而 CPU315 - 2DP 的接收区为 DB1. DBB0:22。地址区可以为 DB、M、I、Q 区，S7 - 300 地址区长度最大为 22 个字节，S7 - 400 地址区长度最大为 54 个字节。发送区和接受区的长度必须一致，所以在上例中通信区长度最大为 22 字节。创建即可变量如图 4-24 所示。

	GD ID	SIMATIC 400(1)\ CPU 413-2 DP	SIMATIC 300(1)\ CPU 315-2 DP
1	GD 1.1.1	>ID0	QD4
2	GD 1.2.1	QD0	>ID0
3	GD 2.1.1	>DB1. DBB0:22	DB2. DBB0:22
4	GD 2.2.1	DB2. DBB0:22	>DB1. DBB0:22
5	GD		
6	GD		
7	GD		
8	GD		

图 4-24　创建全局变量

对于全局变量的表示，如图 4-25 所示，例如 GD　A. B. C，具体说明如下：

1) 参数 A：全局数据环。参与收发全局数据包的 CPU 组成了全局数据环，CPU 可以向同一环内的其他 CPU 发送或接收数据，在一个 MPI 网络中，最多可以建立 16 个 GD 环，每个环最多允许 15 个 CPU 参与全局数据交换。

2) 参数 B：全局数据包。在同一个全局数据环中，具有相同的发送站和接收站的全局数据的字节数之和如果没有超出允许值，可以组成一个全局数据包。

3) 参数 C：一个数据包里的数据。CPU 315 - 2 DP 发送 4 组数据到 CPU 413 - 2 DP，4个数据区是一个数据包，从上面可以知道，一个数据包最大为 22 个字节，在这种情况下，每个额外的数据区占有 2 个字节，所以数据量最大为 16 字节。

5. 设置扫描速率和状态双字的地址

扫描速率是用来定义 CPU 刷新全局数据的时间间隔，编译后在菜单"View"中单击"Scan Rates"，可以查看扫描系数，扫描速率的单位是 CPU 的扫描循环周期，S7 - 300 默认的扫描速率是 8，S7 - 400 默认的扫描速率是 22，也可以修改它们。

发送器的扫描速率为 22，表示 CPU 每隔 22 个扫描周期，在扫描周期检查点发送一次 GD 包。接收器的扫描速率为 8，表示 CPU 每隔 8 个扫描周期，在扫描周期检查点接收 GD 包。

可以用 GD 数据传输的状态双字来检查数据是否被正确的传送，在菜单"View"中单击"GD Status"，可以查看状态双字，在出现的 GDS 行中可以给每个数据包指定一个用于状态双字的地址，最上面一行的状态双字 GST 为各 GDS 行中的状态双字相"或"的结果。如图 4-26 所示。

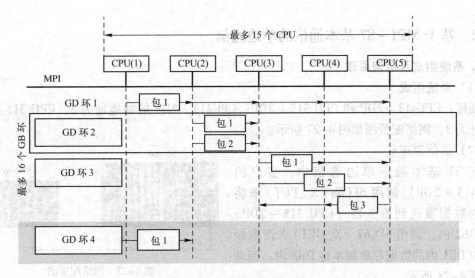

图 4-25　全局变量示意图

图 4-26　扫描速率和状态双字的地址

状态字中每个状态位对应的程序错误说明见表 4-13。

表 4-13　根据状态字编写相应的错误处理程序

状 态 字 位	相应的错误处理程序	状 态 字 位	相应的错误处理程序
第 1 位	发送区长度错误	第 7 位	发送区与接收区数据对象长度不一致
第 2 位	发送区数据块不存在	第 8 位	接收区长度错误
第 4 位	全局数据包丢失	第 9 位	接收区数据块不存在
第 5 位	全局数据包语法错误	第 12 位	发送方重新起动
第 6 位	全局数据包数据对象丢失	第 32 位	接收区接收到新数据

　　状态双字能使用户程序及时了解通信的有效性和实时性，增强系统的故障诊断能力。设置好扫描速率和状态双字的地址后，单击 C% 按钮，对全局数据表进行第二次编译，使扫描速率和状态双字的地址包含在组态数据中。

4.3.2 基于 MPI - S7 基本通信的单边通信

1. 系统组成及通信原理

（1）系统组成

硬件：CPU413 - 2DP 和 CPU 315 - 2DP；CPU413 - 2DP 的站地址为 2，CPU 315 - 2DP 站地址为 3。网络配置图如图 4-27 所示。

（2）通信原理

在 S7 基本通信单边通信中，客户机（CPU413 - 2DP）调用 SFC68（X_PUT）来将 DB1 内数据发送到服务器（CPU 315 - 2DP）中的 DB2 内，调用 SFC67（X_GET）来读取服务器中 DB1 内的数据存放到本地 DB2 内。原理图如图 4-28 所示。

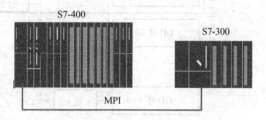

图 4-27　网络配置图

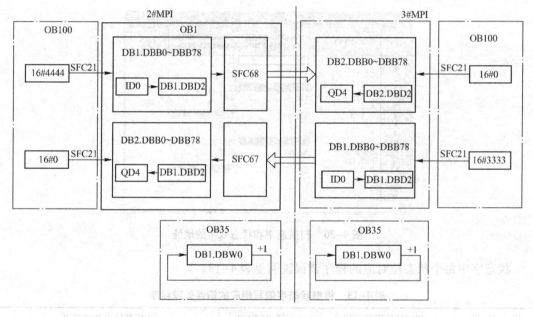

图 4-28　通信原理图

2. 硬件组态

在 STEP 7 中建立一个新项目，在此项目下插入一个"SIMATIC 400 站"和一个"SI-MATIC 300 站"，并分别完成硬件组态，如图 4-29 和图 4-30 所示。

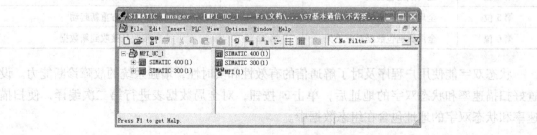

图 4-29　新建项目并插入站点

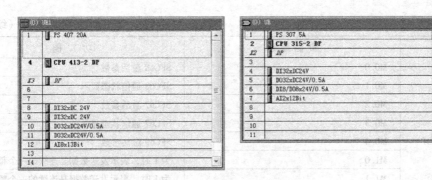

图 4-30　站点硬件组态

3. 网络组态

单击 按钮，打开网络组态 NetPro，可以看到一条 MPI 网络和没有与网络连接的两个站点，双击 CPU 上的小红方块，打开 MPI 接口属性对话框，分别设置 MPI 的站地址为 2 和 3，选择子网"MPI(1)"，单击确定返回 NetPro，可以看到 CPU 已经连到 MPI 网络上。如图 4-31 和图 4-32 所示。

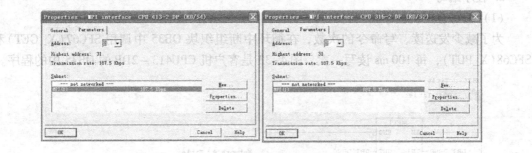

图 4-31　MPI 网络通信参数设置

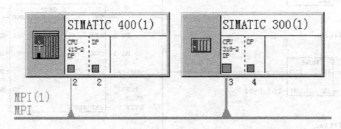

图 4-32　MPI 网络

4. 资源分配

根据项目需要进行软件资源的分配，见表 4-14。

表 4-14　软件资源分配表

站　　点	资源地址	功　　能
CPU413－2DP	DB1. DBB0 ~ DBB75	发送数据区
	DB2. DBB0 ~ DBB75	接收数据区
	ID0	过程输入映像区
	QD4	过程输出映像区

站　　点	资源地址	功　　能
CPU413 - 2DP	M0.0	SFC68 激活参数
	M0.1	SFC68 通信状态显示
	M0.2	SFC67 激活参数
	M0.3	SFC67 通信状态显示
	M0.4	SFC69 激活参数
	M1.0	为 1 时，表示发送数据是连续的一个整体
	M1.1	为 1 时，表示发送数据是连续的一个整体
	MW2	SFC68 状态字
	MW4	SFC67 状态字
CPU 315 - 2DP	DB2. DBB0 ~ DBB75	接收数据区
	DB1. DBB0 ~ DBB75	发送数据区
	ID0	过程输入映像区
	QD4	过程输出映像区

5. 程序编写

（1）编写客户机程序

为了减少发送读、写命令的次数，在循环中断组织块 OB35 中调用 SFC67（X_GET）和 SFC68（X_PUT），每 100 ms 读写一次。图 4-33 是客户机 CPU413 - 2DP 的 OB35 中的程序。

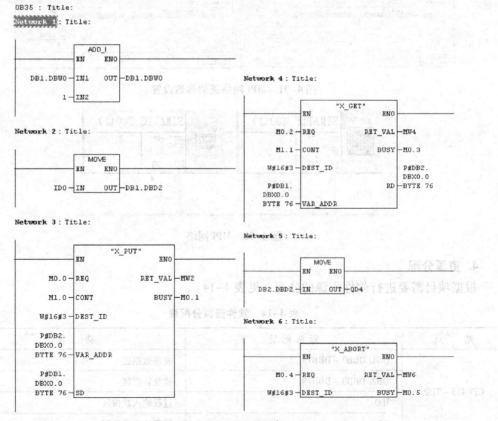

图 4-33　OB35 程序

SFC69(X_ABORT) V 可以中断一个由 SFC67(X_GET)和 SFC68(X_PUT)建立的连接。如果上述系统功能的操作已经完成（BUSY = 0），调用 SFC69(X_ABORT)后，通信双方的连接资源被释放。

初始化程序 OB100 调用 SFC21，将发送数据的 DB1 的各个字预置为 16#4444，将接收数据的 DB2 各个字清零。如图 4-34 所示。

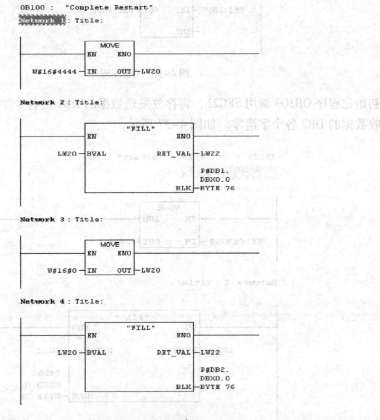

图 4-34 OB100 程序

（2）编写服务器程序

图 4-35 是服务器（CPU315 -2DP）的 OB1 中的程序。

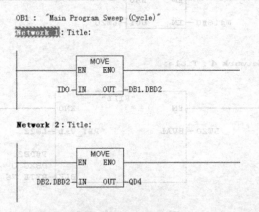

图 4-35 OB1 程序

在服务器 CPU315 -2DP 的 OB35 中，每 100 ms 将 DB1. DBW 加 1，程序如图 4-36 所示。

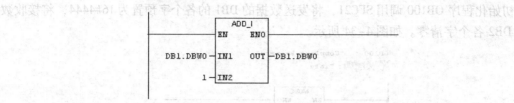

图 4-36 OB35 程序

初始化程序 OB100 调用 SFC21，将存放发送数据的 DB1 的各个字预置为 16#3333，将存放接收数据的 DB2 各个字清零。如图 4-37 所示。

OB100 :   "Complete Restart"
Network 1: Title:

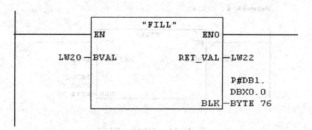

Network 3 : Title:

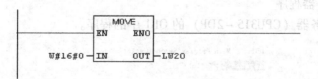

Network 4 : Title:

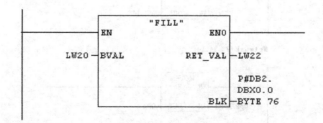

图 4-37 OB100 程序

4.3.3　基于 MPI – S7 基本通信的双边通信

1. 系统组成及通信原理

（1）系统组成

硬件：CPU413 – 2 DP 和 CPU 315 – 2DP；CPU413 – 2DP 的站地址为 2，CPU 315 – 2DP 站地址为 3。网络配置图如图 4–38 所示。

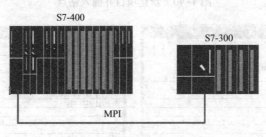

图 4–38　网络配置图

（2）通信原理

在 S7 基本通信双边通信中，通信方调用 SFC65（X_SEND）来将 DB1 内数据发送到通信伙伴中的 DB2 内，调用 SFC66（X_RCV）来读取通信伙伴中 DB1 内的数据存放到本地 DB2 内。原理图如图 4–39 所示。

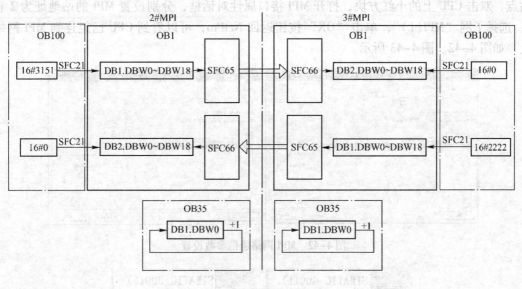

图 4–39　通信原理图

2. 硬件组态

在 STEP 7 中建立一个新项目，在此项目下插入一个"SIMATIC 400 站"和一个"SI-MATIC 300 站"，并分别完成硬件组态，如图 4–40 和图 4–41 所示。

图 4-40　新建项目并插入站点

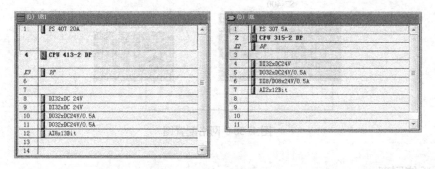

图 4-41　站点硬件组态

3. 网络组态

单击 按钮，打开网络组态 NetPro，可以看到一条 MPI 网络和没有与网络连接的两个站点，双击 CPU 上的小红方块，打开 MPI 接口属性对话框，分别设置 MPI 的站地址为 2 和 3，选择子网"MPI(1)"，单击"OK"按钮返回 NetPro，可以看到 CPU 已经连到 MPI 网络上。如图 4-42、图 4-43 所示。

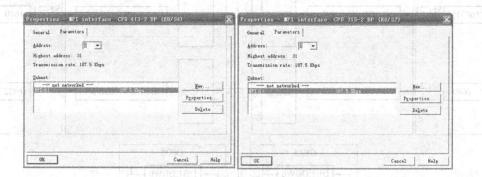

图 4-42　MPI 网络通信参数设置

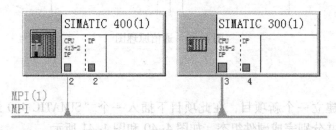

图 4-43　MPI 网络

4. 资源分配

根据项目需要进行软件资源的分配，见表4-15。

表4-15 软件资源分配表

站 点	资源地址	功 能
CPU413-2DP	DB1. DBB0~DBB76	发送数据区
	DB2. DBB0~DBB76	接收数据区
	M0.0	SFC66 接收使能
	M0.1	SFC66 数据状态参数
	M1.0	SFC65 激活参数
	M1.1	SFC65 通信状态显示
	M1.4	SFC69 激活参数
	M1.5	SFC69 通信状态显示
	MW2	SFC66 状态字
	MW12	SFC65 状态字
	MW16	SFC69 状态字
CPU 315-2DP	DB2. DBB0~DBB76	接收数据区
	DB1. DBB0~DBB76	发送数据区
	M0.0	SFC66 接收使能
	M0.1	SFC66 数据状态参数
	M1.0	SFC65 激活参数
	M1.1	SFC65 激活参数
	M1.4	SFC69 通信状态显示
	M1.5	SFC69 通信状态显示
	MW2	SFC66 状态字
	MW12	SFC65 状态字
	MW16	SFC69 状态字

5. 程序编写

在通信的双方都需要调用功能块，一方调用SFC65(X_SEND)来发送数据，另一方就要调用SFC66(X_RCV)来接收数据。

如果在OB1中调用SFC65(X_SEND)，在M1.0为1时的每个扫描周期都要调用一次SFC65，发送频率太快，这样会加重CPU的负担，因此在OB35中调用SFC65，每100 ms调用一次SFC65。

图4-44是2号站的OB35中的程序。

在OB1内编写如下程序，由M0.0=1来触发SFC66(X_RCV)读取3号站发来的数据并存储到RD指定的存储区内，本例中指定的是从P#DB2. DBX0.0开始的76个字节。

图4-45是2号站OB1中接收数据的程序。

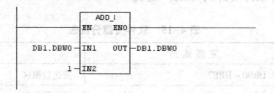

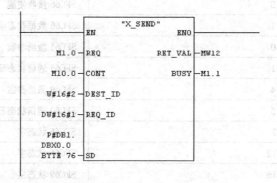

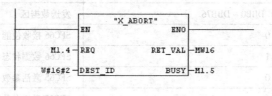

图 4-44 OB35 程序

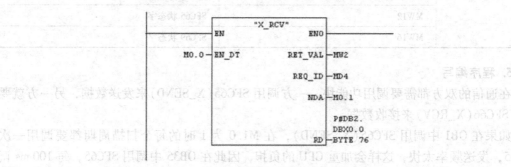

图 4-45 OB1 程序

在 2 号站初始化程序中，将 DB1 各个字预置为 16#3151，将 DB2 各个字清零。程序如图 4-46 所示。

3 号站的程序与 2 号站基本相同，两个站程序之间的区别如下：

1）3 号站 OB35 中，X_SEND 和 X_ABORT 中通信伙伴的 MPI 地址 DEST_ID 为 W#16#2。

2）3 号站的初始化 OB100 中，将发送数据的 DB1 各个字预置为 16#2222。

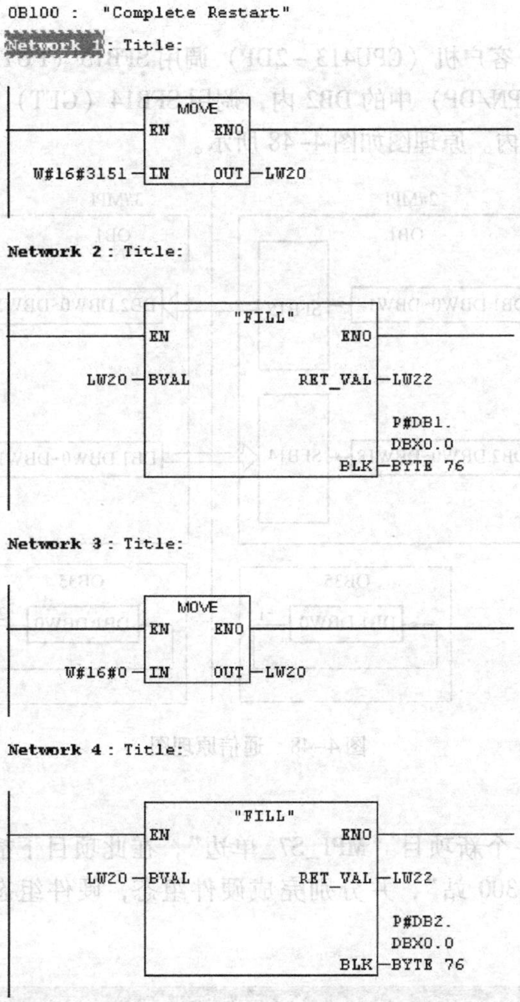

OB100 :   "Complete Restart"
Network 1 : Title:
MOVE
EN
ENO
W#16#3151
IN
OUT
LW20
Network 2 : Title:
"FILL"
EN
ENO
LW20
BVAL
RET_VAL
LW22
P#DB1.
DBX0.0
BLK
BYTE 76
Network 3 : Title:
MOVE
EN
ENO
W#16#0
IN
OUT
LW20
Network 4 : Title:
"FILL"
EN
ENO
LW20
BVAL
RET_VAL
LW22
P#DB2.
DBX0.0
BLK
BYTE 76

图 4-46　OB100 程序

4.3.4　基于 MPI－S7 通信的单边通信

1. 系统组成及通信原理

(1) 系统组成

硬件：CPU413－2DP，CPU315－2PN/DP；CPU413－2DP 的站地址为 2，CPU 315－2PN/DP 站地址为 3。网络配置图如图 4-47 所示。

S7-400
S7-300
MPI

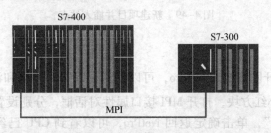

图 4-47　网络配置图

（2）通信原理

在 S7 单边通信中，客户机（CPU413 - 2DP）调用 SFB15（PUT）来将 DB1 内数据发送到服务器（CPU 315 - 2PN/DP）中的 DB2 内，调用 SFB14（GET）来读取服务器中 DB1 内的数据存放到本地 DB2 内。原理图如图 4-48 所示。

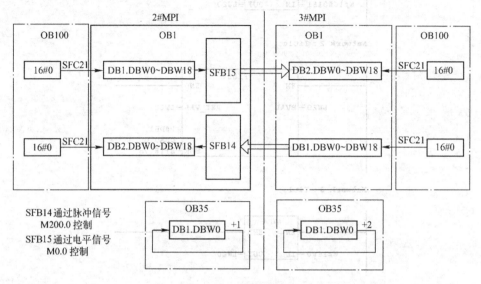

图 4-48　通信原理图

2. 硬件组态

在 STEP 7 中建立一个新项目"MPI_S7_单边"，在此项目下插入一个"SIMATIC 400 站"和一个"SIMATIC 300 站"，并分别完成硬件组态，硬件组态如图 4-49 和图 4-50 所示。

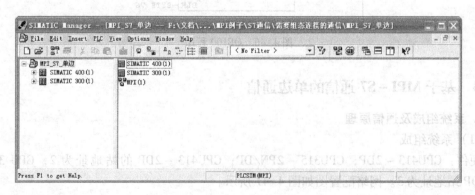

图 4-49　新建项目并插入站点

3. 网络组态

单击 ![按钮] 按钮，打开网络组态 NetPro，可以看到一条 MPI 网络和没有与网络连接的两个站点，双击 CPU 上的小红方块，打开 MPI 接口属性对话框，分别设置 MPI 的站地址为 2 和 3，选择子网"MPI(1)"，单击确定返回 NetPro，可以看到 CPU 已经连到 MPI 网络上。如图 4-51 和图 4-52 所示。

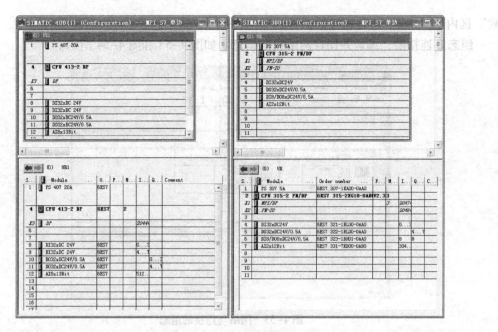

图 4-50 站点硬件组态

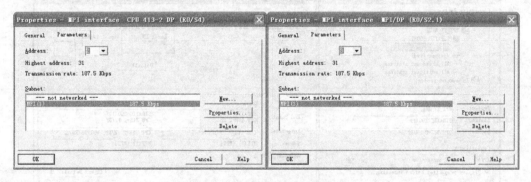

图 4-51 MPI 网络通信参数设置

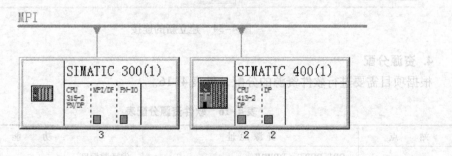

图 4-52 MPI 网络

选中 2 号站 CPU 所在的小方框，在 NetPro 下面出现连接表，双击连接表的第一行，在出现的"插入新连接"对话框中，系统默认的通信伙伴为 CPU315-2DP，在"连接"区的"类型"选择框中，默认的连接类型为 S7 连接。

单击"确认"按钮，出现"属性-S7 连接"对话框。在调用 SFB 时，将会用到"块参数"区内的"ID"(本地连接标识符)。

组态好连接后,编译并保存网络组态信息。如图 4-53 和图 4-54 所示。

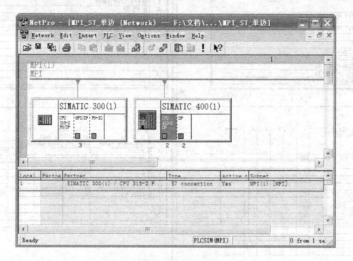

图 4-53　网络与连接的组态

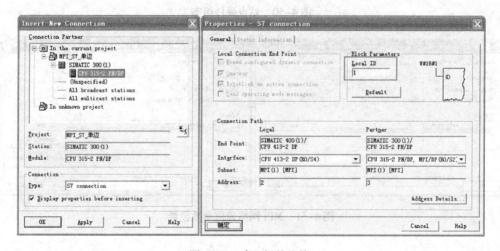

图 4-54　建立新的连接

4. 资源分配

根据项目需要进行软件资源的分配,见表 4-16。

表 4-16　软件资源分配表

站　　点	资源地址	功　　能
CPU413 -2DP	DB1. DBW0 ~ DBW18	发送数据区
	DB2. DBW0 ~ DBW18	接收数据区
	M200. 0	时钟脉冲, SFB14 激活参数
	M10. 0	SFB15 激活参数
	M0. 1	状态参数
	M0. 2	错误显示

站 点	资 源 地 址	功 能
CPU413 –2DP	M10.1	状态参数
	M10.2	错误显示
	MW2	SFB14 状态字
	MW12	SFB15 状态字
CPU315 –2PN/DP	DB2. DBW0 ~ DBW18	接收数据区
	DB1. DBW0 ~ DBW18	发送数据区

5. 程序编写

在单向 S7 连接中，CPU315 –2PN/DP 和 CPU413 –2DP 分别作为服务器和客户机，客户机调用功能块 GET 和 PUT，读写服务器的存储区，服务器在单向通信中不需要调用功能块。

GET、PUT 功能块在通信请求信号 REQ 的上升沿时激活数据传输，属于事件驱动的通信方式。

为了实现周期性的数据传输，本例中使用时钟存储器提供的时钟脉冲作 REQ 信号，在 CPU 属性中设置"时钟存储器"的存储器字节为 MB200，则程序中 MB200 的第 0 位 M200.0 的周期为 100 ms，如图 4–55 所示。

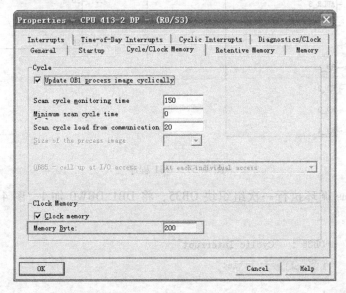

图 4–55　设置时钟存储器

在 2 号站和 3 号站中插入数据块"DB1"和"DB2"，在"DB1"和"DB2"中分别创建如图 4–56 所示数组。

Address	Name	Type	Initial value	Comment
0.0		STRUCT		
+0.0	DB_VAR	ARRAY[0..99]		Temporary placeholder variable
*1.0		BYTE		
=100.0		END_STRUCT		

图 4–56　创建 DB 块

51

（1）2号站程序编写

OB1 程序中使 M200.0 和 M10.0 互反，分别作为 GET 和 PUT 的 REQ 信号，它们的上升沿互差 100 ms。图 4-57 是 OB1 的程序。

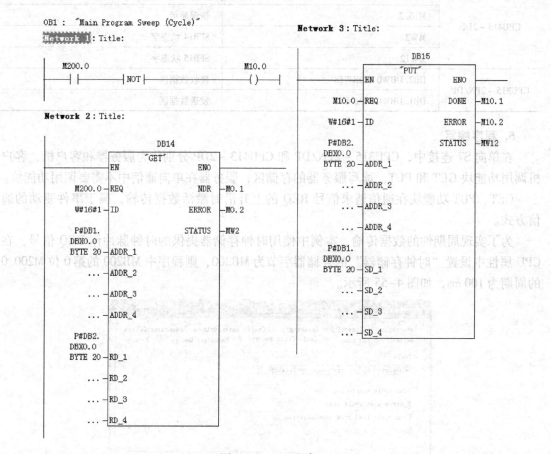

图 4-57　OB1 程序

CPU 每 100 ms 循环执行一次组织块 OB35，将 DB1.DBW0 加 1，图 4-58 是 OB35 的程序。

OB35 : "Cyclic Interrupt"
Network 1: Title:

```
              ADD_I
            EN    ENO
DB1.DBW0 — IN1   OUT — DB1.DBW0
       1 — IN2
```

图 4-58　OB35 程序

在 CPU 的初始化程序 OB100 中，调用 SFC21，将 DB1、DB2 的各个字清零，图 4-59 是 OB100 的程序。

OB100 : "Complete Restart"

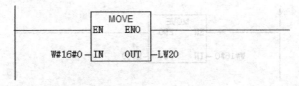

Network 1: Title:

Network 2: Title:

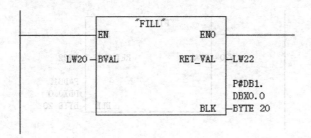

Network 3: Title:

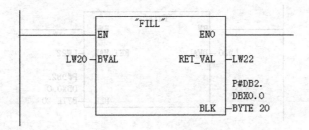

图4-59　OB100 程序

（2）3号站程序编写

3号站不需要编写 OB1 程序，OB35 与 OB100 程序与2号站基本相同，区别在于 CPU 每100 ms 循环执行一次组织块 OB35，将 DB1. DBW0 加2。

图4-60 是 OB35 中的程序。

OB35 : "Cyclic Interrupt"

Network 1: Title:

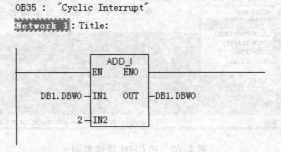

图4-60　OB35 程序

图4-61 是 OB100 中的程序。

OB100 : "Complete Restart"

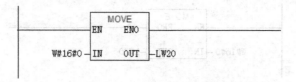

Network 1: Title:

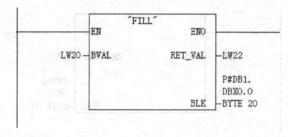

Network 2: Title:

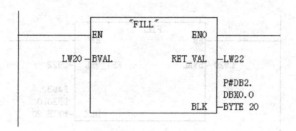

Network 3: Title:

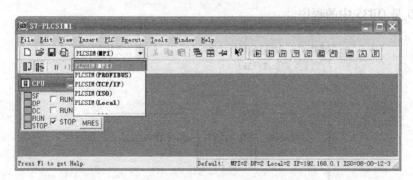

图 4-61　OB100 程序

6. 下载调试

用最新版的 PLCSIM 软件可以仿真两个 CPU 之间的通信，单击 STEP 7 工具栏 ⚙，打开
PLCSIM 软件，并选择 PLCSIM（MPI）通信方式，如图 4-62 所示。

图 4-62　PLCSIM 软件界面

在 STEP 7 软件上将两个站点的组态及程序下载到 PLCSIM 中，同时选中 RUN – P 使两
个站点运行起来，如图 4-63、图 4-64 所示。

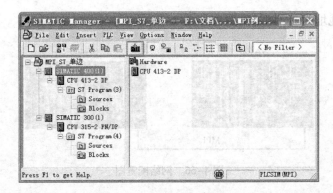

图 4-63 下载站点组态及程序

图 4-64 下载后的 PLCSIM 界面

打开两个站点的变量表，单击工件栏 60′ 按钮，使变量表处于实时监控状态，如图 4-65 所示。图中只监视了各接收区和发送区的前两个字节，运行中对方 DB2 中的数值随 DB1 数值不断变化。

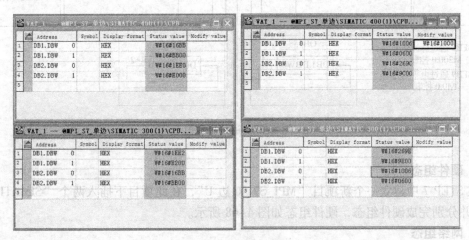

图 4-65 变量表

4.3.5 基于 MPI - S7 通信的无需确认双边通信

1. 系统组成及通信原理

（1）系统组成

硬件：CPU413 -2DP，CPU413 -2DP；其中一个 CPU413 -2DP 的站地址为 2，另一个

55

CPU413 – 2DP 站地址为 3。网络配置图如图 4–66 所示。

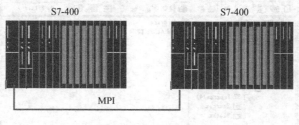

图 4–66　网络配置图

（2）通信原理

在 S7 双边通信中，CPU413 – 2DP 调用 SFB8（USEND）来将 DB1 内数据发送到通信伙伴中的 DB2 内，调用 SFB9（URCV）来读取通信伙伴中 DB1 内的数据存放到本地 DB2 内。原理图如图 4–67 所示。

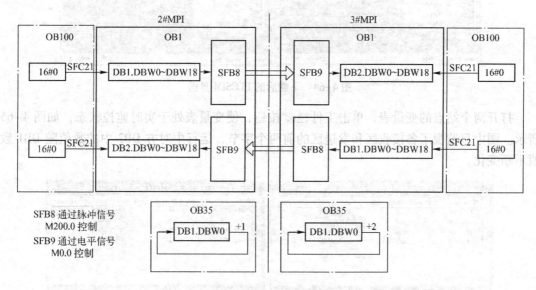

图 4–67　通信原理图

2. 硬件组态

在 STEP 7 中建立一个新项目 "MPI_S7_双边 U"，在此项目下插入两个 "SIMATIC 400 站"，并分别完成硬件组态，硬件组态如图 4–68 所示。

3. 网络组态

单击 按钮，打开网络组态 NetPro，可以看到一条 MPI 网络和没有与网络连接的两个站点 SIMATICS7 – 400（1）和 SIMATIC S7 – 400（2），双击 CPU 上的小红方块，打开 MPI 接口属性对话框，分别设置 MPI 的站地址为 2 和 3，选择子网 Subnet "MPI（1）187. 5 kbps"，如图 4–69 所示。单击 "OK" 按钮返回 NetPro，可以看到 CPU 已经连到 MPI 网络上。MPI 网络如图 4–70 所示。

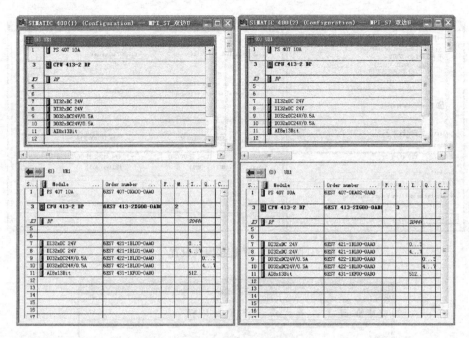

图 4-68　硬件组态图

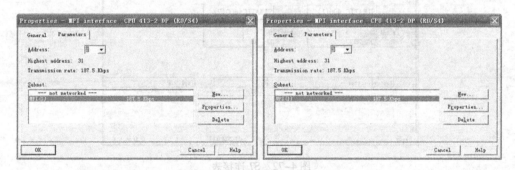

图 4-69　MPI 网络通信参数设置

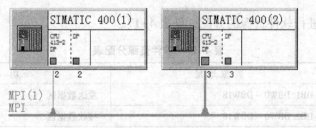

图 4-70　MPI 网络

　　选中 2 号站的 CPU 所在的小方框，在 NetPro 下面第一行插入一个连接，出现"插入新连接"对话框，采用默认的连接类型，点击"OK"按钮，出现 S7 连接属性对话框，如图 4-71 所示，"本地 ID"的数值将会在调用通信块时用到。

　　因为通信双方都是 S7-400，STEP7 自动创建了一个双向连接，在连接表中生成了"本地 ID"和"伙伴 ID"。因为 2 号站和 3 号站是通信伙伴，它们的连接表中的 ID 相同，如图 4-72 所示。

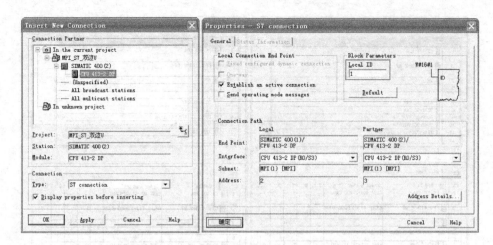

图 4-71　S7 连接属性设置

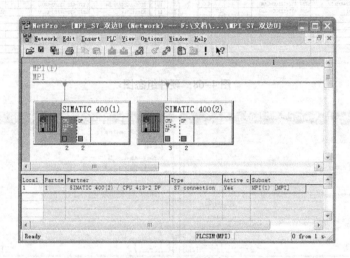

图 4-72　S7 连接表

4. 资源分配

根据项目需要进行软件资源的分配，见表 4-17。

表 4-17　软件资源分配表

站　　点	资 源 地 址	功　　能
CPU413-2DP	DB1. DBW0 ~ DBW18	发送数据区
	DB2. DBW0 ~ DBW18	接收数据区
	M200. 0	时钟脉冲，SFB8 激活参数
	M0. 1	状态参数
	M0. 2	错误显示
	M10. 1	状态参数
	M10. 2	错误显示
	MW2	SFB9 状态字
	MW12	SFB8 状态字

站　　点	资源地址	功　　能
CPU413 – 2DP	DB2. DBW0 ~ DBW18	接收数据区
	DB1. DBW0 ~ DBW18	发送数据区
	M200. 0	时钟脉冲，SFB8 激活参数
	M0. 1	状态参数
	M0. 2	错误显示
	M10. 1	状态参数
	M10. 2	错误显示
	MW2	SFB9 状态字
	MW12	SFB8 状态字

5. 程序编写

编写程序时使用图中 S7 连接的 ID 号。SFB 中的 R_ID 用于区分同一连接中不同的 SFB 调用，发送方与接收方的 R_ID 应相同，为了区分两个方向的通信，令 2 号站发送和接收的数据包的 R_ID 分别为 1 和 2，3 号站发送和接收的数据包的 R_ID 分别为 2 和 1。

发送请求信号 REQ 用时钟存储器位 M200.0 来触发，接收请求信号 EN_R(M0.0) 为 1 时接收数据。

2 号站、3 号站的 OB35、OB100 程序同 S7 通信单边通信方式。

图 4-73 和图 4-74 分别是 2 号站 OB1 程序截图和 3 号站 OB1 程序截图。

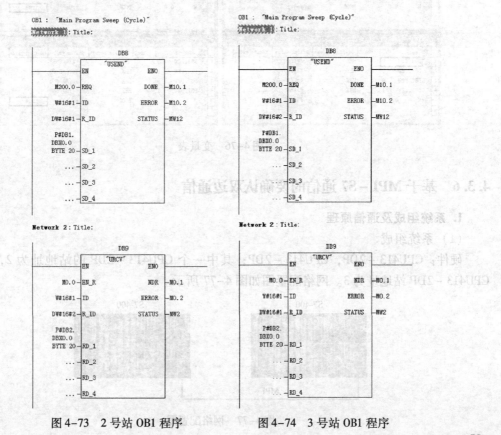

图 4-73　2 号站 OB1 程序　　　　图 4-74　3 号站 OB1 程序

6. 下载调试

将两个站点的组态及程序分别下载到 PLCSIM 中，单击 RUN – P 使 CPU 处于运行状态，如图4–75 所示。

图 4–75　PLCSIM 运行图

打开两个站点的变量表，单击工件栏 按钮，使变量表处于实时监控状态，如图中所示。在 RUN – P 模式时，接收请求信号 M0.0 为 0，禁止接收，双方 DB2 的数据均为 0，将 M0.0 置为 1 后，允许接收数据，可以发现 DB2 数据随 DB1 数据变化，如图4–76 所示。

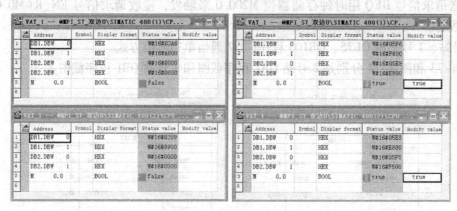

图 4–76　变量表

4.3.6　基于 MPI – S7 通信的要确认双边通信

1. 系统组成及通信原理

（1）系统组成

硬件：CPU413 – 2DP，CPU413 – 2DP；其中一个 CPU413 – 2DP 的站地址为 2，另一个 CPU413 – 2DP 站地址为 3。网络配置图如图 4–77 所示。

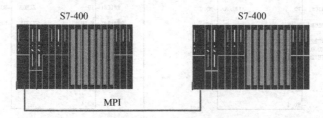

图 4–77　网络配置图

（2）通信原理

在 S7 双边通信中，CPU413 - 2DP 调用 SFB12（BSEND）来将 DB1 内数据发送到通信伙伴中的 DB2 内，调用 SFB13（BRCV）来读取通信伙伴中 DB1 内的数据存放到本地 DB2 内。原理图如图 4-78 所示。

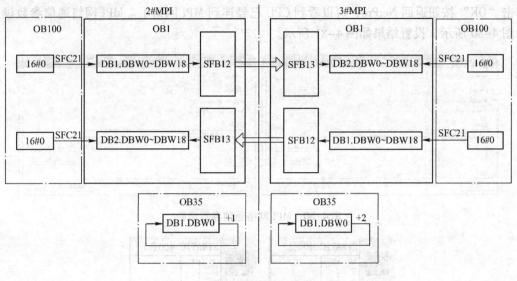

图 4-78　通信原理图

2. 硬件组态

在 STEP 7 中建立一个新项目 MPI_S7_双边 B，在此项目下插入两个 "SIMATIC 400 站"，并分别完成硬件组态，硬件组态如图 4-79 所示。

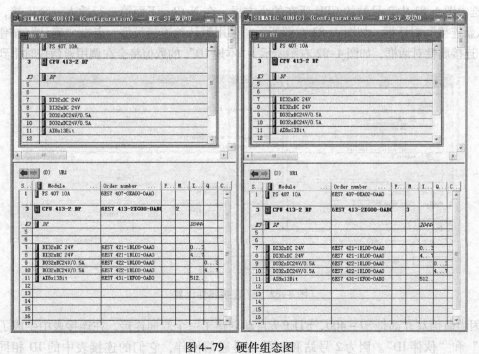

图 4-79　硬件组态图

3. 网络组态

单击 按钮，打开网络组态 NetPro，可以看到一条 MPI 网络和没有与网络连接的两个站点 SIMATIC S7 - 400(1) 和 SIMATIC S7 - 400(2)，双击 CPU 上的小红方块，打开 MPI 接口属性对话框，分别设置 MPI 的站地址为 2 和 3，选择子网 Subnet "MPI(1) 187.5 kbps"，单击 "OK" 按钮返回 NetPro，可以看到 CPU 已经连到 MPI 网络上。MPI 网络通信参数设置如图 4-80 所示，设置结果如图 4-81 所示。

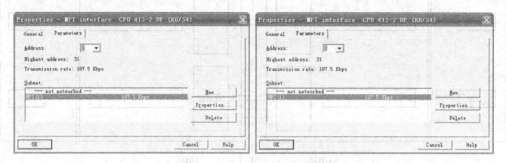

图 4-80   MPI 网络通信参数设置

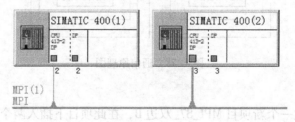

图 4-81   MPI 网络

选中图 4-81 中 2 号站的 CPU 所在的小方框，在 NetPro 下面第一行插入一个连接，出现 "插入新连接" 对话框，如图 4-82 左图所示，采用默认的连接类型，点击 "确认" 按钮，出现 S7 连接属性对话框，如图 4-82 右图所示，"本地 ID" 的数值将会在调用通信块时用到。

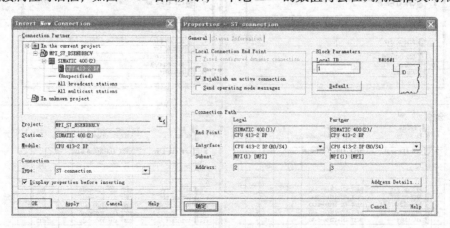

图 4-82   S7 连接属性设置

因为通信双方都是 S7 - 400，STEP 7 自动创建了一个双向连接，在连接表中生成了 "本地 ID" 和 "伙伴 ID"。因为 2 号站和 3 号站是通信伙伴，它们的连接表中的 ID 相同，如

图 4-83 所示。

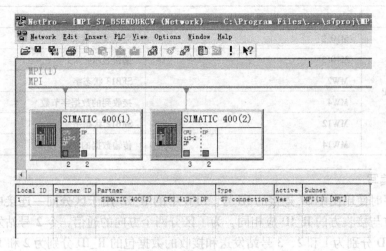

图 4-83　S7 连接表

4. 资源分配

根据项目需要进行软件资源的分配，见表 4-18。

表 4-18　软件资源分配表

站　　点	资源地址	功　　能
CPU413 - 2DP	DB1. DBW0 ~ DBW18	发送数据区
	DB2. DBW0 ~ DBW18	接收数据区
	M200. 0	时钟脉冲，SFB12 激活参数
	M0. 0	使能接收
	M0. 1	接收到新数据
	M0. 2	错误显示
	M10. 1	将 SFB12 置位到最初的状态
	M10. 2	完成发送请求
	M10. 3	错误显示
	MW2	SFB13 状态字
	MW4	接收到的数据字节数
	MW12	SFB12 状态字
	MW14	传输数据的长度
CPU413 - 2DP	DB2. DBW0 ~ DBW18	接收数据区
	DB1. DBW0 ~ DBW18	发送数据区
	M200. 0	时钟脉冲，SFB13 激活参数
	M0. 0	使能接收
	M0. 1	接收到新数据
	M0. 2	错误显示
	M10. 1	将 SFB13 置位到最初的状态

站　点	资源地址	功　能
	M10.2	完成发送请求
	M10.3	错误显示
CPU413-2DP	MW2	SFB13 状态字
	MW4	接收到的数据字节数
	MW12	SFB12 状态字
	MW14	传输数据的长度

5. 程序编写

编写程序时使用图中 S7 连接的 ID 号。SFB 中的 R_ID 用于区分同一连接中不同的 SFB 调用，发送方与接收方的 R_ID 应相同，为了区分两个方向的通信，令 2 号站发送和接收的数据包的 R_ID 分别为 1 和 2，3 号站发送和接收的数据包的 R_ID 分别为 2 和 1。

发送请求信号 REQ 用时钟存储器位 M200.0 来触发，接收请求信号 EN_R(M0.0)为 1 时接收数据。

2 号站、3 号站的 OB35、OB100 程序同 S7 通信单边通信方式基本相同，区别在于 BSEND 的输入参数 LEN 是要发送数据的字节数，设置 LEN 实参为 MW14，在 OB100 中将 MW14 的初始值设置为 20。

图 4-84 和图 4-85 分别是 2 号站 OB1 程序截图和 3 号站 OB1 程序截图。

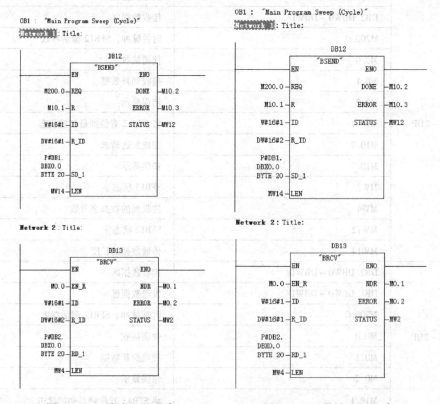

图 4-84　2 号站 OB1 程序　　　　图 4-85　3 号站 OB1 程序

6. 下载调试

将两个站点的组态及程序分别下载到 PLCSIM 中，单击 RUN–P 使 CPU 处于运行状态，如图 4-86 所示。

图 4-86　PLCSIM 运行图

打开两个站点的变量表，单击工件栏60按钮，使变量表处于实时监控状态，如图中所示。在 RUN–P 模式时，接收请求信号 M0.0 为 0，禁止接收，双方 DB2 的数据均为 0，将 M0.0 置为 1 后，允许接收数据，可以发现 DB2 数据随 DB1 数据变化，如图 4-87 所示。

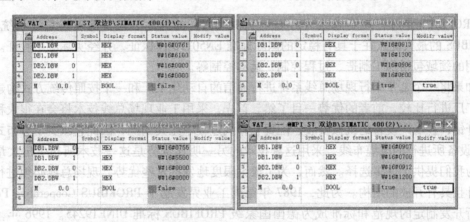

图 4-87　变量表

4.4　习题

1. MPI 网络通信有哪三种通信方式？
2. MPI 接口的主要特征是什么？
3. S7 基本通信有几种方式？简要概述。
4. S7 通信有几种方式？简要陈述。
5. 有两台设备，分别由一台 CPU314–2DP 和一台 CPU226CN 控制，从设备 1 上的 CPU314C–2DP 发出启/停控制命令，设备 2 的 CPU226CN 收到命令后，对设备 2 进行启/停控制，同时设备 1 上的 CPU314–2DP 监控设备 2 的运行状态。请设计一个解决方案实现客户端和服务器断的无组态单边通信。

第5章 PROFIBUS 网络通信

本章学习目标:

了解西门子 PROFIBUS 总线技术的衍生过程;了解 PROFIBUS 的定义、通信协议、总线拓扑结构;学习并理解 PROFIBUS 总线技术的参数指标、分类及其各应用的场所;了解 PROFIBUS 总线的发展趋势。

5.1 PROFIBUS 总线介绍

5.1.1 PROFIBUS 的结构与硬件

PROFIBUS 是过程现场总线(Process Field Bus)的缩写。与其他现场总线系统相比,PROFIBUS 的最大优点在于具有稳定的国际标准 EN50170 作保证,并经实际应用验证。目前已应用的领域包括加工制造、过程控制、运动控制等。

如果将一个基于串行现场总线系统进行通信的自动化工厂和一个按照传统方式构建的自动化工厂进行比较,前者的优势一目了然。首先,采用工业现场总线技术将会在很大程度上降低开销,在工厂设备的机械安装、配置和布线过程中尤其如此,因此它减少了分布式输入/输出设备所进行的电缆布线。采用这种技术的另一明显优势是这一技术所衍生出大量现场设备为我们提供了许多选择。然而,为了最大限度地发挥这些优势,现场总线必须进行标准化设计且具有开放的结构。为此,1987 年德国工业界发起了 PROFIBUS Cooperative Project,他们所开发制定的规范和标准成为德国国家级 PROFIBUS 标准 DINE19245。1996 年,该现场总线标准成为国际标准 EN50170。

5.1.2 PROFIBUS 总线的分类

PROFIBUS 总线主要由 3 部分组成:PROFIBUS – DP、PROFIBUS – PA 和 PROFIBUS – FMS。

1. PROFIBUS – DP

DP 是 Decentralized Periphery(分布式外部设备)的缩写。PROFIBUS – DP(简称为 DP)主要用于制造业自动化系统中单元级和现场级通信,它是一种高速低成本通信,特别适合 PLC 与现场级分布式 I/O 设备之间的快速循环数据交换。DP 是 PROFIBUS 中应用最广的通信方式。

PROFIBUS – DP 用于连接下列设备:PLC、PC 和 HMI 设备;分布式现场设备,例如 SIMATIC ET200 和变频器等设备。PROFIBUS – DP 的响应速度快,很适合在制造业中使用。

作为 PLC 硬件组态的一部分,分布式 I/O(例如 ET200)用 STEP 7 来组态。通过供货方提供的 GSD 文件,可以用 STEP 7 将其他制造商生产的从站设备组态到网络中。

有的 S7－300/400CPU 配备有集成的 DP 接口，S7－200/300/400 也可以通过通信处理器（CP）连接到 PROFIBUS－DP。

2. PROFIBUS－PA

PA 是 Process Automation（过程自动化）的缩写。PROFIBUS－PA 用于 PLC 与本质安全系统的过程自动化的现场传感器和执行器的低速数据传输，特别适合于过程工业使用。PROFIBUS－PA 功能集成在起动执行器、电磁阀和测量变送器等现场设备中。

PROFIBUS－PA 由于采用了 IEC1158－2 标准，确保了本质安全和通过屏蔽双绞线电缆进行数据传输和供电，可以用于防爆区域的传感器和执行器与中央控制系统的通信。

PA 设备可以在下列防爆区域运行：

Zone 0：危险的瓦斯气体经常或长期存在的区域。

Zone 1：在正常运行期间，有可能存在危险的瓦斯气体区域。

Zone 2：不希望在正常运行期间存在危险的瓦斯气体区域。

传感器/执行器安装在生产现场，而耦合器和控制器等设备则安装在控制室内，即使总线上的设备不在危险现场，也必须通过适当的结构保证它们的本质安全特性。使用 DP/PA 耦合器和 DP/PA 链接器，可以将 PROFIBUS－PA 设备很方便地集成到 PROFIBUS－DP 网络中。

3. PROFIBUS－FMS

FMS 是 Field Message Specification（现场总线报文规范）的缩写，用于系统级和车间级不同供应商的自动化系统之间交换过程数据，处理单元级（PLC 和 PC）的多主站数据通信。

PROFIBUS－FMS 定义了主站与从站之间的通信模型，它使用 OSI 七层模型的第 1、2 层和第 7 层。

S7－300/400 使用通信 FB 来实现 FMS 服务，用 STEP 7 组态 FMS 静态连接来发送接收数据。由于 FMS 使用较复杂，成本较高，市场占有率低，以及 DP 可以稳定使用的通信速率越来越高，使 PROFIBUS－DP 已经能完全取代 FMS。DP 具有设置简单、价格低廉、功能强大等特点。所以在这里将重点介绍 DP 和 PA。

5.1.3 PROFIBUS 协议

现场总线的最主要特征就是采用数字通信方式取代设备级的 4~20mA（模拟量）/24VDC（数字量）信号。PROFIBUS 是 Process Field Bus（过程现场总线）的缩写。PROFIBUS 是目前世界上通用的现场总线标准之一，它以其独特的技术特点、严格的认证规范、开放的标准而得到众多厂商的支持和不断地发展。PROFIBUS 广泛应用在制造业、楼宇、过程控制和电站自动化，尤其 PLC 的网络控制，是一种开放式、数字化、多点通信的底层控制网络。

PROFIBUS 协议结构见表 5-1。可以看出，在 PROFIBUS 协议中实现了 ISO/OSI 参考模型中的第 1 层、第 2 层和第 7 层。

PROFIBUS 总线访问控制能够满足两个基本要求：

1）同级别的可编程序控制器或 PC 之间的通信要求每个总线站（节点）能够在规定的时间内获得充分的机会来完成它的通信任务。

2）复杂的 PLC 或 PC 与简单的分布式处理 I/O 外设之间的数据通信一定要快速并应尽可能地降低协议开销。

表 5–1　PROFIBUS 协议结构

	PROFIBUS DP	PROFIBUS FMS	PROFIBUS PA
	PNO（PROFIBUS User Organization PRO-FIBUS 用户组织）制定的 DP 设备行规	PNO 制定的 FMS 设备行规	PNO 制定的 PA 设备行规
	基本功能 扩展功能		基本功能 扩展功能
	DP 用户接口 直接数据链路 映像程序（DDLM）	应用层接口（ALI）	DP 用户接口 直接数据链路 映像程序（DDLM）
第7层（应用层）		应用层 现场报文规范（FMS）	
第3层至第6层	未实现		
第2层（链路层）	数据链路层 现场总线数据链路（FDL）	数据链路层 现场总线数据链路（FDL）	IEC 接口
第1层（物理层）	物理层（RS–485/LWL）	物理层（RS–485/LWL）	IEC 1158–2

　　PROFIBUS 通过使用混合的总线控制机制来达到要求。包括主站之间的令牌（Token）传递方式和主站与从站之间的主–从方式，即令牌总线行规和主–从行规。PROFIBUS 总线访问行规并不依赖于所使用的传输介质，它遵循欧洲标准 EN 50 170，Volume 2 所制定的令牌总线行规和主–从行规如图 5–1 所示。

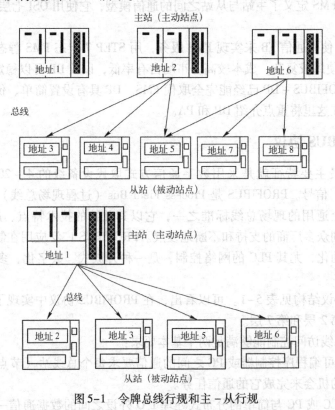

图 5–1　令牌总线行规和主–从行规

　　典型的 PROFIBUS DP 标准总线结构即是基于这种总线访问行规，也即 DP 主站与 DP 从站之间的通信基于主-从原理，DP 主站按轮询表依次访问 DP 从站，主站与从站间周期性地交换用户数据。DP 主站与 DP 从站之间的一个报文循环由 DP 主站发出的请求帧（轮询报文）和由 DP 从站返回的应答或响应帧组成。

由于应用需求的不断增长，PROFIBUS-DP 经过功能扩展，共有 3 个版本，DP 的各种版本在 IEC 61158 中都有详细的说明：

1）DP-V0：提供基本功能，包括循环地数据交换，以及站诊断、模块诊断和特定通道的诊断。

2）DP-V1：包含依据过程自动化的需求而增加的功能，特别是用于参数赋值、操作、智能现场设备的可视化和报警处理等（类似于循环的用户数据通信）的非循环的数据通信。这样就允许用工程工具在线访问站。此外，DP-V1 有三种附加的报警类型：状态报警、刷新报警和制造商专用的报警。

3）DP-V2：包括主要根据驱动技术的需求而增加的其他功能。由于增加的功能，如同步从站模式（isochronous slave mode）和从站对从站通信（Data eXchange Broadcast，DXB）等，DP-V2 也可以被实现为驱动总线，用于控制驱动轴的快速运动时序。

5.1.4　PROFIBUS 设备分类

每个 DP 系统均由不同类型的设备组成，这些设备分为三类：

（1）1 类 DP 主站（DPM1）

这类 DP 主站循环地与 DP 从站交换数据。典型的设备有可编程序控制器（PLC），计算机（PC）等。DPM1 有主动的总线存取权，它可以在固定的时间读取现场设备的测量数据（输入）和写执行机构的设定值（输出）。这种连续不断地重复循环是自动化功能的基础。

（2）2 类 DP 主站（DPM2）

这类设备是工程设计、组态或操作设备，如上位机。这些设备在 DP 系统初始化时用来生成系统配置。它们在系统投运期间执行，主要用于系统维护和诊断，组态所连接的设备、评估测量值和参数，以及请求设备状态等。DPM2 不必永久地连接在总线系统中。DPM2 也有主动的总线存取权。

（3）从站

从站是外围设备，如分布式 I/O 设备、驱动器、HMI、阀门、变送器、分析装置等。它们读取过程信息或执行主站的输出命令，也有一些设备只处理输入或输出信息。从通信的角度看，从站是被动设备，它们仅仅直接响应请求。

DP 系统使用两类不同的 DP 从站：

（1）智能从站（I-从站）

在 PROFIBUS DP 网络中，包含有 CPU 315-2、CPU 316-2、CPU 317-2、CPU 318-2、CPU 319-3 类型的 CPU 或者包含有 CP342-5 通信处理器的 S7-300 PLC 就可以作为 DP 从站，称为"智能 DP 从站"。智能从站与主站进行数据通信使用的是映像输入/输出区。

（2）标准从站

标准从站不具有 CPU，包括各种分布式 I/O 模块，可分为紧凑型 DP 从站和模块化 DP 从站。紧凑型 DP 从站的输入/输出模块是固定的，如 ET200B。模块化 DP 从站的输入/输出模块是可变的，如 ET200M。

根据主站的数量，DP 系统可以分为单主站系统和多主站系统。

（1）单主站系统

系统运行时，总线上只有一个主站在活动。单主站系统配置可达到最短的总线循环时间。

（2）多主站系统

总线上可连接若干个主站。这些主站或者是由一个 DPM1 与它从属的从站构成的相对独立的子系统，或者是附加的组态和诊断设备。所有 DP 主站均可以读取从站的输入和输出映象，但只有在组态时指定为 DPM1 的主站能向它所属的从站写输出数据。

5.1.5　DP 主站系统中的地址

（1）站点地址

PROFIBUS 子网中的每个站点都有一个唯一的地址。这个地址是用于区分子网中的每个不同的站点。

（2）物理地址

DP 从站的物理地址是集中式模块的槽地址。它包含组态过程中的指定的 DP 主站系统 ID 以及与机架编号相对应的 PROFIBUS 的站点地址。对于模块化 DP 从站，地址中还包含槽号。如果涉及的模块中还包含子模块，那么地址还包含子模块槽。

（3）逻辑地址

使用逻辑地址可以访问紧凑型 DP 从站的用户数据。最小的逻辑地址是 CPU 的模块起始地址。DP 从站的用户数据字节存放在 CPU 的 P 总线上的 DP 主站的传输区域中。对于任何集中式模块，它们的用户数据字节可以进行装载并传送到 CPU 的存储区域中。

（4）诊断地址

对于那些没有用户数据但却是具有诊断数据的模块（如 DP 主站或冗余电源），可以使用诊断地址来寻址。诊断地址占据外围输入的地址区中的一个字节。如图 5-2 所示。

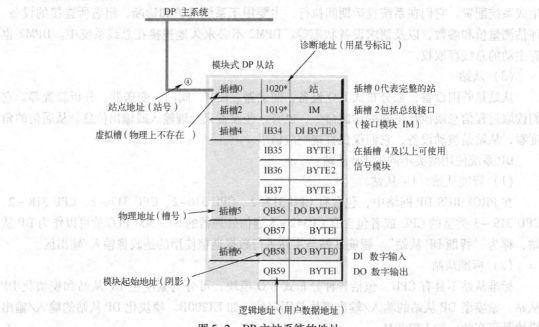

图 5-2　DP 主站系统的地址

5.1.6 PROFIBUS 网络连接设备

PROFIBUS 网络连接组网所需的硬件包括 PROFIBUS 电缆和 PROFIBUS 网络连接器。通过 PROFIBUS 电缆连接网络插头，构成总线型网络结构。

网络连接器主要分为两种类型：带编程口和不带编程口。不带编程口的插头用于一般联网，带编程口的插头可以在联网的同时仍然提供一个编程连接端口，用于编程或者连接HMI 等。如图 5-3 所示。

图 5-3　总线型网络连接

在图 5-3 中，网络连接器 A、B、C 分别插到三个通信站点的通信口上。电缆 a 把插头A 和 B 连接起来，电缆 b 连接插头 B 和 C，线型结构可以照此扩展。

注意圆圈内的"终端电阻"开关设置。网络终端的插头，其终端电阻开关必须放在"ON"的位置；中间站点的插头其终端电阻开关应放在"OFF"位置（中间关，两头开）。合上网络中网络插头的终端电阻开关，可以非常方便地切断插头后面部分的网络信号传输。

根据传输线理论，终端电阻可以吸收网络上的反射波，有效地增强信号强度。两个终端电阻并联后的值应当基本等于传输线在通信频率上的特性阻抗。终端电阻的作用是用来防止信号反射的，并不用来抗干扰。如果在通信距离很近，波特率较低或点对点的通信的情况下，可不用终端电阻。

5.2　PROFIBUS 总线的拓扑结构

5.2.1　PROFIBUS 电气接口网络

1. RS-485 中继器功能

如果需要扩展总线的长度或者 PROFIBUS 从站数大于 32 个时，就要加入 RS-485 中继器。例如，PROFIBUS 的长度为 500 m，而传输速率要求达到 1.5 Mbit/s 情况下，因为传输速率为 1.5 Mbit/s 时最大的长度为 200 m，要扩展到 500 m，就要加入两个 RS-485 中继器，这样就可以同时满足长度和传输速率的要求，拓扑结构如图 5-4 所示。

由于西门子 RS-485 中继器具有信号放大和再生功能，在一条 PROFIBUS 总线上最多可以安装 9 个 RS-485 中继器，其他厂商的商品要查看其他产品规范以确定安装个数。

一个 PROFIBUS 网段最多可以有 32 个站点，结果一条 PROFIBUS 网段上超过 32 个站

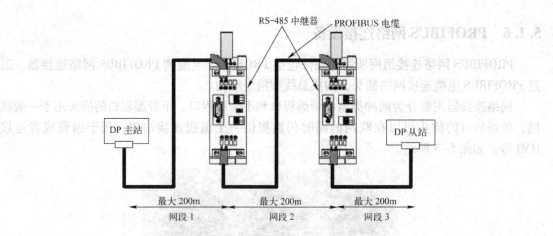

图 5-4 拓扑结构

点，也需要用 RS-485 中继器隔开，例如一条 PROFIBUS 总线上有 80 个站点，那么就需要两个 RS-485 中继器将网络分成 3 个网段。RS-485 中继器是一个有源的网络元件，本身也要占一个站点。除了以上两个功能，RS-485 中继器还可以使网段之间相互实现电气隔离。

2. 利用 RS-485 中继器的网络拓扑

PROFIBUS 电气网络既是一个总线网，同时也可以利用 RS-485 中继器实现"树形"和"星形"总线结构，RS-485 中继器常用的两种拓扑结构分别如图 5-5 和图 5-6 所示。

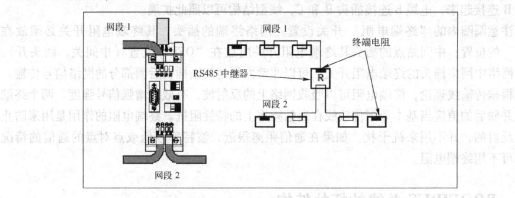

图 5-5 RS-485 中继器常用拓扑结构 1（中继器一端终止一端直通）

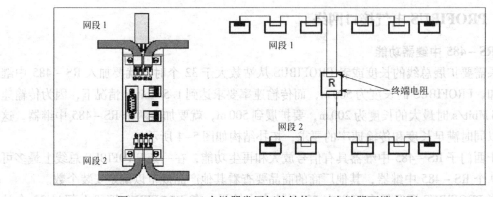

图 5-6 RS-485 中继器常用拓扑结构 2（中继器两端直通）

3. 总线终端

每一个 PROFIBUS 总线连接器都带有终端电阻，终端电阻放置在 PROFIBUS 总线的两端，通过站点向终端电阻供电使之生效。在一条 PROFIBUS 总线上，位于总线中间的站点掉电，从电路连接上不会影响整个网络的通信功能。如果设备检修而要停掉总线两端任一站点，这将失去终端电阻的功能，使整个网络通信中断，如果在总线两端各加入一个有源的终端电阻。这样就可以避免整个网络瘫痪。有两个元件可以作为有源的总线终端：

1）由于 RS－485 中继器有独立的电源，因此可以作为一个有源的总线终端，但是价位高。

2）利用专用的有源总线终端——Active Bus Terminal，Active Bus Terminal 是一个有源的网络元件，在一个网段里本身也是一个站点，仅作为总线终端使用，无中继功能。

5.2.2 PROFIBUS 光纤接口网络

对于长距离数据传输，电气网络往往不能满足要求，而光纤网络可以满足长距离数据传输并且保持高的传输速率。在强电磁干扰的环境中光纤网络由于其良好的传输特性还可以屏蔽干扰信号对整个网络的影响。

利用光纤作为传输介质，西门子 PLC 介入方式可分为两种：

1）利用集成于模板上的光纤接口。

2）利用 OLM 扩展 PROFIBUS 电气接口。

下面将分别介绍两种介入方式。

1. 利用集成于模板上的 PROFIBUS 光纤接口组成的光纤网络

集成光纤接口的主要是一些应用 PROFIBUS－DP 协议的模块连接的光纤为塑料光纤和 PCF 光纤，塑料光纤连接方便不需要特殊的抛光工具，砂纸打磨即可，如图 5-7 所示。两个站点的最大距离为 50 m；PCF 光纤出场时配有接头，按优选长度有不同的订货号。比如 50 m、70 m、100 m、150 m、200 m、250 m、300 m，共分为 7 个档，两个站点的最大距离为 300 m，传输速率最大为 12 Mbit/s，如果普通的 PROFIBUS 站点设备没有光纤接头，只有电气接口，可以通过 OBT（Optical Bus Terminal）连接一个电气接口设备到光纤网上。OBT 只适合连接无光纤接口的 PROFIBUS 站点到集成光纤接口的光纤网上，OBT 是一个有源的网络元件，在网段里也是一个站点。

电气接口

光纤接口

连接拓扑结构如图 5-8 所示。

这种用集成光纤接口和 OBT 组成的 PROFIBUS 光纤网络连接简单，成本较低，但是也有缺点：

图 5-7 集成光纤接口

1）OBT 只能连接一个 RS－485 的 PROFIBUS 站点。

2）连接光纤只能是塑料光纤和 PCF 光纤，PCF 光纤只能购买已安装接头的光纤，不宜穿管安装。

3）由于是总线网不能组成环网，中间任一站点损坏或光纤断开，整个网络就不能工作。

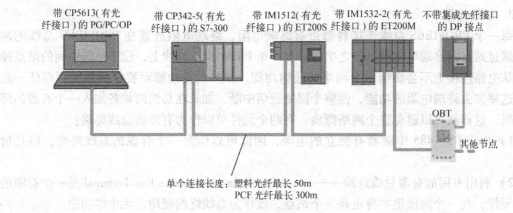

图 5-8　连接拓扑结构

2. 利用 OLM 组成的 PROFIBUS 光纤网络

除了由 OBT 和集成光纤接口的模板组成的光纤网络外，应用最多和最常见的光纤网络是利用 OLM（Optical Link Module）模块将电信号转换为光信号，然后再组成光纤网络，整个网络传输速率最大为 12 Mbit/s。OLM 模块按连接的介质不同可分为三种：OLM/P11、OLM/P12 连接塑料光纤和 PCF 光纤；OLM/G11、OLM/G12 连接多模玻璃光纤，发送波长为 860 nm；G12 表示一个 RS－485 电气接口和两个光纤接口，可以扩展并用于总线上任何地点。OLM 是一个有源的网络元件，在网络里也是一个站点。几种 OLM 模块外形一样，可以通过订货号和印在模块上的描述来区别，外形如图 5-9 所示。

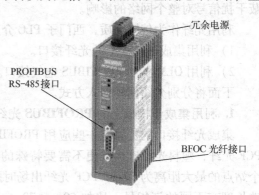

图 5-9　OLM 模块外形

两个 OLM 之间的距离与使用 OLM 类型和不同的光纤有关，见表 5-2。

表 5-2　OLM 之间的距离与使用 OLM 类型和不同的光纤的关系

OLM 类型 \ 光纤类型	塑料光纤 980/1000 μm	PCF 光纤 200/300 μm	玻璃光纤 62.5/125 μm	玻璃光纤 50/125 μm	玻璃光纤 10/125 μm
OLM/P	80 m	400 m	—	—	—
OLM/G	—	—	3000 m	3000 m	—
OLM/G－300	—	—	10 km	10 km	15 km

利用 OLM 进行网络拓扑可分为三种方式：总线结构、星形结构、冗余环。总线拓扑结构，如图 5-10 所示。

CH1 为 PROFIBUS 电气接口，可以连接一个网段的 32 个 PROFIBUS 站点，CH2、CH3 为光纤接口，在网络中，第一个和最后一个可以使用单光纤接口的 OLM，价格便宜。连接方式是从发送到接收相互连接，中间的 OLM 必须是带有双通道的光纤接口，并且 OLM 的型号和光纤类型不能混用，例如：OLM/P 和 OLM/G 不能在同一总线上（连接光纤类型不一样），OLM/G 与 OLM/G－1300 都可以使用玻璃光纤，如 62.5/125 μm，但是由于发送的波长不一样，也不能同时使用在一条光纤总线上，确认通信距离后最好购买同一型号的 OLM，

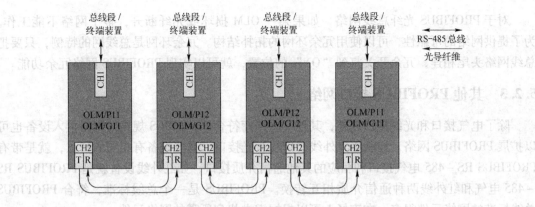

图 5-10　总线拓扑结构

不容易混乱，并且备件也好配备。

　　根据实际情况也可以灵活变化，如需要使用不同类型的光纤（包括塑料光纤、PCF 光纤和玻璃光纤），就必须使用不同的 OLM。虽然不同的 OLM 光纤接口不同，但是不同的 OLM 有一个相同的 RS - 485 PROFIBUS 电气接口，可以利用 RS - 485 PROFIBUS 电气接口相互连接，再连接到不同的光纤网络，这种结构成为星形拓扑结构，如图 5-11 所示。

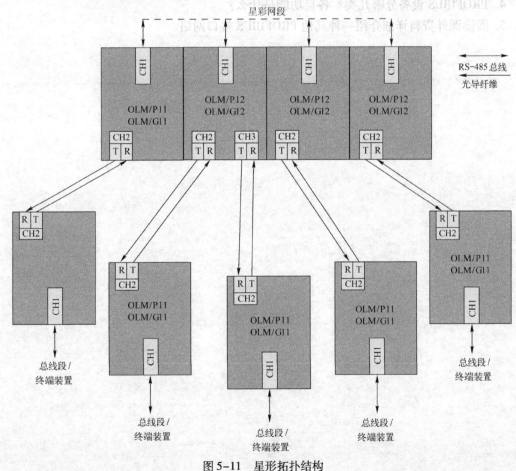

图 5-11　星形拓扑结构

对于 PROFIBUS 光纤总线网络，如果某一 OLM 损坏或光纤断开，整个网络不能工作。为了提供网络的可靠性，可以使用冗余环网的拓扑结构。冗余环网是总线网的特例，只要把总线网络头尾相连，冗余开关打到"ON"的位置，就可以实现 PROFIBUS 网络冗余功能。

5.2.3　其他 PROFIBUS 接口网络

除了电气接口和光纤接口以外，其他一些厂商符合 PROFIBUS 规约的网络接入设备也可以扩展 PROFIBUS 网络，如利用红外线接口和激光接口，这些设备有相同的特点，就是带有 PROFIBUS RS-485 电气接口和相应的其他通信介质接口，如红外线设备就是 PROFIBUS RS-485 电气和红外线两种通信介质相互转换。PROFIBUS 是一个总线标准，符合 PROFIBUS 总线标准的网络元件很多，在市场上可以根据需求找到所需的网络元件。

5.3　习题

1. PROFIBUS 现场总线的使用场合？
2. PROFIBUS 总线的传输特点有哪些？请简要介绍。
3. PROFIBUS 总线有几个部分组成？用途分别是什么？
4. PROFIBUS 设备分哪几类？各自功能是什么？
5. 阅读课外资料详细介绍一种其他 PROFIBUS 接口网络。

第6章　PROFIBUS – DP 网络通信

本章学习目标：

了解 PROFIBUS – DP 通信特点；理解并掌握 PROFIBUS – DP 的主从通信、PROFIBUS 的 S7 通信的方法，并熟悉通信组态及编程过程。理解通信处理器在 PROFIBUS – DP 通信中的应用。掌握 PROFIBUS – DP 通信程序的仿真方法。

6.1　基于 PROFIBUS – DP 主站与从站的通信

6.1.1　主站与标准从站的通信

1. 项目说明

本项目通过 DP 主站与 ET 200M 标准从站的通信实现接触器的控制功能。三相交流电源在进入高压设备前使用断路器和接触器将电源与设备隔开，并用 ET 200M 的一个 DI 口控制该接触器的开合，控制系统的上电。

主站与标准从站的通信其实质是使用专门的 I/O 访问命令来寻址分布式外围模块的 I/O 数据，通过在 STEP 7 中编程实现。

2. 系统组成

DP 主站使用 CPU 315-2PN/DP，站地址为 2；标准从站使用 ET 200M，站地址为 3。ET 200M 的输出模块连接接触器。PC 通过 CP5613 接入网络中，作为编程和调试设备。接触器另一端接变频器等设备。各站之间通过 PROFIBUS 电缆连接，网络终端的插头，其终端电阻开关放在"ON"的位置；中间站点（ET 200M）的插头其终端电阻开关必须放在"OFF"位置。系统组成如图 6-1 所示。

3. 硬件组态

（1）新建项目，插入主站

新建项目"DP_ET200M"，单击右键，在弹出的菜单中选择"Insert New Object"中的"SIMATIC300 Station"，插入 S7 – 300 站，作为 DP 主站。

（2）组态主站

在管理器中选中"SIMATIC 300"站对象，双击右侧"Hardware"图标，打开 HW Config 界面。插入机架（RACK），在 1 号插槽插入电源 PS 307 5A，在 2 号插槽插入 CPU

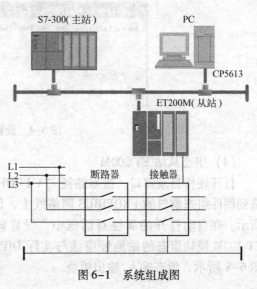

图 6-1　系统组成图

77

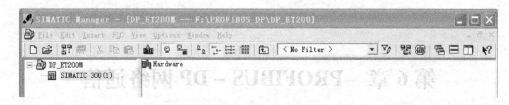

图6-2 插入主站

315-2PN/DP。3号插槽留作扩展模块。从4号插槽开始按照需要插入输入/输出模块，如图6-3所示。

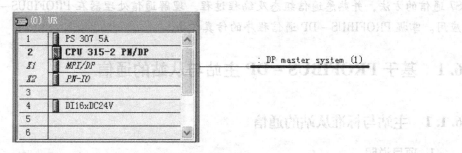

图6-3 组态主站

(3) 配置PROFIBUS DP网络

插入CPU时同时弹出PROFIBUS组态界面。或者双击MPI/DP，出现DP属性对话框。单击"Operation Mode"选项卡，如图6-4所示，可以看见默认的工作模式为"DP主站"。单击"General"选项卡，类型选择"PROFIBUS"。单击"Properties"按钮，如图6-5所示，打开属性配置界面，新建一条PROFIBUS电缆，设置主站地址为2，通信速率为1.5 Mbps，行规为DP，如图6-6所示。然后单击"OK"按钮，返回DP接口属性对话框。可以看到"Subnet"列表中出现了新的"PROFIBUS (1)"子网。单击"OK"按钮，返回HW Config界面。MPI/DP插槽引出了一条PROFIBUS (1) 网络。

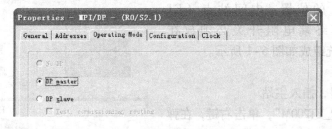

图6-4 设置DP主站模式

(4) 组态从站ET 200M

打开硬件目录窗口，按照路径"\ PROFIBUS DP \ ET 200M"，单击ET 200M，将该站拖到硬件组态窗口的PROFIBUS网络线上，即将ET 200M接入PROFIBUS网络，如图6-7所示。在自动打开的属性对话框中，设置该DP从站的站地址为3，单击"OK"按钮。ET 200M模块组态的站地址应该与实际DIP开关设置的站地址相同。选中该从站，按照图6-8所示，组态输入/输出模块。

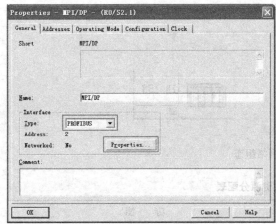

图 6-5　Properties – MPI/DP

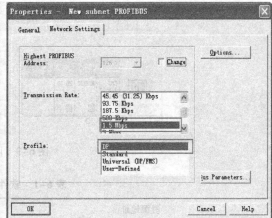

图 6-6　Properties – New subnet PROFIBUS

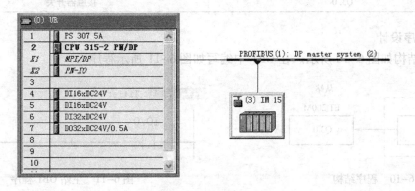

图 6-7　组态主站

Slot	Module	Order Number	I Address	Q Address	Comment
1					
2	IM 153	6ES7 153-1AA00-0XB0	2042*		
3					
4	DI16xDC24V	6ES7 321-1BH82-0AA0	0...1		
5	DI16xDC24V	6ES7 321-1BH82-0AA0	6...7		
6	DI32xDC24V	6ES7 321-1BL00-0AA0	12...15		
7	DO32xDC24V/0.5A	6ES7 322-1BL00-0AA0		0...3	
8					
9					
10					
11					

图 6-8　ET 200M 组态

4. 网络组态

单击快捷菜单中的"Configure Network"按钮，打开 Netpro 网络组态界面，可以看到如图 6-9 所示的网络组态。

5. 资源分配

根据项目需要进行软件资源的分配，见表 6-1。

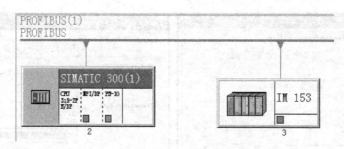

图 6-9　网络组态

表 6-1　软件资源分配表

资源地址	功　能
I0.0	接触器开关控制信号
Q3.0	接触器开关

6. 程序设计

程序结构如图 6-10 所示。在 OB1 中编写如图 6-11 所示程序。

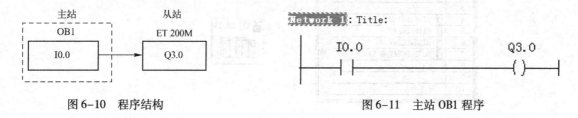

图 6-10　程序结构　　　　　　　　　　　图 6-11　主站 OB1 程序

7. 通信调试

成功下载硬件组态和程序后，打开 OB1，单击"Monitor"按钮进入在线监控界面。在程序中通过 I0.0 的强制开闭对接触器开关 Q3.0 进行控制。I0.0 闭合，Q3.0 接通，接触器闭合，电源接通，系统上电。I0.0 断开，Q3.0 关闭，接触器打开，系统断电。

6.1.2　主站与智能从站的不打包通信

1. 项目说明

智能 DP 从站内部的 I/O 地址独立于主站和其他从站。主站和智能从站之间通过组态时设置的输入/输出区来交换数据。它们之间的数据交换由 PLC 的操作系统周期性自动完成，不须编程，但需对主站和智能从站之间的通信连接和地址区组态。这种通信方式称为主/从（Master/Slave）通信，简称 MS 通信。

本项目实现 DP 主站和智能 DP 从站的主从通信。该种通信方式包括打包通信和不打包通信。不打包通信可直接利用传送指令实现数据的读写，但是每次最大只能读写 4 个字节（双字）。若想一次传送更多的数据，则应该采用打包方式的通信。通信任务如图 6-12所示。

2. 系统组成

DP 主站使用 CPU 315-2PN/DP，站地址为 3；智能 DP 从站同样使用 CPU 315-2PN/DP，

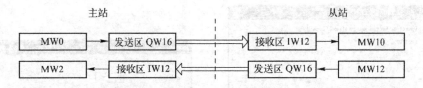

图6-12 通信任务

站地址为 2。PC 通过 CP5613 接入网络中,作为编程和调试设备。各站之间通过 PROFIBUS 电缆连接,网络终端的插头,其终端电阻开关放在"ON"的位置;中间站点的插头其终端电阻开关必须放在"OFF"位置。系统组成如图6-13 所示。

3. 硬件组态

（1）新建项目,插入主从站点

图6-13 系统组成图

新建项目"MS_UNPACK",单击右键,在弹出的菜单中选择"Insert Nw Object"中的"SIMATIC 300 Station",插入两个 S7－300 站点,分别命名为 SIMATIC 300（M）和 SIMAT-IC 300（S）,对应主站和分站,如图6-14 所示。

图6-14 插入站点

（2）配置从站

选中 SIMATIC 300（S）,双击"Hardware"选项,进入"HW Config"窗口。单击"Catalog"图标打开硬件目录,按硬件安装次序和订货号依次插入机架、电源、CPU 等进行硬件组态,如图6-15 所示。

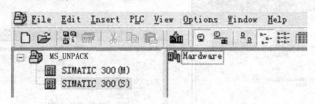

S...	Module	Order number	Firmware	MPI address	I address	Q address	Comment
1	PS 307 5A	6ES7 307-1EA00-0AA0					
2	CPU 315-2 PN/DP	6ES7 315-2EH13-0AB0	V2.3	2			
X1	MPI/DP			2	2047*		
X2	PN-IO				2046*		
3							
4	DI16xDC24V	6ES7 321-1BH82-0AA0			0...1		
5	DI16xDC24V	6ES7 321-1BH82-0AA0			4...5		
6	DI32xDC24V	6ES7 321-1BL00-0AA0			8...11		
7	DO32xDC24V/0.5A	6ES7 322-1BL00-0AA0				12...15	
8							

图6-15 配置从站

（3）配置从站 PROFIBUS DP 网络

双击"MPI/DP",打开"Properties－MPI/DP"对话框,如图6-16 所示。在"General"选项卡中,选择接口类型为"PROFIBUS"。单击"Properties"按钮,打开"Properties－PROFIBUS interface"对话框,如图6-17 所示,设置该 CPU 在 DP 网络中的地址为 2。

81

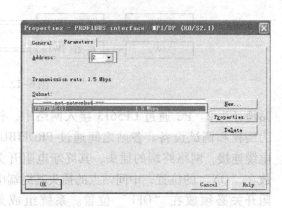

图 6-16　Properties – MPI/DP

图 6-17　Properties – PROFIBUS interface

单击 "New" 按钮, 新建 PROFIBUS 网络, 设置 PROFIBUS 网络的参数。一般采用系统默认参数: 传输速率为 1.5 Mbps, 配置文件为 DP, 如图 6-18 所示。单击 "OK" 按钮, 返回 "Properties – PROFIBUS interface" 对话框。此时可以看到 "Subnet" 子网列表中出现了新的 PROFIBUS (1) 子网。

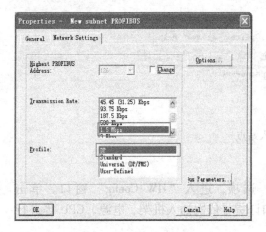

图 6-18　Properties – New subnet PROFIBUS

图 6-19　Operating Mode

单击 "OK" 按钮, 返回 "Properties – MPI/DP" 对话框, 在 "Operating Mode" 工作模式选项卡中, 设置工作模式为 "DP slave" DP 从站模式, 如图 6-19 所示。单击 "OK" 按钮, 完成 DP 从站的配置。单击 "Save and Compile" 按钮, 保存并编译组态信息。

(4) 配置主站

选中 SIMATIC 300 (M), 双击 "Hardware" 选项, 进入 "HW Config" 窗口。单击 "Catalog" 图标打开硬件目录, 展开 "SIMATIC 300" 目录, 按硬件槽号和订货号依次插入机架、电源 (1 号槽)、CPU 315-2PN/DP (2 号槽), 输入/输出模块 (4 ~ 7 号槽), 如图 6-20、图 6-21 所示。

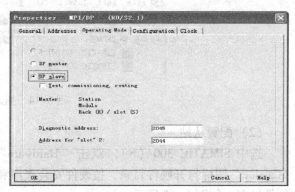

图 6-20　主站组态 (1)

S...	Module	Order number	Firmware	MPI address	I address	Q address	Comment
1	PS 307 5A	6ES7 307-1EA00-0AA0					
2	CPU 315-2 PN/DP	6ES7 315-2EH13-0AB0	V2.3	2			
X1	MPI/DP			2	2047*		
X2	PN-IO				2046*		
3							
4	DI16xDC24V	6ES7 321-1BH82-0AA0			0...1		
5	DI16xDC24V	6ES7 321-1BH82-0AA0			4...5		
6	DI32xDC24V	6ES7 321-1BL00-0AA0			8...11		
7	DO32xDC24V/0.5A	6ES7 322-1BL00-0AA0				12...15	
8							

图 6-21　主站组态（2）

（5）配置主站 PROFIBUS DP 网络

双击"MPI/DP"，打开"Properties – MPI/DP"属性对话框。在"General"选项卡中，选择接口类型为"PROFIBUS"。单击"Properties"按钮，打开"Properties – PROFIBUS interface"对话框，设置该 CPU 在 DP 网络中的地址为 3。

选择"Subnet"子网列表中的 PROFIBUS（1）子网，单击"OK"按钮，返回"Properties – MPI/DP"属性对话框。在"Operating Mode"工作模式选项卡中，设置工作模式为"DP master" DP 主站模式。单击"OK"按钮，返回"HW Config"。此时"MPI/DP"插槽引出了一条 PROFIBUS（1）网络。

（6）将 DP 从站连接到 DP 主站

选中 PROFIBUS（1）网络线，在如图 6-22 所示的硬件目录中双击"CPU 31x"，自动打开"DP slave properties" DP 从站属性对话框。在"Couple"连接选项卡中，选中 CPU 315-2PN/DP，单击"Connection"按钮，DP 从站就连接到 DP 网络中了，此时"Uncouple"按钮由灰色变为黑色。单击"OK"按钮，可以看到 DP 从站连接到了 PROFIBUS（1）网络线上，如图 6-23 所示。

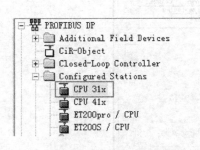

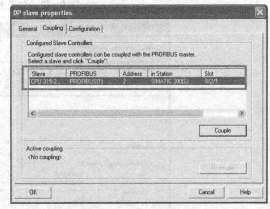

图 6-22　DP 从站路径　　　　　　　　图 6-23　将从站连接到网络

（7）通信组态

双击图 6-24 中的 DP 从站，打开"DP slave properties"属性对话框，选择"Configuration"组态选项卡。单击"New"按钮，出现"DP slave properties – Configuration – Row 1"从站属性组态行 1 对话框，按照图 6-25 所示配置，单击"OK"按钮生成行 1。每次只能设置主站与智能从站之间一个方向的通信所使用输入/输出区。同样步骤按照图 6-25 配置行 2，配置完成如图 6-26 所示。单击"Edit"按钮，可以编辑所选中的行。单击"Delete"按钮可以删除所选中的行。

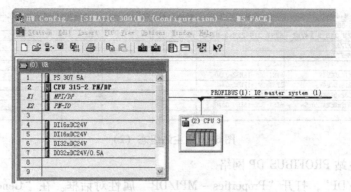

图 6-24 DP 从站连接入网络

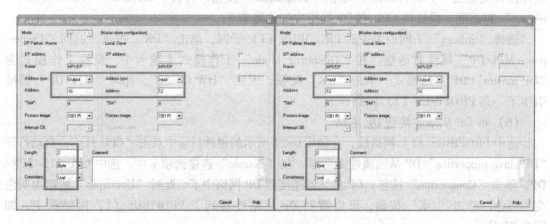

图 6-25 行 1 和行 2

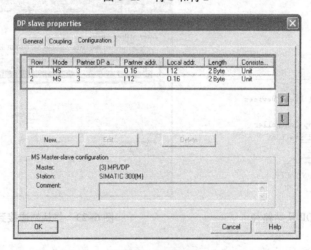

图 6-26 通信组态

行 1 表示通信模式为 "MS" 主从通信，通信伙伴（主站）通过 QW16 把数据传送给本地（从站）的 IW12，"Consistency" 一致性为 "UNIT" 数据不打包；行 2 表示通信模式为 "MS" 主从通信，通信伙伴（主站）用 IW12 接收本地（从站）通过 QW16 发送的数据，"Consistency" 一致性为 "UNIT" 表示数据不打包。数据长度最大为 32 字节。需要注意的是，通信双方所使用的输入/输出区不能与实际硬件占用的过程映像输入/输出区重叠。

4. 网络组态

单击快捷菜单中的"Configure Network"按钮，打开 Netpro 网络组态界面，可以看到如图 6-27 所示的网络组态。

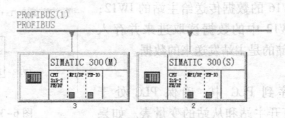

图 6-27　网络组态

5. 资源分配

根据项目需要进行软件资源的分配，见表 6-2。

表 6-2　软件资源分配

站　　点	资源地址	功　　能
主站	MW0	发送数据区
	MW2	接收数据区
	IW12	输入映像区
	QW16	输出映像区
从站	MW10	接收数据区
	MW12	发送数据区
	IW12	输入映像区
	QW16	输出映像区

6. 程序设计

通过硬件组态完成了主站和从站的接收区和发送区的连接，要使主站与从站对应的 I/O 区进行通信，还需要进一步编程实现。程序结构如图 6-28 所示。

为了避免不存在诊断 OB 和错误处理 OB 而导致 DP 主站的 CPU 转向 STOP 模式，应当在 DP 主站 CPU 中设置 OB82 和 OB86。

（1）主站 OB1

主站 OB1 中程序如图 6-29 所示，这段程序的功能是将内存 MW0 中的数据传送给输出缓冲区 QW16，由通信网络自动将 QW16 的数据传送给从站的 IW12；另外将接收缓冲区 IW12 中的数据读取进来并存入 MW2，IW12 内存储的是从站发送来的数据。

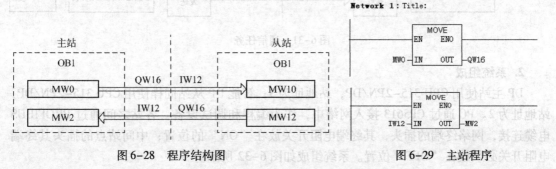

图 6-28　程序结构图　　　　　　　　　图 6-29　主站程序

（2）从站 OB1

从站 OB1 中程序如图 6-30 所示，这段程序的功能是将内存 MW10 内的数据传送给输出缓冲区 QW16，由通信网络自动将 QW16 的数据传送给主站的 IW12；另外将接收缓冲区 IW12 中的数据读取进来并存入 MW12 内，IW12 内存储的是主站发送来的数据。

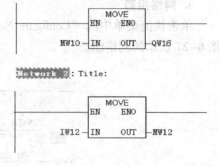

图 6-30　从站程序

7. 通信调试

下载组态和程序到 PLC 中，确保 PLC 处于"RUN"模式。分别打开主站和从站的变量表。如果通信成功，改变主站 MW0 的值，可以看到从站 MW10 的值也发生变化，始终与主站的 MW0 保持一致；改变从站 MW12 的值，可以看到主站 MW2 的值也发生变化，始终与从站的 MW12 保持一致。

如果通信不成功，首先检查硬件连接是否正确，总线连接器终端电阻是否打开；然后检查硬件组态中的通信组态是否正确，是否与程序中所用到的地址一致；程序块中是否有 OB82、OB86。确保无误，再重新调试，直至通信成功。

6.1.3　主站与智能从站的打包通信

1. 项目说明

在实际工程中，往往为了实现复杂的控制功能，需要传送复杂类型的数据。这类存储复杂的比双字更大的连续不可分割的数据区称为"一致性"数据区。需要绝对一致性传送的数据量越大，系统中断反应的时间越长。

本项目实现 DP 主站和智能 DP 从站的"打包"通信，即通过调用系统功能 SFC 进行一致性数据通信。相比"不打包"通信，这种方式一次可以传送更多的数据。通信组态的关键是组态 DP 从站的传输存储区。

本项目需要实现如图 6-31 所示的通信任务，即将一个站点的 DB1 的 10 个字的数据映射到另一个站点的 DB2 中。

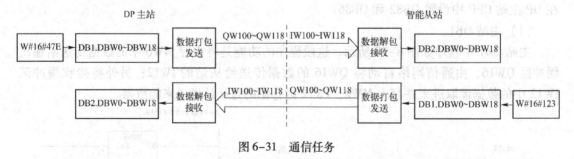

图 6-31　通信任务

2. 系统组成

DP 主站使用 CPU 315-2PN/DP，站地址为 3；智能 DP 从站同样使用 CPU 315-2PN/DP，站地址为 2。PC 通过 CP5613 接入网络中，作为编程和调试设备。各站之间通过 PROFIBUS 电缆连接，网络终端的插头，其终端电阻开关放在"ON"的位置；中间站点的插头其终端电阻开关必须放在"OFF"位置。系统组成如图 6-32 所示。

3. 硬件组态

(1) 新建项目,插入主从站点

新建项目"MS_PACK",单击右键,在弹出的菜单中选择"Insert New Object"中的"SIMATIC 300 Station",插入两个 S7 – 300 站点,分别命名为 SIMATIC 300 (M) 和 SIMATIC 300 (S),对应主站和从站。如图 6 – 33 所示。

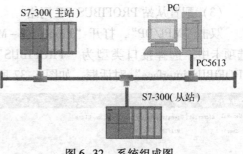

图 6-32　系统组成图

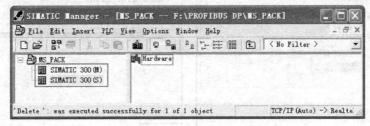

图 6-33　插入站点

(2) 组态从站

选中 SIMATIC 300 (S),双击"Hardware"选项,进入"HW Config"窗口。单击"Catalog"图标打开硬件目录,展开"SIMATIC 300"目录,按硬件槽号和订货号依次插入机架、电源(1 号槽)、CPU 315 – 2PN/DP(2 号槽),输入/输出模块(4 ~ 7 号槽),如图 6-34 和图 6-35 所示。

```
HW Config - [SIMATIC 300(S) (Configuration) -- MS_PACK]
Station Edit Insert PLC View Options Window Help

(0) UR
1    PS 307 5A
2    CPU 315-2 PN/DP
X1      MPI/DP
X2      PN-IO
3
4    DI16xDC24V
5    DI16xDC24V
6    DI32xDC24V
7    DO32xDC24V/0.5A
8
9
```

图 6-34　从站组态

S...	Module	Order number	Firmware	MPI address	I address	Q address	Comment
1	PS 307 5A	6ES7 307-1EA00-0AA0					
2	CPU 315-2 PN/DP	6ES7 315-2EH13-0AB0	V2.3	2			
X1	MPI/DP			2	2047*		
X2	PN-IO				2046*		
3							
4	DI16xDC24V	6ES7 321-1BH82-0AA0			0...1		
5	DI16xDC24V	6ES7 321-1BH82-0AA0			4...5		
6	DI32xDC24V	6ES7 321-1BL00-0AA0			8...11		
7	DO32xDC24V/0.5A	6ES7 322-1BL00-0AA0				12...15	
8							

图 6-35　配置从站

（3）配置从站 PROFIBUS DP 网络

双击"MPI/DP"，打开"Properties – MPI/DP"对话框，如图 6-36 所示。在"General"选项卡中，选择接口类型为"PROFIBUS"。单击"Properties"按钮，打开"Properties – PROFIBUS interface"对话框，如图 6-37 所示，设置该 CPU 在 DP 网络中的地址为 2。

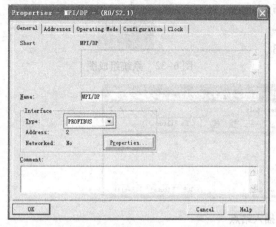

图 6-36　Properties – MPI/DP

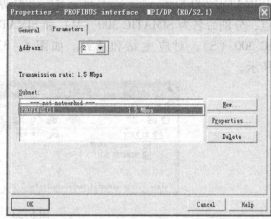

图 6-37　Properties – PROFIBUS interface

单击"New"按钮，新建 PROFIBUS 网络，设置 PROFIBUS 网络的参数。一般采用系统默认参数：传输速率为 1.5Mbps，配置文件为 DP，如图 6-38 所示，单击"OK"按钮，返回"Properties – PROFIBUS interface"对话框。此时在图 6-37 中可以看到"Subnet"子网列表中出现了新的 PROFIBUS（1）子网。

单击"OK"按钮，返回"Properties – MPI/DP"对话框，在"Operating Mode"工作模式选项卡中，设置工作模式为"DP slave"DP 从站模式，如图 6-39 所示。单击"OK"按钮，完成 DP 从站的配置。单击"Save and Compile"按钮，保存并编译组态信息。

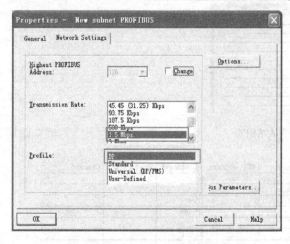

图 6-38　Properties – New subnet PROFIBUS

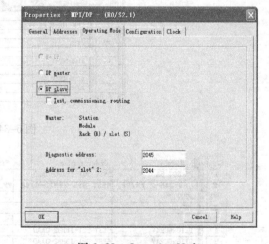

图 6-39　Operating Mode

（4）组态主站

选中 SIMATIC 300（M），双击"Hardware"选项，进入"HW Config"窗口。单击"Catalog"图标打开硬件目录，展开"SIMATIC 300"目录，按硬件槽号和订货号依次插入机架、电源（1号槽）、CPU 315-2PN/DP（2号槽），输入/输出模块（4~7号槽），如图6-40和图6-41所示。

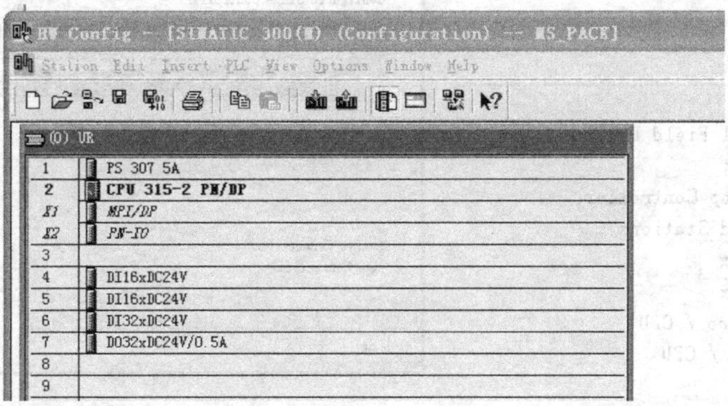

图6-40　主站组态（1）

S...	Module	Order number	...	Firmware	MPI address	I address	Q address	Comment
1	PS 307 5A	6ES7 307-1EA00-0AA0						
2	CPU 315-2 PN/DP	6ES7 315-2EH13-0AB0		V2.3	2			
X1	MPI/DP				2	2047*		
X2	PN-IO					2046*		
3								
4	DI16xDC24V	6ES7 321-1BH82-0AA0				0...1		
5	DI16xDC24V	6ES7 321-1BH82-0AA0				4...5		
6	DI32xDC24V	6ES7 321-1BL00-0AA0				8...11		
7	DO32xDC24V/0.5A	6ES7 322-1BL00-0AA0					12...15	
8								

图6-41　主站组态（2）

（5）配置主站 PROFIBUS DP 网络

双击"MPI/DP"，打开"Properties – MPI/DP"属性对话框。在"General"选项卡中，选择接口类型为"PROFIBUS"。单击"Properties"按钮，打开"Properties – PROFIBUS interface"对话框，设置该 CPU 在 DP 网络中的地址为 3。

选择"Subnet"子网列表中的 PROFIBUS（1）子网，单击"OK"按钮，返回"Properties – MPI/DP"属性对话框。在"Operating Mode"工作模式选项卡中，设置工作模式为"DP master" DP 主站模式。单击"OK"按钮，返回"HW Config"。此时"MPI/DP"插槽引出了一条 PROFIBUS（1）网络。

（6）将 DP 从站连接到 DP 主站

选中 PROFIBUS（1）网络线，在如图6-42所示的硬件目录中双击"CPU 31x"，自动打开"DP slave properties" DP 从站属性对话框。在"Connection"连接选项卡中，选中 CPU 315-2PN/DP，单击"Connection"按钮，DP 从站就连接到 DP 网络中了，此时"Disconnect"按钮由灰色变为黑色，如图6-43所示。单击"OK"按钮，可以看到 DP 从站连接到了 PROFIBUS（1）网络线上。

（7）通信组态

双击图6-44中的 DP 从站，打开"DP slave properties" DP 从站属性对话框，选择"Configuration"组态选项卡。单击"New"按钮，出现"DP slave properties – Configuration – Row 1"从站属性组态行1对话框，按照图6-45所示配置，单击"OK"按钮生成行1。每

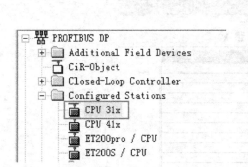

图 6-42 DP 从站路径

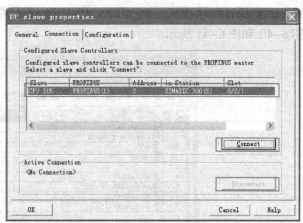

图 6-43 将从站连接到网络

次只能设置主站与智能从站之间一个方向的通信所使用输入/输出区。同样步骤按照图 6-46 配置行 2，配置完成如图 6-47 所示。单击"Edit"按钮，可以编辑所选中的行。单击"Delete"按钮可以删除所选中的行。

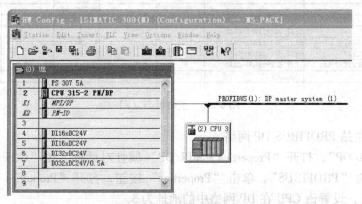

图 6-44 DP 从站连入网络

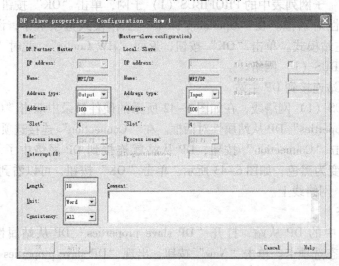

图 6-45 行 1 组态

90

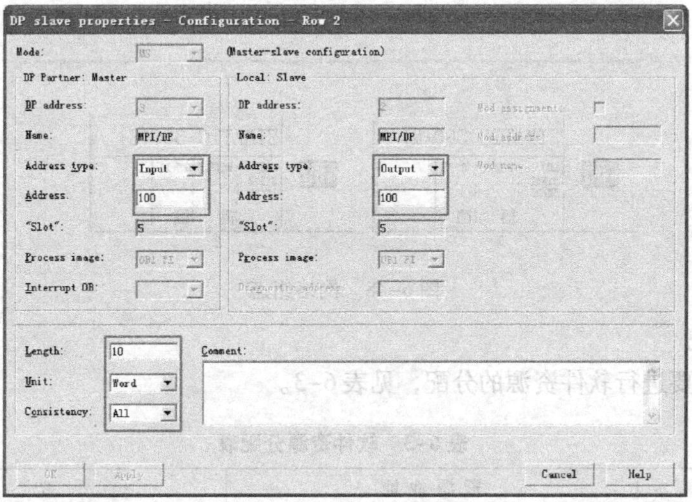

图 6-46　行 2 组态

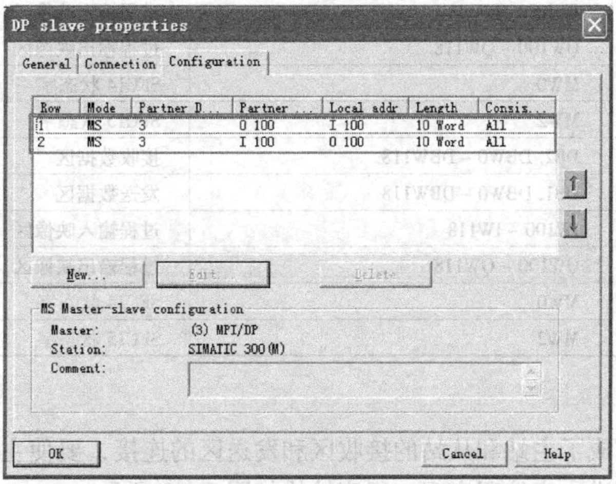

图 6-47　通信组态

行 1 表示通信模式为"MS"主从通信,通信伙伴(主站)通过 QB100 ~ QB119 把数据传送给本地(从站)的 IB100 ~ IB119,"Consistency"一致性为"ALL"表示数据将进行打包;行 2 表示通信模式为"MS"主从通信,通信伙伴(主站)用 IB100 ~ IB119 接收本地(从站)通过 QB100 ~ QB119 发送的数据,"Consistency"一致性为"ALL"表示数据将进行打包。

数据连续性是"Unit"时,表示直接访问输入和输出区;如果数据连续性是"All"或"Total length",需要在程序中调用 SFC14/15 对数据进行打包/解包。需要注意的是,通信双方所使用的输入/输出区不能与实际硬件占用的过程映像输入/输出区重叠。

单击"OK"按钮,返回"HW Config",单击"Save and Compile"按钮,保存并编译组态信息。

4. 网络组态

单击快捷菜单中的"Configure Network"按钮,打开 Netpro 网络组态界面,可以看到如图 6-48 所示的网络组态,两个站点均连接到 PROFIBUS 网络。

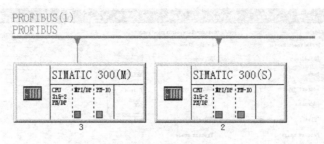

图 6-48　网络组态

5. 资源分配

根据项目需要进行软件资源的分配，见表 6-3。

表 6-3　软件资源分配表

站　点	资源地址	功　能
主站	DB1. DBW0 ~ DBW118	发送数据区
	DB2. DBW0 ~ DBW118	接收数据区
	IW100 ~ IW118	过程输入映像区
	QW100 ~ QW118	过程输出映像区
	MW0	SFC14 状态字
	MW2	SFC15 状态字
从站	DB2. DBW0 ~ DBW118	接收数据区
	DB1. DBW0 ~ DBW118	发送数据区
	IW100 ~ IW118	过程输入映像区
	QW100 ~ QW118	过程输出映像区
	MW0	SFC14 状态字
	MW2	SFC15 状态字

6. 程序设计

通过硬件组态完成了主站和从站的接收区和发送区的连接，要使主站的从站对应的 I/O 区进行通信，还需要进一步编程实现。程序结构如图 6-49 所示。

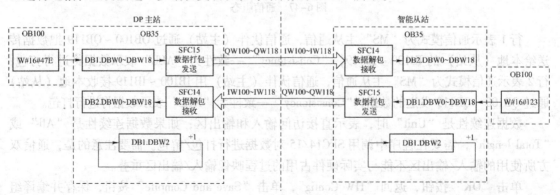

图 6-49　程序结构图

在初始化组织块 OB100 中，为主站和从站的 DB1 置初值，DB2 清零。在循环中断组织块 OB35 中，DB1. DBW2 每 100ms 循环加 1。如果通信成功，一个站点的 DB1 的 10 个字的数据映射到另一个站点的 DB2 中。

STEP 7 提供了两个系统功能 SFC15 和 SFC14 来访问一致性的输入/输出数据区。SFC15 的功能是对要发送的数据进行打包，并传给发送区；SFC14 的功能是对接收的数据进行解包，并转存至数据存储区。

1）SFC15 参数说明，见表 6-4。

表 6-4　SFC15 参数说明表

程序块	参　数　名	说　　　明
	EN	模块执行使能端
	LADDR	通信区的起始地址，以 W#16 格式给出
	RECORD	待打包的数据存放区，以指针形式给出
	RET_VAL	返回的状态值，字型数据
	ENO	输出使能

`DPWR_DAT`
EN　　　ENO
LADDR　RET_VAL
RECORD

2）SFC14 参数说明，见表 6-5。

表 6-5　SFC14 参数说明表

	EN	模块执行使能端
	LADDR	通信区的起始地址，以 W#16 格式给出
	RECORD	解包后数据存放区，以指针形式给出
	RET_VAL	返回的状态值，字型数据
	ENO	输出使能

`DPRD_DAT`
EN　　　ENO
LADDR　RET_VAL
　　　　RECORD

为了避免不存在诊断 OB 和错误处理 OB 而导致 DP 主站的 CPU 转向 STOP 模式，应当在 DP 主站 CPU 中设置 OB82 和 OB86。主站程序块如图 6-50 所示。

图 6-50　主站程序块

（1）生成 DB 块

选中"SIMATIC 300（M）"主站，展开分级目录，单击"Blocks"，在右侧单击右键，选择"Insert New Object"插入"Data Block"，单击"OK"按钮插入 DB1。双击"DB1"打开 DB 编辑器，输入长度为 10 个字的 WORD – ARRAY。右键单击临时生成的 INT 型的占位符变量，在出现的菜单的"Complex Type"复杂类型中选择"ARRAY"数组类型。在 ARRAY 后面的方括号中输入"1…10"，表示该数组有 10 个元素。删除原有初值，双击两次回车键，ARRAY 下方出现新的空白行，右键单击"Type"列的空白单元，选择"Elementary Type"元素类型为"WORD"，表示元素类型为单字型。命名为 SEND，生成的 DB 块如图 6-51 所示，保存数据块，用同样方法生成主站的 DB2（RECEIVE）、从站的 DB1（SEND）和 DB2（RECEIVE）。

（2）主站 OB100 和 OB35

OB100 初始化组织块完成数据接收区的清零和数据发送区的置初值。

Address	Name	Type	Initial value	Comment
0.0		STRUCT		
+0.0	SEND	ARRAY[1..10]		
*2.0		WORD		
=20.0		END_STRUCT		

图 6-51　主站数据发送 DB 块

OB35 循环中断组织块在完成数据的发送和接收，在"Libraries/Standard Library/System Function Block"路径下选择 SFC14/15，编写程序如图 6-52 和图 6-53 所示。

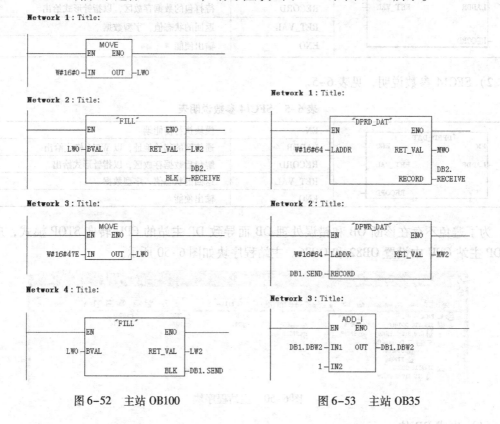

图 6-52　主站 OB100　　　　　　　图 6-53　主站 OB35

（3）从站 OB100 和 OB35

从站的程序与主站基本一致，只需将从站的 OB100 中 DB1 的初值改为 W#16#123。

7. 通信调试

下载组态和程序到 PLC 中，确保 PLC 处于"RUN"模式。分别打开主站和从站的数据接收区 DB2，单击工具栏"Monitor"按钮进入监控模式，此时 DB2 进入"Data View"数据视图显示方式。如果通信成功，可以看到主站的 DB2 中的数据均为 16#123，DB2.DBW2 在不断变化。从站 DB2 的数据均为 16#47E，DB2.DBW2 在不断变化。

如果通信不成功，首先检查硬件连接是否正确，总线连接器终端电阻是否打开；然后检查硬件组态中的通信组态是否正确，是否与程序中所用到的地址一致；程序块中是否有 OB82、OB86。确保无误，再重新调试，直至通信成功。

6.2 基于 PROFIBUS 的 S7 单边通信

6.2.1 CPU 集成 DP 接口的 S7 单边通信

1. 项目说明

S7 通信是 S7 系列 PLC 基于 MPI、PROFIBUS、ETHERNET 网络的一种优化的通信协议。通信连接是静态的，在连接表中进行组态。因为 S7 – 300 PLC 静态连接资源较少，所以 S7 – 300 系统较少使用 S7 连接。而且 S7 – 300 之间不能直接建立 S7 连接，一般通过 CP 模块扩展的连接资源进行 S7 通信。

本项目使用 CPU 集成的 DP 接口实现基于 PROFIBUS 的 S7 单边通信，通信任务如图 6–54 所示。使用 CPU 集成的 DP 接口实现基于 PROFIBUS 的 S7 通信时，S7 – 300 只能作为单边通信的服务器，S7 – 400 作为客户端，调用 SFB14（GET）和 SFB15（PUT）访问 S7 – 300 的数据。S7 – 300 可以通过 CP 实现与 S7 – 300 或 S7 – 400 的双边通信，而 S7 – 400 之间可以直接建立双边通信。

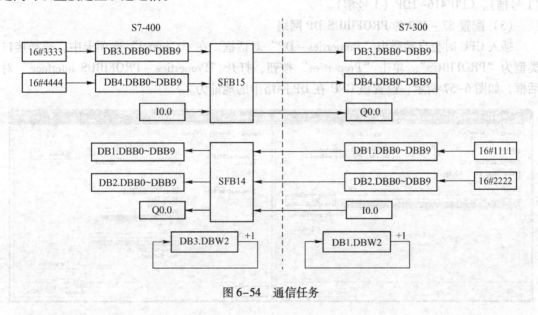

图 6-54　通信任务

2. 系统组成

S7 – 300 和 S7 – 400 均作主站。S7 – 400 使用 CPU 416–2DP，站地址为 2；S7 – 300 使用 CPU 315–2DP，站地址为 4。PC 通过 CP5613 通信卡接入网络中，作为编程和调试设备。各站之间通过 PROFIBUS 电缆连接，网络终端的插头，其终端电阻开关放在"ON"的位置；中间站点的插头其终端电阻开关必须放在"OFF"位置。系统组成如图 6–55 所示。

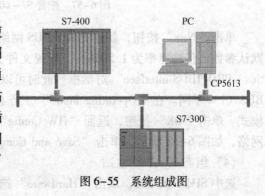

图 6-55　系统组成图

3. 硬件组态

（1）新建项目，插入站点

新建项目"PROFIBUS_S7"，单击右键，在弹出的菜单中选择"Insert New Object"中的"SIMATIC 400 Station"和"SIMATIC 300 Station"，插入 S7 – 400 站点和 S7 – 300 站点，对应两个主站，如图 6-56 所示。

图 6-56　插入站点

（2）组态 S7 – 400 主站

选中 SIMATIC 400，双击"Hardware"选项，进入"HW Config"窗口。单击"Catalog"图标打开硬件目录，展开"SIMATIC 400"目录，按硬件槽号和订货号依次插入机架、电源（1 号槽）、CPU 416–2DP（3 号槽）。

（3）配置 S7 – 400 的 PROFIBUS DP 网络

插入 CPU 时会自动弹出"Properties – DP"对话框。在"General"选项卡中，选择接口类型为"PROFIBUS"。单击"Properties"按钮，打开"Properties – PROFIBUS interface"对话框，如图 6-57 所示，设置该 CPU 在 DP 网络中的地址为 2。

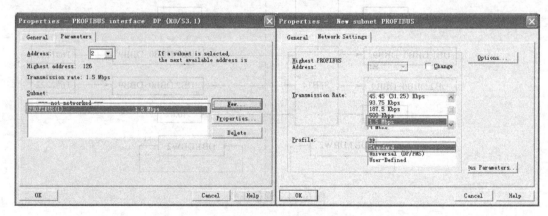

图 6-57　配置 S7 – 400 的 PROFIBUS DP 网络

单击"New"按钮，新建 PROFIBUS 网络。设置 PROFIBUS 网络的参数。一般采用系统默认参数：传输速率为 1.5 Mbps，配置文件为 Standard。单击"OK"按钮，返回"Properties – PROFIBUS interface"对话框。此时可以看到"Subnet"子网列表中出现了新的 PROFIBUS（1）子网。在"Operating Mode"工作模式选项卡中，设置工作模式为"DP master"模式。单击"OK"按钮，返回"HW Config"。此时"DP"插槽引出了一条 PROFIBUS（1）网络，如图 6-58 所示。单击"Save and Compile"按钮，保存并编译组态信息。

（4）组态 S7 – 300 主站

选中 SIMATIC 300，双击"Hardware"选项，进入"HW Config"窗口。单击"Catalog"

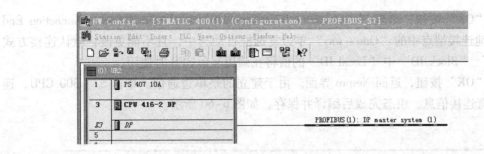

图 6-58 组态 S7-400 站

图标打开硬件目录,展开"SIMATIC 300"目录,按硬件槽号和订货号依次插入机架、电源(1 号槽)、CPU 315-2DP(2 号槽)。

(5)配置 S7-300 的 PROFIBUS DP 网络

插入 CPU 时会自动弹出"Properties-DP"对话框。在"General"选项卡中,选择接口类型为"PROFIBUS"。单击"Properties"按钮,打开"Properties-PROFIBUS interface"对话框,设置该 CPU 在 DP 网络中的地址为 4。

选择"Subnet"子网列表中的 PROFIBUS(1)子网,单击"OK"按钮,返回"Properties-DP"属性对话框。在"Operating Mode"工作模式选项卡中,设置工作模式为"DP master"模式。单击"OK"按钮,返回"HW Config"。单击"Save and Compile"按钮,保存并编译组态信息。

4. 网络组态

单击快捷菜单中的"Configure Network"按钮,打开 Netpro 网络组态界面。可以看到两个站点均连接到 PROFIBUS 网络。选中 S7-400 CPU,双击下方连接表第一个空行,在弹出的"Insert New Connection"对话框中,将"Connection Partner"中的连接对象设置为 CPU 315-2DP,连接类型为 S7 connection,如图 6-59 所示。

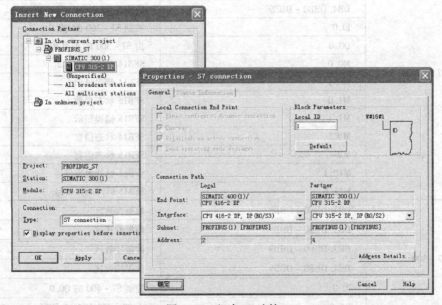

图 6-59 组态 S7 连接

单击 "OK" 按钮，出现 "Properties – S7 Connection" 对话框，"Local Connection End Point" 本地连接端点中的 "One – way" 单边复选框自动选中，且不能更改，默认连接方式为 "单边"。"Block ID" 中 "Local ID" 的值将在调用通信 SFB 时使用。

单击 "OK" 按钮，返回 Netpro 界面。由于建立的是单边通信。单击 S7 – 300 CPU，连接表中没有连接信息。组态完成后编译并保存。如图 6-60 所示。

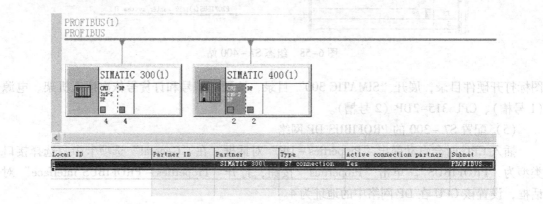

图 6-60 网络组态

5. 资源分配

根据项目需要进行软件资源的分配，见表 6-6

表 6-6 软件资源分配表

站 点	资源地址	功 能
S7 –400	DB1. DBB0 ~ DBB9	数据接收区
	DB2. DBB0 ~ DBB9	数据接收区
	DB3. DBB0 ~ DBB9	数据发送区
	DB4. DBB0 ~ DBB9	数据发送区
	I0. 0	控制 S7 – 300 的 Q0. 0
	Q0. 0	由 S7 – 300 的 I0. 0 控制
	M0. 0	SFB14 状态参数
	M0. 1	SFB14 错误显示
	M1. 0	SFB15 状态参数
	M1. 1	SFB15 错误显示
	MW2	SFB14 状态信息
	MW4	SFB15 状态信息
	M10. 1	SFB14 脉冲触发信号
	M11. 0	SFB15 脉冲触发信号
S7 –300	DB1. DBB0 ~ DBB9	数据发送区
	DB2. DBB0 ~ DBB9	数据发送区
	DB3. DBB0 ~ DBB9	数据接收区
	DB4. DBB0 ~ DBB9	数据接收区
	I0. 0	控制 S7 – 400 的 Q0. 0
	Q0. 0	由 S7 – 400 的 I0. 0 控制

6. 程序设计

在 S7 单边通信中，S7 – 300 作为服务器，S7 – 400 作为客户端，客户端调用单边通信功能块 GET 和 PUT，访问服务器的存储区。服务器端不需要编程。SFB 14/15（GET/PUT）的参数说明见 MPI 通信部分。程序结构如图 6–61 所示。

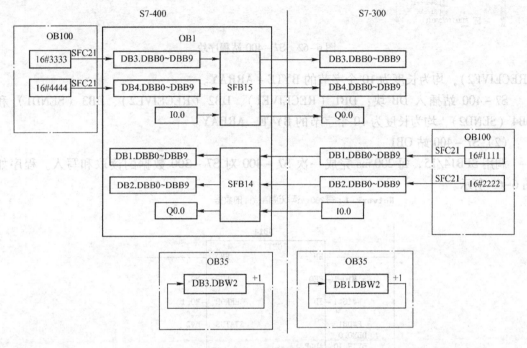

图 6–61　程序结构图

初始化组织块 OB100 完成 DB 块数据初始化，S7 – 300 中 DB1 和 DB2 置初值。S7 – 400 中 DB3 和 DB4 置初值，DB1 和 DB2 数据接收区清零。在循环中断组织块 OB35 中，S7 – 300 的 DB1.DBW2 和 S7 – 400 的 DB3.DBW2 每 100 ms 循环加 1。如果通信成功，S7 – 400 可以读取到 S7 – 300 中 DB1 和 DB2 的数据，S7 – 400 可以将 DB3 和 DB4 的数据写入到 S7 – 300 中的 DB3 和 DB4；并且 S7 – 400 可以通过 I0.0 控制 S7 – 300 的 Q0.0，S7 – 300 同样可以通过 I0.0 控制 S7 – 400 的 Q0.0。

为了实现周期性的数据传输，除了将通信程序放在 OB35 周期循环组织块中，还可以使用时钟存储器提供的时钟脉冲作为 REQ 通信请求信号。时钟存储器位说明见表 6–7。

表 6–7　时钟存储器

位	0	1	2	3	4	5	6	7
周期/s	0.1	0.2	0.4	0.5	0.8	1	1.6	2
频率/Hz	10	5	2.5	2	1.25	1	0.625	0.5

为了避免不存在诊断 OB 和错误处理 OB 而导致 DP 主站的 CPU 转向 STOP 模式，应当在 DP 主站 CPU 中设置 OB82 和 OB86。S7 – 400 站程序块如图 6–62 所示。

（1）生成 DB 块

S7 – 300 站插入 DB 块：DB1（SEND1）、DB2（SEND2）、DB3（RECEIVE1）和 DB4

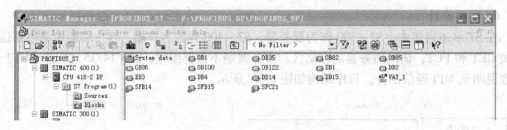

图 6-62 S7-400 站程序块

（RECEIVE2），均为长度为 10 个字节的 BYTE-ARRAY。

S7-400 站插入 DB 块：DB1（RECEIVE1）、DB2（RECEIVE2）、DB3（SEND1）和 DB4（SEND2），均为长度为 10 个字节的 BYTE-ARRAY。

（2）S7-400 站 OB1

调用 SFB14/15，每 200 ms 完成一次 S7-400 对 S7-300 数据的读取和写入。程序如图 6-63 所示。

Network 1: 每200ms读取通信伙伴的数据

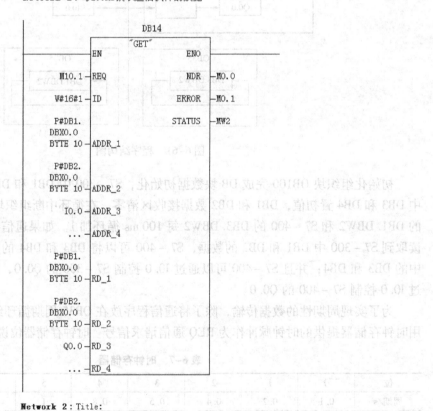

Network 2: Title:

```
    M10.1                                    M11.0
─────┤／├──────────────────────────────────( )──────
```

Network 3: 每200ms向通信伙伴的数据区写入数据

图 6-63 OB1 主程序

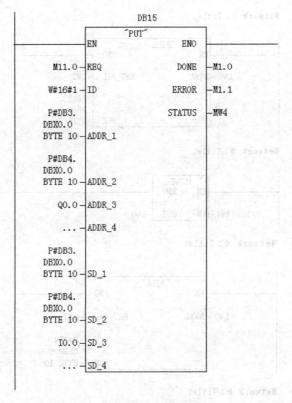

图 6-63 OB1 主程序（续）

（3）S7-400 站 OB35

DB1.DBW2 每 100ms 循环加 1，S7-300 站的 OB35 与该段程序类似。程序如图 6-64 所示。

Network 1: 每100ms将DB3.DBW0加2

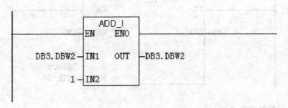

图 6-64 OB35 程序

（4）S7-400 站 OB100

调用 SFC21，完成数据初始化功能，S7-300 站的 OB100 与该段程序类似。程序如图 6-65 所示。

Network 1: Title:

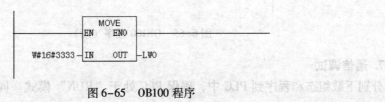

图 6-65 OB100 程序

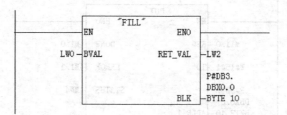

Network 2: Title:

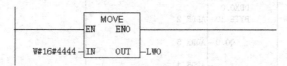

Network 3: Title:

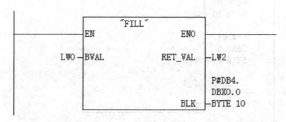

Network 4: Title:

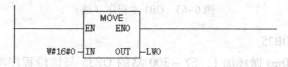

Network 5: Title:

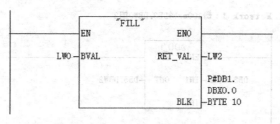

Network 6: Title:

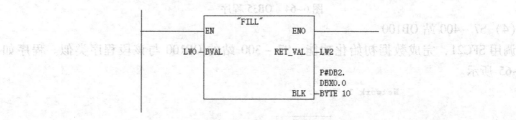

Network 7: Title:

图6-65 OB100 程序（续）

7. 通信调试

分别下载组态和程序到 PLC 中，确保 PLC 处于"RUN"模式。同时打开两个站的变量表，单击工具栏"Monitor"按钮进入监控模式。如果通信成功，可以看到 S7 - 400 站的 DB 块中的数据与 S7 - 300 站的 DB 块中的数据一致；除此之外，两个站均可实现通过本站的 I0.0 控制对方的 Q0.0，如图 6-66 所示。S7 - 400 站读取 S7 - 300 站的数据块存储在 DB1 和 DB2，监控模式下的数据视图如图 6-67 所示。

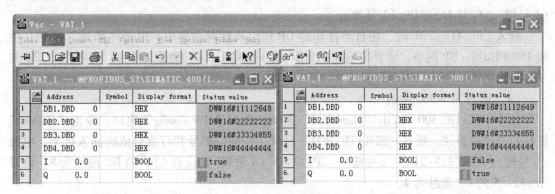

图 6-66　变量表

Addr	Name	Type	Initial	Actual v
0.0	RECEIVE1[1]	BYTE	B#16#0	B#16#11
1.0	RECEIVE1[2]	BYTE	B#16#0	B#16#11
2.0	RECEIVE1[3]	BYTE	B#16#0	B#16#14
3.0	RECEIVE1[4]	BYTE	B#16#0	B#16#96
4.0	RECEIVE1[5]	BYTE	B#16#0	B#16#11
5.0	RECEIVE1[6]	BYTE	B#16#0	B#16#11
6.0	RECEIVE1[7]	BYTE	B#16#0	B#16#11
7.0	RECEIVE1[8]	BYTE	B#16#0	B#16#11
8.0	RECEIVE1[9]	BYTE	B#16#0	B#16#11
9.0	RECEIVE1[10]	BYTE	B#16#0	B#16#11

Addr	Name	Type	Initial	Actual v
0.0	RECEIVE2[1]	BYTE	B#16#0	B#16#22
1.0	RECEIVE2[2]	BYTE	B#16#0	B#16#22
2.0	RECEIVE2[3]	BYTE	B#16#0	B#16#22
3.0	RECEIVE2[4]	BYTE	B#16#0	B#16#22
4.0	RECEIVE2[5]	BYTE	B#16#0	B#16#22
5.0	RECEIVE2[6]	BYTE	B#16#0	B#16#22
6.0	RECEIVE2[7]	BYTE	B#16#0	B#16#22
7.0	RECEIVE2[8]	BYTE	B#16#0	B#16#22
8.0	RECEIVE2[9]	BYTE	B#16#0	B#16#22
9.0	RECEIVE2[10]	BYTE	B#16#0	B#16#22

图 6-67　S7 - 400 站的 DB1 和 DB2

6.2.2　使用通信处理块的 S7 单边通信

1. 系统组成

本项目实现 CPU413 - 2DP 与插接在 CPU315-2DP 的 CP342 - 5 的 S7 单边通信。CP342 -5 作为通信服务器 S7 - 300 的 DP 接口插在 S7 - 300 的中央机架上，通信服务器 CPU 模块为 CPU 315 - 2DP，站地址为 8，PROFIBUS 总线接在 CP342 - 5 的 DP 接口，站地址为 4；客户机 CPU 模块为 CPU413 - 2DP，站地址为 2；各站之间通过 PROFIBUS 电缆连接，网络终端的插头。系统组成如图 6-68 所示。

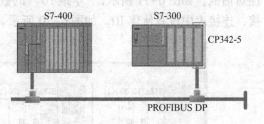

图 6-68　系统组成图

2. 硬件组态

（1）新建项目，插入站点

新建项目"S7_CP_单边"，单击右键，在弹出的菜单中选择"Insert New Object"中的 "SIMATIC 400 Station"和"SIMATIC 300 Station"，插入 S7 - 400 站点和 S7 - 300 站点，对

应两个主站。

（2）组态 S7 - 400 主站

选中 SIMATIC 400，双击"Hardware"选项，进入"HW Config"窗口。单击"Catalog"图标打开硬件目录，展开"SIMATIC 400"目录，按硬件槽号和订货号依次插入机架、电源（1 号槽）、CPU 416-2DP（3 号槽）。

插入 CPU 416-2DP 时，在自动打开的 DP 接口属性对话框中，单击"新建"按钮，生成 PROFIBUS - DP 网络，设置传输速率为默认的 1.5 Mbit/s，配置文件为"标准"，CPU 的工作模式为 DP 主站，DP 地址设为 2。

（3）组态 S7 - 300 主站

选中 SIMATIC 300，双击"Hardware"选项，进入"HW Config"窗口。单击"Catalog"图标打开硬件目录，展开"SIMATIC 300"目录，按硬件槽号和订货号依次插入机架、电源（1 号槽）、CPU 315-2DP（2 号槽），CP342 - 5（4 号槽），设置 CPU 的 DP 地址为 8，设置 CP342 - 5 的 DP 地址为 4。

双击机架中的 CP342 - 5，单击 CP 属性对话框的"属性"按钮，在出现的 CP 的 PROFI-BUS 接口对话框中，将 CP 连接到 PROFIBUS 网络上，设置 CP342 - 5 的 DP 地址为 4。设置 CP 的工作模式为"No DP"，如图 6-69 所示。

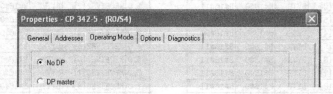

图 6-69 组态 CP 342 - 5 的工作模式

3. 网络组态

单击快捷菜单中的"Configure Network"按钮，打开 Netpro 网络组态界面，可以看到如图 6-70 所示的网络组态。

选中 CPU - 400 的 2 号站所在的小方框，在 NetPro 下面第一行插入一个连接，出现"Insert New Connection"对话框，采用默认的连接类型，单击"OK"按钮，出现 S7 连接属性对话框，如图 6-71 所示，"本地 ID"的数值将会在调用通信块时用到。该连接为单向连接，连接表中没有伙伴 ID。如图 6-70 所示。

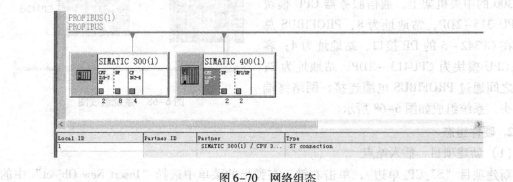

图 6-70 网络组态

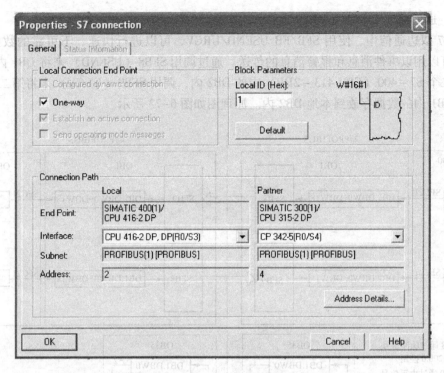

图 6-71　S7 连接属性设置

4. 资源分配、程序设计与通信调试

本项目程序与"PROFIBUS_S7"完全相同，在 CPU 416-2DP 的 OB1 中，调用 SFB14/15 读写 CPU 315-2DP 地址区中的数据。

6.3　基于 PROFIBUS 的 S7 双边通信

6.3.1　使用 USEND/URCV 的 S7 双边通信

1. 系统组成及通信原理

（1）系统组成

硬件：两个 CPU413 - 2DP；其中一个的站地址为 2，另一个的站地址为 4。网络配置图如图 6-72 所示。

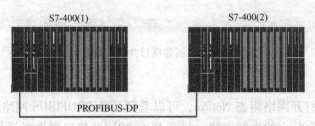

图 6-72　网络配置图

（2）通信原理

在 S7 双边通信中，使用 SFB/FB USEND/URCV，可以进行快速、不可靠的数据传输，例如，可以用以事件消息和报警消息的传送。通过调用 SFB8（USEND）来将 DB1 内数据发送到第二个 S7 - 400（CPU 413 - 2DP）中的 DB2 内，调用 SFB9（URCV）来将第二个 S7 - 400 中 DB1 内的数据存放到本地 DB2 内。原理图如图 6-73 所示。

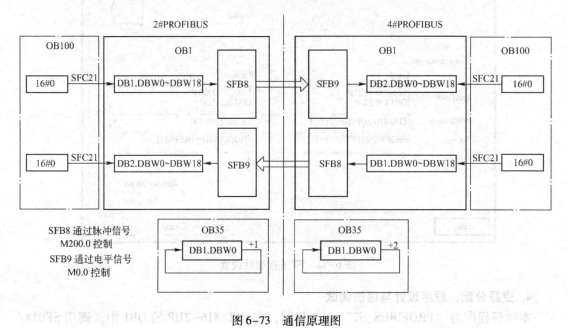

图 6-73　通信原理图

2. 硬件组态

在 STEP 7 中建立一个新项目"DP_U_S7_双边"，在此项目下插入两个"SIMATIC 400 站"，并分别完成硬件组态，硬件组态如图 6-74 和图 6-75 所示。

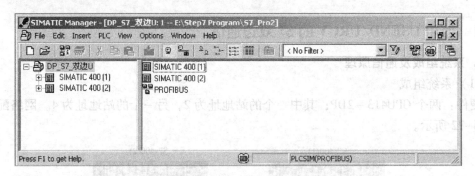

图 6-74　新建项目并插入站点

3. 网络组态

单击 🖳 按钮，打开网络组态 NetPro，可以看到一条 PROFIBUS 网络和没有与网络连接的两个站点，双击 CPU 上的小红方块，打开 PROFIBUUS 接口属性对话框，分别设置 PROFIBUS 的站地址为 2 和 4，如图 6-76 所示，选择子网"PROFIBUS"，单击"OK"按钮返回 NetPro，可以看到 CPU 已经连到 PROFIBUS 网络上，如图 6-77 所示。

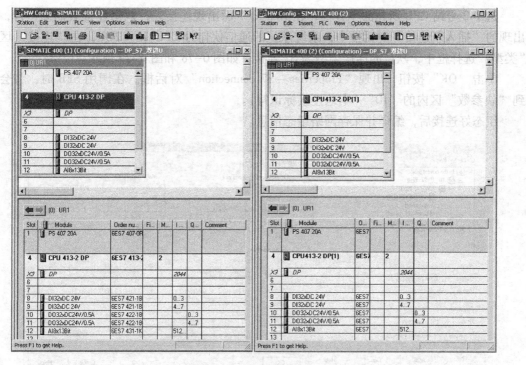

图 6-75　站点硬件组态

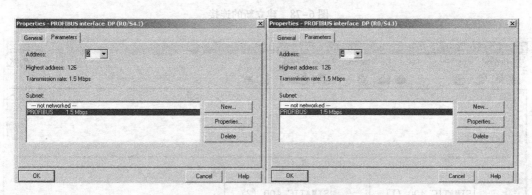

图 6-76　PROFIBUS 网络通信参数设置

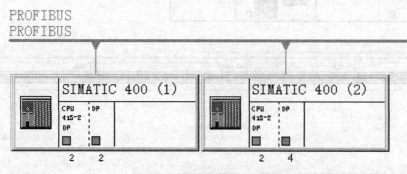

图 6-77　PROFIBUS 网络

选中 2 号站 CPU 所在的小方框，在 NetPro 下面出现连接表，双击连接表的第一行，在出现的"插入新连接"对话框中，系统默认的通信伙伴为 CPU413－2DP，在"连接"区的"类型"选择框中，默认的连接类型为 S7 连接，如图 6-78 和图 6-79 所示。

单击"OK"按钮，出现"Properties－S7 connection"对话框。在调用 SFB 时，将会用到"块参数"区内的"ID"（本地连接标识符）。

组态好连接后，编译并保存网络组态信息。

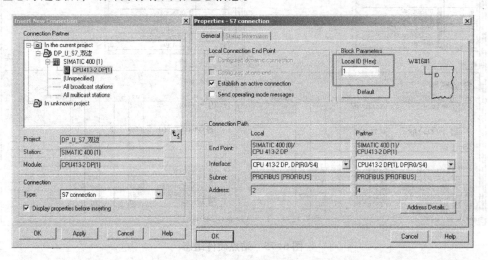

图 6-78　建立新的连接

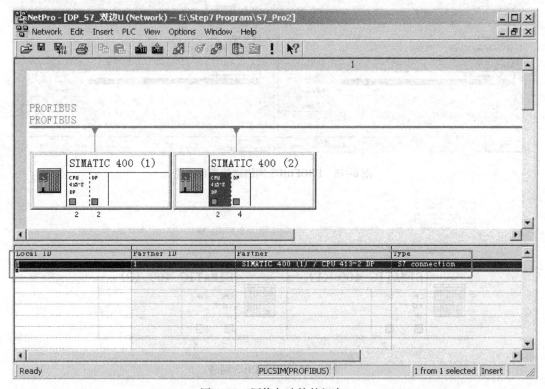

图 6-79　网络与连接的组态

4. 资源分配

根据项目需要进行软件资源的分配，见表6-8。

表6-8 软件资源分配表

站 点	资源地址	功 能
CPU413 - 2DP	DB1. DBW0 ~ DBW18	发送数据区
	DB2. DBW0 ~ DBW18	接收数据区
	M200. 0	时钟脉冲，SFB8 激活参数
	M0. 1	状态参数
	M0. 2	错误显示
	M10. 1	状态参数
	M10. 2	错误显示
	MW2	SFB9 状态字
	MW12	SFB8 状态字
CPU413 - 2DP	DB2. DBW0 ~ DBW18	接收数据区
	DB1. DBW0 ~ DBW18	发送数据区
	M200. 0	时钟脉冲，SFB8 激活参数
	M0. 1	状态参数
	M0. 2	错误显示
	M10. 1	状态参数
	M10. 2	错误显示
	MW2	SFB9 状态字
	MW12	SFB8 状态字

5. 程序编写

编写程序时使用图6-78中S7连接的ID号。SFB中的R_ID用于区分同一连接中不同的SFB调用，发送方与接收方的R_ID应相同，为了区分两个方向的通信，令2号站发送和接收的数据包的R_ID分别为1和2，4号站发送和接收的数据包的R_ID分别为2和1。

发送请求信号REQ用时钟存储器位M200.0来触发，接收请求信号EN_R(M0.0)为1时接收数据。

2号站、4号站的OB35、OB100程序同S7通信单边通信方式。

图6-80和图6-81分别是2号站OB1程序和4号站OB1程序。

6. 下载调试

将两个站点的组态及程序分别下载到PLCSIM中，单击RUN-P使CPU处于运行状态，如图6-82所示。

打开两个站点的变量表，单击工件栏 66° 按钮，使变量表处于实时监控状态，如图6-83所示。在RUN-P模式时，接收请求信号M0.0为0，禁止接收，双方DB2的数据均为0，将M0.0置为1后，允许接收数据，可以发现DB2数据随DB1数据变化。

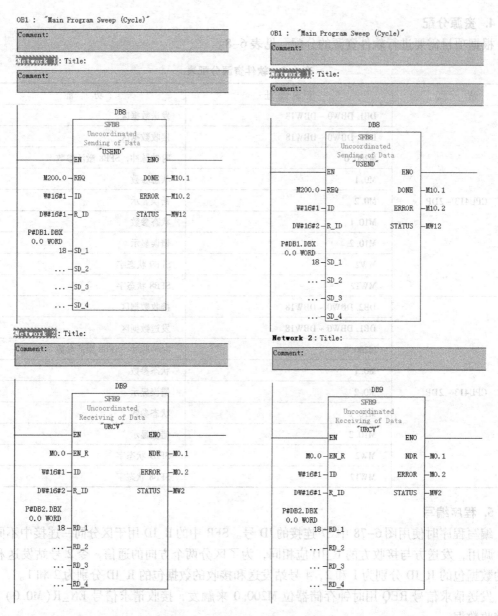

图 6-80　2 号站 OB1 程序　　　　　　　　　　　图 6-81　4 号站 OB1 程序

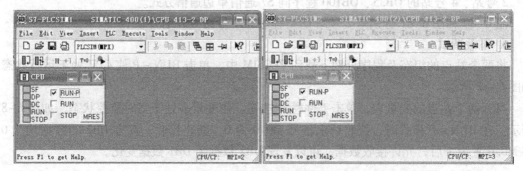

图 6-82　PLCSIM 运行图

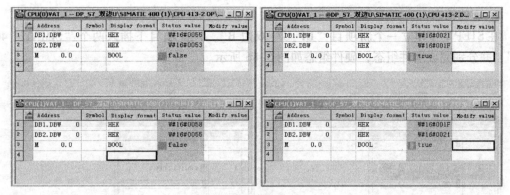

图 6-83　变量表运行状态

6.3.2　使用 BSEND/BRCV 的 S7 双边通信

1. 系统组成及通信原理

（1）系统组成

硬件：CPU413 – 2DP，CPU413 – 2DP；其中一个 CPU413 – 2DP 的站地址为 2，另一个 CPU413 – 2DP 站地址为 4。网络配置图如图 6-84 所示。

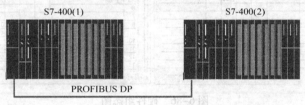

图 6-84　网络配置图

（2）通信原理

在 S7 双边通信中，CPU413 – 2DP 调用 SFB12（BSEND）来将 DB1 内数据发送到通信伙伴中的 DB2 内，调用 SFB13（BRCV）来读取通信伙伴中 DB1 内的数据存放到本地 DB2 内。这是需要对方确认的 S7 双边通信方式，使用的是 SFB12（BSEND）SFB13（BRCV），而无需对方确认的 S7 双边通信方式使用的是 SFB8（USEND）SFB9（URCV），原理图如图 6-85 所示。

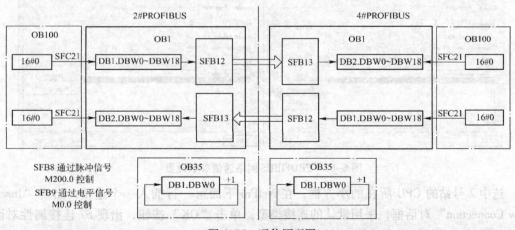

图 6-85　通信原理图

111

2. 硬件组态

在 STEP 7 中建立一个新项目"DP_S7_双边 B",在此项目下插入两个"SIMATIC 400 站",并分别完成硬件组态,硬件组态如图 6-86 所示。

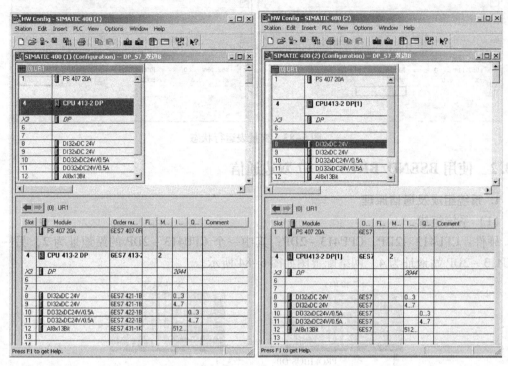

图 6-86　硬件组态图

3. 网络组态

单击 按钮,打开网络组态 NetPro,可以看到一条 PROFIBUS 网络和没有与网络连接的两个站点,双击 CPU 上的小红方块,打开 PROFIBUS 接口属性对话框,分别设置 PROFIBUS 的站地址为 2 和 4,选择子网"PROFIBUS (1)",单击"OK"按钮返回 NetPro,可以看到 CPU 已经连到 PROFIBUS 网络上,如图 6-87 和图 6-88 所示。

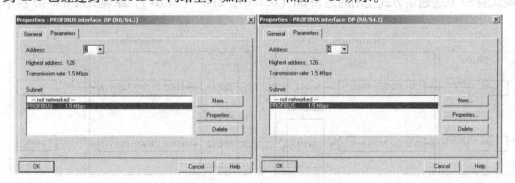

图 6-87　PROFIBUS 网络通信参数设置

选中 2 号站的 CPU 所在的小方框,在 NetPro 下面第一行插入一个连接,出现"Insert New Connection"对话框,采用默认的连接类型,单击"OK"按钮,出现 S7 连接属性对话框,如图 6-89 所示,"本地 ID"的数值将会在调用通信块时用到。

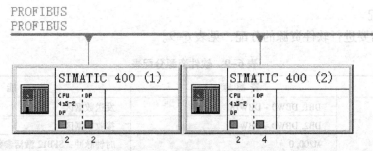

图 6-88　PROFIBUS 网络

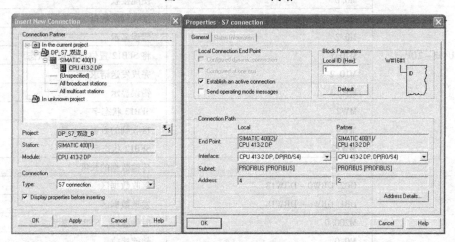

图 6-89　S7 连接属性设置

因为通信双方都是 S7 - 400，STEP 7 自动创建了一个双向连接，在连接表中生成了"本地 ID"和"伙伴 ID"。因为 2 号站和 4 号站是通信伙伴，它们的连接表中的 ID 相同，如图 6-90 所示。

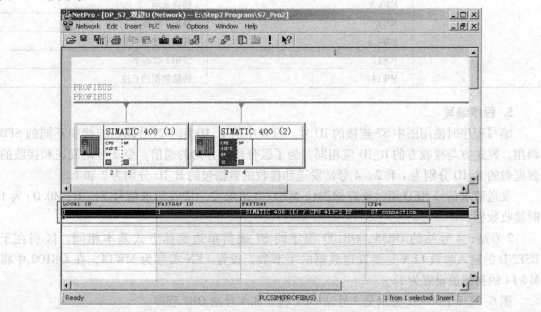

图 6-90　S7 连接表

4. 资源分配

根据项目需要进行软件资源的分配，见表6-9。

表6-9　软件资源分配表

站　　点	资源地址	功　　能
CPU413 –2DP	DB1. DBW0 ~ DBW18	发送数据区
	DB2. DBW0 ~ DBW18	接收数据区
	M200. 0	时钟脉冲，SFB12 激活参数
	M0. 0	使能接收
	M0. 1	接收到新数据
	M0. 2	错误显示
	M10. 1	将 SFB12 置位到最初的状态
	M10. 2	完成发送请求
	M10. 3	错误显示
	MW2	SFB13 状态字
	MW4	接收到的数据字节数
	MW12	SFB12 状态字
	MW14	传输数据的长度
CPU413 –2DP	DB2. DBW0 ~ DBW18	接收数据区
	DB1. DBW0 ~ DBW18	发送数据区
	M200. 0	时钟脉冲，SFB13 激活参数
	M0. 0	使能接收
	M0. 1	接收到新数据
	M0. 2	错误显示
	M10. 1	将 SFB13 置位到最初的状态
	M10. 2	完成发送请求
	M10. 3	错误显示
	MW2	SFB13 状态字
	MW4	接收到的数据字节数
	MW12	SFB12 状态字
	MW14	传输数据的长度

5. 程序编写

编写程序时使用图中 S7 连接的 ID 号。SFB 中的 R_ID 用于区分同一连接中不同的 SFB 调用，发送方与接收方的 R_ID 应相同，为了区分两个方向的通信，令2号站发送和接收的数据包的 R_ID 分别为1和2，4号站发送和接收的数据包的 R_ID 分别为2和1。

发送请求信号 REQ 用时钟存储器位 M200. 0 来触发，接收请求信号 EN_R(M0. 0) 为1时接收数据。

2号站、4号站的 OB35、OB100 程序同 S7 通信单边通信方式基本相同，区别在于 BSEND 的输入参数 LEN 是要发送数据的字节数，设置 LEN 实参为 MW14，在 OB100 中将 MW14 的初始值设置为18。

图 6-91 和图 6-92 分别是 2 号站 OB1 程序和 4 号站 OB1 程序。

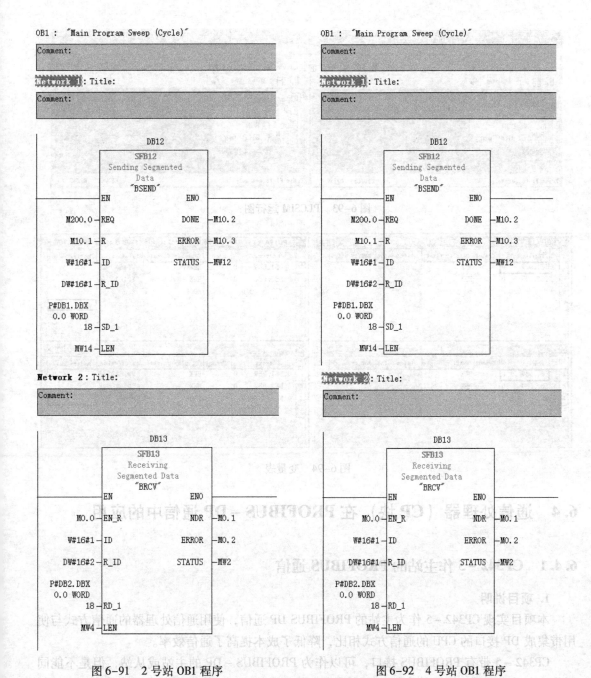

OB1 : "Main Program Sweep (Cycle)"

Comment:

Network 1: Title:

Comment:

OB1 : "Main Program Sweep (Cycle)"

Comment:

Network 1: Title:

Comment:

图 6-91 2 号站 OB1 程序

图 6-92 4 号站 OB1 程序

6. 下载调试

将两个站点的组态及程序分别下载到 PLCSIM 中，单击 RUN－P 使 CPU 处于运行状态，如图 6-93 所示。

打开两个站点的变量表，单击工件栏 66° 按钮，使变量表处于实时监控状态，如图 6-94 所示，在 RUN－P 模式时，接收请求信号 M0.0 为 0，禁止接收，双方 DB2 的数据均为 0，将 M0.0 置为 1 后，允许接收数据，可以发现 DB2 数据随 DB1 数据变化。

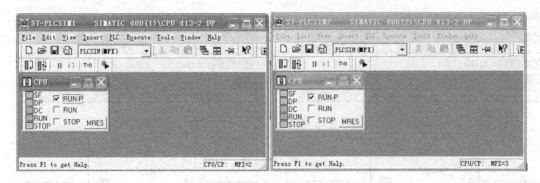

图 6-93　PLCSIM 运行图

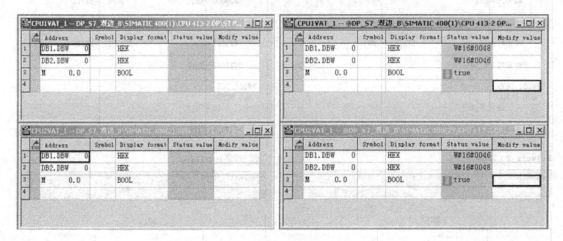

图 6-94　变量表

6.4　通信处理器（CP 块）在 PROFIBUS – DP 通信中的应用

6.4.1　CP342 – 5 作主站的 PROFIBUS 通信

1. 项目说明

本项目实现 CP342 – 5 作为主站的 PROFIBUS DP 通信，使用通信处理器的通信方式与使用带集成 DP 接口的 CPU 的通信方式相比，降低了成本提高了通信效率。

CP342 – 5 带有 PROFIBUS 接口，可以作为 PROFIBUS – DP 的主站或从站，但是不能同时作为主站和从站，且只能在 S7 – 300 的中央机架上使用，不能在分布式从站上使用，而且分布式 I/O 模块上不能插入智能模块，如 FM350 – 1。CP342 – 5 与 CPU 上集成的 DP 接口不一样，它对应的通信接口区是虚拟的通信区，需要调用 CP 通信功能 FC1 和 FC2。通信任务如图 6-95 所示。

2. 系统组成

CP342 – 5 作为 DP 主站插在 S7 – 300 的中央机架上，CPU 模块为 CPU 315–2DP，PRO-FIBUS 总线接在 CP342 – 5 的 DP 接口，站地址为 3；DP 从站使用分布式 I/O ET 200M，站地址为 4。PC 通过 CP5613 接入网络中，作为编程和调试设备。各站之间通过 PROFIBUS 电缆连接，网络终端的插头，其终端电阻开关放在"ON"的位置；中间站点的插头其终端电阻开关必须放在"OFF"位置。系统组成如图 6-96 所示。

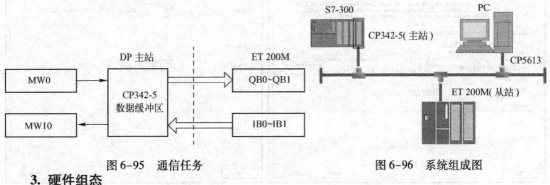

图 6-95　通信任务　　　　　　　图 6-96　系统组成图

3. 硬件组态

（1）新建项目，插入主站

新建项目"MS_CP1"，单击右键，在弹出的菜单中选择"Insert New Object"中的"SIMATIC300 Station"，插入 S7 – 300 站，作为 DP 主站。

在管理器中选中"SIMATIC 300"站对象，双击右侧"Hardware"图标，打开 HW Config 界面。插入机架（RACK），在 1 号插槽插入电源 PS 307 5A，在 2 号插槽插入 CPU 315 – 2DP。3 号插槽留作扩展模块。从 4 号插槽到 7 号插槽插入输入/输出模块，在 8 号插槽插入 CP342 – 5，如图 6-97 所示。

图 6-97　主站模块

a）主站组态　b）主站模块信息

（2）组态主站

插入 CP342 – 5 时同时弹出 PROFIBUS 组态界面。或者双击 CP342 – 5 插槽，出现 CP342 – 5 属性对话框，如图 6-98 所示。在"Operation Mode"选项卡中，设置它的工作模式为"DP Master"。在"Address"选项卡中，如图 6-99 所示，可以看到默认的输入/输出的字节数为 16 B，起始字节地址均为 320，起始字节地址默认值与 CP 所在的槽号有关，这 16 B 的长度是 CPU 分配给 CP342 – 5 的硬件地址区，CPU 就是通过这个硬件地址区访问 CP342 – 5 模块的。这 16 B 的地址数据区与 CP342 – 5 连接的 PROFIBUS 从站没有直接的关系，它并不影响主站所带的从站个数，以及主站和从站交换数据的长度。CP342 – 5 与 PROFIBUS 从站进行数据交换使用的是另外一个独立的数据存储区，输入、输出区均为 2160 B。

117

图 6-98 CP342-5 属性

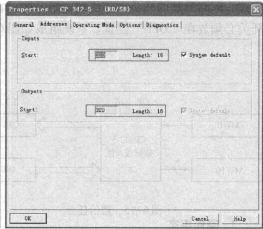

图 6-99 CP342-5 地址

（3）配置 PROFIBUS DP 网络

单击"General"选项卡，类型选择"PROFIBUS"。单击"Properties"按钮，打开属性配置界面，如图 6-100 所示。新建一条 PROFIBUS 电缆，设置主站地址为 3，通信速率为 1.5Mbps，行规为 DP。然后单击"OK"按钮，返回 DP 接口属性对话框。可以看到"Subnet"列表中出现了新的"PROFIBUS（1）"子网。单击"OK"按钮，返回 HW Config 界面。CP342-5 插槽引出了一条 PROFIBUS（1）网络，默认 DP 主站系统的编号为 180，如图 6-101 所示。保存并编译组态信息。

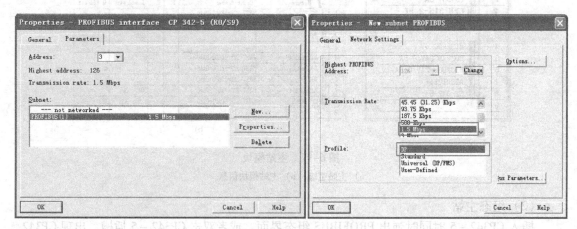

图 6-100 配置 PROFIBUS 网络

（4）组态从站

打开硬件目录窗口，按照路径"\ PROFIBUS DP \ DPV0Slaves \ ET 200M"，单击 ET 200M，将该站拖到硬件组态窗口的 PROFIBUS 网络线上，即将 ET 200M 接入 PROFIBUS 网络。在自动打开的属性对话框中，设置该 DP 从站的站地址为 4，单击"OK"按钮。ET 200M 模块组态的站地址应该与实际 DIP 开关设置的站地址相同。选中该从站，按照图 6-102 所示，组态输入/输出模块。

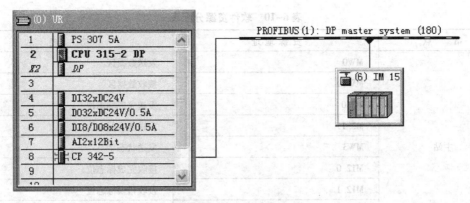

图6-101　主站网络配置

S...		Module	...	Order Number	...	I Add...	Q Address
4		DI16xDC24V		6ES7 321-1BH02-0AA0		0...1	
5		DO16xDC24V/0.5A		6ES7 322-1BH01-0AA0			0...1

图6-102　组态从站

CPU 集成的 DP 接口作主站时，各非智能从站和中央机架的 I/O 地址是统一分配的。而 CP342－5 作 DP 主站时，它的 I/O 地址区是虚拟的地址映像区，所以虽然中央机架和作为 CP342－5 的从站的 ET200 的 DI/DO 均使用了 0－1 号输入字节，它们也不会冲突。

组态完成后保存并编译组态信息。

4. 网络组态

单击快捷菜单中的"Configure Network"按钮，打开 Netpro 网络组态界面，可以看到如图6-103 所示的网络组态。

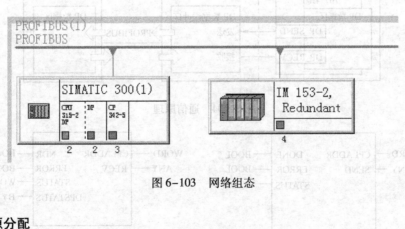

图6-103　网络组态

5. 资源分配

根据项目需要进行软件资源的分配，见表6-10。

6. 程序设计

与 CPU 集成的 DP 接口不同，CP342－5 作主站时，不能通过 I、Q 区直接读写 ET 200M 的 I/O，需要在 OB1 中调用 CP 通信功能 FC 1 "DP_SEND" 和 FC2 "DP_RECV"，建立虚拟的通信接口区来访问从站。

119

表 6-10　软件资源分配表

站　　点	资源地址	功　　能
主站	MW0	发送数据区
	MW10	接收数据区
	M2.0	发送完成标志位
	M2.1	发送错误标志位
	MW3	发送状态字
	M12.0	接收完成标志位
	M12.1	接收错误标志位
	MW13	接收状态字
	MB15	DP 网络状态字节
从站	IB0 ~ IB1	发送数据的输入映像区
	QB0 ~ QB1	接收数据的输出映像区

CP342 - 5 有一个内部的输入缓冲区和输出缓冲区，用来存放所有 DP 从站的 I/O 数据，较新版本的 CP342 - 5 模块内部的输入、输出缓冲区分别为 2160 B。输出缓冲区的数据周期性地写到从站的输出通道上，周期性读取的从站输入通道的数值存放在输入缓冲区，整个过程是 CP342 - 5 与 PROFIBUS 从站之间自动协调完成的，不需编写程序。但是需要在 PLC 的用户程序中调用 FC1 和 FC2，来读写 CP342 - 5 内部的缓冲区。

通信原理如图 6-104 所示。FC1 和 FC2 的程序块如图 6-105 所示。

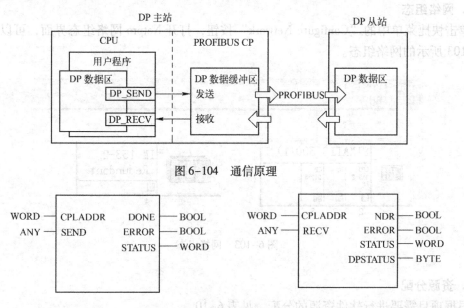

图 6-104　通信原理

图 6-105　FC1 和 FC2 程序块

CPU 调用 FC1 (DP_SEND)，将参数 SEND 指定的发送数据区的数据传送到 CP342 - 5 的输出缓冲区，以便将数据发送到 DP 从站；CPU 调用 FC2 (DP_RECV)，将 CP342 - 5 的输入缓冲区接收的 DP 状态信息和来自分布式 I/O 的过程数据，存入参数 RECV 指定的 CPU

中的接受数据区；参数 SEND 和 RECV 指定的 DP 数据区可以是过程映像区（I/O）、存储器区（M）或数据块（DB）区；输出参数 DONE 为 1、ERROR 和 STATUS 为 0 时，可以确认数据被正确地传送到了通信伙伴。

DP 主站模式的 DPSTATUS（见表 6-11）的第 1 位为 0 时，所有 DP 从站都处于数据传送状态。第 6 位为 1 时，接收的数据溢出，即 DP 从站接收数据的速度大于 DP 主站在 CPU 中用块调用获取数据的速度。读取的已接收数据总是 DP 从站接收的最后一个数据。

表 6-11　DPSTATUS 意义

位	DP 主站模式	DP 从站模式
7	未用	未用
6	接收的数据溢出	未用
5	主站的 DP 状态；00 为 RUN，01 为 CLEAR，10 为 STOP，11 为 OFFLINE	未用
4		输入数据溢出
3	周期性同步被激活	DP 从站没有在监视时间内接收来自 DP 主站的帧
2	诊断列表有效，至少有新的诊断数据	1 类 DP 主站处于 CLEAR 状态
1	站列表有效	未完成组态/参数分配
0	DP 主站模式时为 0	DP 从站模式为 1

DP 从站模式的 DPSTATUS 第 2 位为 1 时，1 类 DP 主站处于 CLEAR 状态，DP 从站接收到的 DP 输出数据为数值 0。

第 4 位为 1 时，DP 主站更新输入数据速度大于 DP 从站在 CPU 中调用 FC2 获取数据的速度，输入数据溢出。读取的输入数据总是从 DP 主站接收的最后一个数据。

根据通信原理设计程序，程序结构如图 6-106 所示。

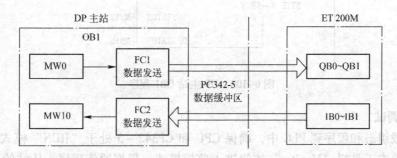

图 6-106　程序结构图

为了避免不存在诊断 OB 和错误处理 OB 而导致 DP 主站的 CPU 转向 STOP 模式，应当在 DP 主站 CPU 中设置 OB82 和 OB86。程序块如图 6-107 所示。

（1）DP 主站 OB1

在 OB1 中，调用 FC1 将 MB0 ~ MB1 打包后发送给 ET 200M 的 QB0 ~ QB1。调用 FC2 将来自 ET200 的 IB0 ~ IB1 的数据存放到 MB10 ~ MB11。如果 ET 200M 的输入/输出起始地址非 0，FC1 和 FC2 的对应的地址区也要偏移同样的字节，即若 ET 200M 的输入点地址设置为 QB2 ~ QB4，FC1 的参数 SEND 应设置为 P#M0.0 BYTE 5。配置多个从站的虚拟地址区将依次顺延。通过路径 "Libraries \ Standard Library \ Communication Blocks" 目录下调用 FC1 和

FC2，OB1 程序如图 6-108 所示。

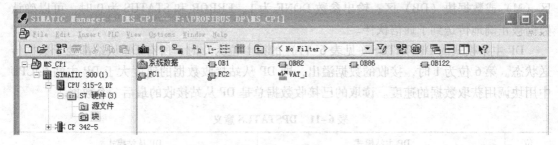

图 6-107　主站程序块

Network 1: Title:

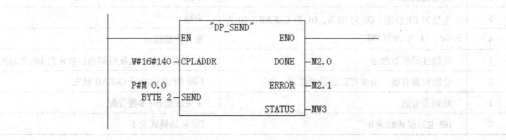

Network 2: Title:

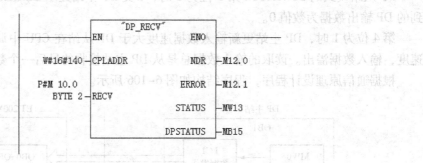

图 6-108　DP 主站 OB1 程序

7. 通信调试

分别下载组态和程序到 PLC 中，确保 CPU 和 CP342 - 5 处于"RUN"模式。打开主站的变量表，单击工具栏"Monitor"按钮进入监控模式。根据通信程序，从站的 IW0 对应主站的 MW10，主站的 MW0 对应从站的 QW0。如果通信成功，通过改变从站外接的开关状态，主站的 MW10 随之变化；通过变量表的修改数值功能改变 MW0 的值，从站的 QW0 也会发生相应的改变。

6.4.2　CP342 -5 作从站的 PROFIBUS 通信

1. 项目说明

本项目实现 CP342 -5 作为从站的 PROFIBUS DP 通信，该通信方式同样需要调用 CP 通信功能 FC1 和 FC2。通信任务如图 6-109 所示。

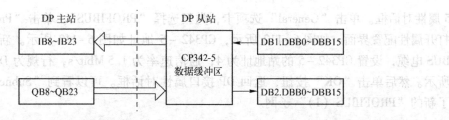

图 6-109　通信任务

2. 系统组成

DP 主站为 CPU416-2DP，站地址为 2。CP342-5 作为 DP 从站插在 S7-300 的中央机架上，CPU 模块为 CPU 315-2DP，CP342-5 站地址为 4，PROFIBUS 总线接在 CP342-5 的 DP 接口；PC 通过 CP5613 接入网络中，作为编程和调试设备。各站之间通过 PROFIBUS 电缆连接，网络终端的插头，其终端电阻开关放在 "ON" 的位置；中间站点的插头其终端电阻开关必须放在 "OFF" 位置。系统组成如图 6-110 所示。

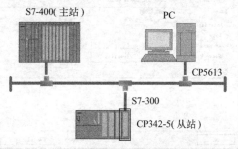

图 6-110　系统组成图

3. 硬件组态

（1）新建项目，插入主从站点

新建项目 "MS_CP2"，单击右键，在弹出的菜单中选择 "Insert New Object" 中的 "SIMATIC 300 Station" 和 "SIMATIC 400 Station"，分别插入 S7-300 站点和 S7-400 站点，命名为 SIMATIC 300（S）和 SIMATIC 400（M），对应主站和从站。

（2）组态从站

在管理器中选中 "SIMATIC 300" 站对象，双击右侧 "Hardware" 图标，打开 HW Config 界面。插入机架（RACK），在 1 号插槽插入电源 PS 307 5A，在 2 号插槽插入 CPU 315-2DP。3 号插槽留作扩展模块。从 4 号插槽到 7 号插槽插入输入/输出模块，在 8 号插槽插入 CP342-5，如图 6-111 所示。

	PS 307 5A
1	PS 307 5A
2	**CPU 315-2 DP**
X2	DP
3	
4	DI16xDC24V
5	DI16xDC24V
6	DI32xDC24V
7	DO32xDC24V/0.5A
8	CP 342-5
9	

a)

S...	Module	Order number	F...	M...	I address	Q address
1	PS 307 5A	6ES7 307-1EA00-0AA0				
2	**CPU 315-2 DP**	**6ES7 315-2AF02-0AB0**	3			
X2	DP				I023*	
3						
4	DI16xDC24V	6ES7 321-1BH82-0AA0			0...1	
5	DI16xDC24V	6ES7 321-1BH82-0AA0			4...5	
6	DI32xDC24V	6ES7 321-1BL00-0AA0			8...11	
7	DO32xDC24V/0.5A	6ES7 322-1BL00-0AA0				12...15
8	CP 342-5	6GK7 342-5DA01-0XE0		4	320...335	320...335

b)

图 6-111　组态从站

a) 从站组态　b) 从站模块信息

（3）配置从站 PROFIBUS DP 网络

插入 CP342-5 时同时弹出 PROFIBUS 组态界面。或者双击 CP342-5 插槽，出现 CP342-

123

5 属性对话框。单击"General"选项卡，类型选择"PROFIBUS"。单击"Properties"按钮，打开属性配置界面，如图 6-112 所示，CP342-5 地址如图 6-113 所示。新建一条 PROFI-BUS 电缆，设置 CP342-5 的站地址为 4，通信速率为 1.5 Mbit/s，行规为 DP，如图 6-114 所示。然后单击"OK"按钮，返回 DP 接口属性对话框。可以看到"Subnet"列表中出现了新的"PROFIBUS (1)"子网。

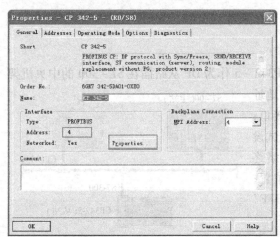

图 6-112　CP342-5 属性

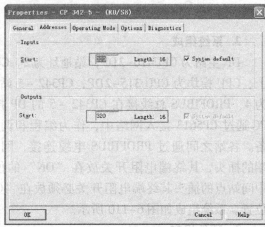

图 6-113　CP342-5 地址

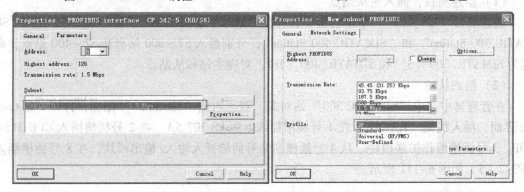

图 6-114　配置 PROFIBUS 网络

在"Operation Mode"选项卡中，选择工作模式为"DP Slave"，如图 6-115 所示。如果激活"DP Slave"下面的复选框，表示 CP342-5 作从站的同时，还支持编程功能和 S7 协议；否则 CP 的 DP 接口只能作 S7 通信服务器。打开"Options"选项卡，如果激活复选框"Save Con-figuration Data on CPU"，表示将 CP342-5 的组态信息存储在 CPU 的装载存储区中。CPU 掉电后再次上电时，CPU 将组态信息传送给 CP，这样可以避免 CP 组态信息的丢失。

单击"OK"按钮，返回 HW Config 界面。保存并编译组态信息。

(4) 组态主站

选中 SIMATIC 400 (M)，双击"Hardware"选项，进入"HW Config"窗口。单击"Catalog"图标打开硬件目录，展开"SIMATIC 300"目录，按硬件槽号和订货号依次插入机架、电源（1 号插槽）、CPU 416-2DP（3 号插槽），输入/输出模块（5~8 号插槽），如图 6-116 所示。

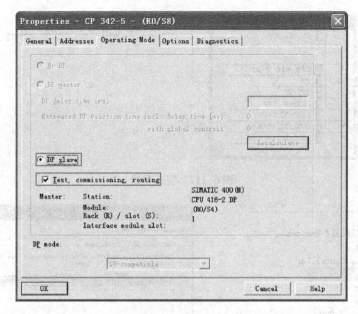

图 6-115　设置 DP 从站模式

S...		Module ...	Order number ...	F..	M..	I address	Q address
1		PS 407 20A	6ES7 407-0RA00-0AA0				
4		CPU 416-2 DP	6ES7 416-2XN05-0AB0	V5.0	2		
X2		DP				2044*	
X1		MPI/DP			2	16383*	
5		DI32xDC 24V	6ES7 421-1BL00-0AA0			0...3	
6		DI32xDC 24V	6ES7 421-1BL00-0AA0			4...7	
7		DO32xDC24V/0.5A	6ES7 422-1BL00-0AA0				0...3
8		DO32xDC24V/0.5A	6ES7 422-1BL00-0AA0				4...7

图 6-116　主站模块信息

（5）配置主站 PROFIBUS DP 网络

双击"DP"插槽，打开"Properties – DP"属性对话框。在"General"选项卡中，选择接口类型为"PROFIBUS"。单击"Properties"按钮，打开"Properties – PROFIBUS interface"对话框，设置该 CPU 在 DP 网络中的地址为 2。

选择"Subnet"子网列表中的 PROFIBUS（1）子网，单击"OK"按钮，返回"Properties – DP"属性对话框。在"Operating Mode"工作模式选项卡中，设置工作模式为"DP master"DP 主站模式。单击"OK"按钮，返回"HW Config"。此时"DP"插槽引出了一条 PROFIBUS（1）网络，如图 6-117 所示。组态完成后保存并编译组态信息。

（6）将 DP 从站连接到 DP 主站

选中 PROFIBUS（1）网络线，在如图 6-118 所示的硬件目录中双击"S7 – 300 CP 342 – 5 DP"目录下的"6GK7 342 – 5DA02 – 0XE0"，自动打开"DP slave properties"DP 从站属性对话框。在"Connection"连接选项卡中，如图 6-119，选中 CP342 – 5，单击"Connection"按钮，DP 从站就连接到 DP 网络中了，此时"Disconnect"按钮由灰色变为黑色。单击"OK"按钮，可以看到 DP 从站连接到了 PROFIBUS（1）网络线上，如图 6-120 所示。

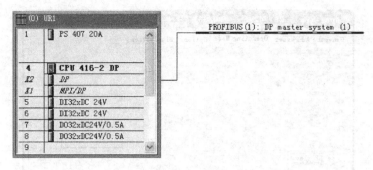

图 6-117　组态主站

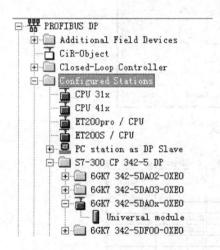

图 6-118　插入 CP342-5

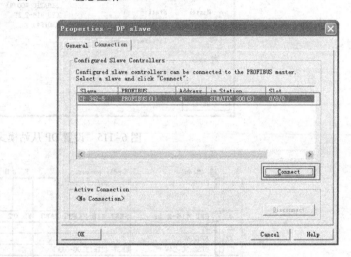

图 6-119　插入 DP 从站

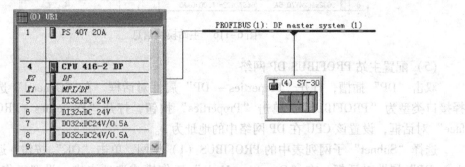

图 6-120　DP 从站连入网络

（7）通信组态

选中组态窗口中的从站，在窗口左下侧从站的 0 号插槽和 1 号插槽插入 "Universal module" 通用模块。双击 CP342-5 的 0 号插槽，出现 "Properties DP Slave" 对话框，选择插入的 I/O 模块类型为 "Output"。由于 S7-400 的中央机架中已经插入的输入、输出模块分别占用了 8 个字节，所以插入模块的起始地址自动设置为 8。设置模块长度为 16B（最大可为 64B），数据一致性为 "Unit"，表示数据按照单元传送。

如果选择数据一致性为 "Total Length"，表示数据进行一致性传送，需在 OB1 调用 SFC14/15 对数据进行打包和解包。

同样方法设置 CP342 - 5 的 1 号槽，I/O 模块类型为"Input"。模块的起始地址为 8。设置模块长度为 16B，数据一致性为"Unit"，如图 6-121 所示。

组态完成后保存并编译组态信息。

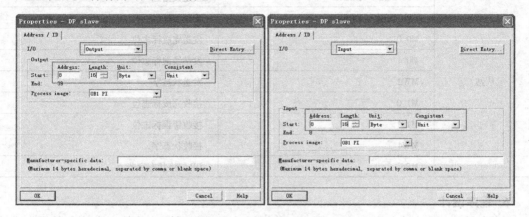

图 6-121 通信组态

S...		DP ID	...	Order Number / Designation	I Add...	Q Address
0		47		Universal module		8...23
1		31		Universal module	8...23	

图 6-122 CP342 - 5 的 I/O 地址区

4. 网络组态

单击快捷菜单中的"Configure Network"按钮，打开 Netpro 网络组态界面，可以看到如图 6-123 所示的网络组态。

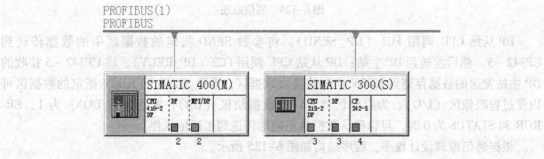

图 6-123 网络组态

5. 资源分配

根据项目需要进行软件资源的分配，见表 6-12。

表 6-12 软件资源分配表

站　点	资源地址	功　能
主站	IB8 ~ IB23	接收数据的输入映像区
	QB8 ~ QB23	发送数据的输出映像区

站 点	资源地址	功 能
	DB1. DBB0 ~ DBB15	发送数据区
	DB2. DBB0 ~ DBB15	接收数据区
	M0.0	发送完成标志位
	M0.1	发送错误标志位
从站	MW2	发送状态字
	M1.0	接收完成标志位
	M1.1	接收错误标志位
	MW4	接收状态字
	MB6	DP 网络状态字节

6. 程序设计

DP 主站和 DP 从站之间通过 CP 的 DP 数据缓冲区进行周期性的数据交换，其周期称为 DP 轮询周期。从站的 DP 数据缓冲区和 CPU 之间通过 FC 来进行数据交换。通信原理如图 6-124 所示。

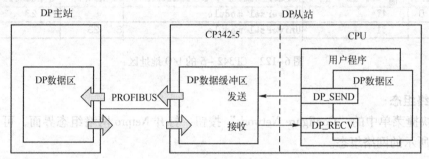

图 6-124 通信原理

DP 从站 CPU 调用 FC1（DP_SEND），将参数 SEND 指定的数据区中的数据传送到 CP342 - 5，然后发送到 DP 主站；DP 从站 CPU 调用 FC2（DP_RECV），将 CP342 - 5 接收的 DP 主站发送的数据存储到 RECV 指定的接收数据区；参数 SEND 和 RECV 指定的数据区可以使过程映像区（I/O）、为存储区（M）或数据块区（DB）；输出参数 DONE 为 1、ER-ROR 和 STATUS 为 0 时，可以确认数据被正确地传送到了通信伙伴。

根据通信原理设计程序，程序结构如图 6-125 所示。

在主程序 OB1 中调用 FC1 和 FC2 进行通信。在从站初始化组织块 OB100 中，为从站的 DB1 置初值，DB2 清零；主站的 OB100 为 IB8 ~ IB23 清零，QB8 ~ QB23 置初值。在循环中断组织块 OB35 中，从站的 DB1.DBW0 和主站的 QW8 每 100 ms 循环加 1。

为了避免不存在诊断 OB 和错误处理 OB 而导致 DP 主站的 CPU 转向 STOP 模式，应当在 DP 主站 CPU 中设置 OB82 和 OB86。DP 主站程序块如图 6-126 所示。

（1）生成数据块 DB

在从站中插入 DB1 和 DB2，长度均为 16 个字节的 BYTE - ARRAY，分别命名为 SEND 和 RECEIVE。

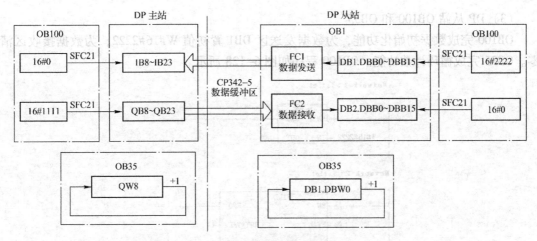

图 6-125　程序结构图

图 6-126　主站程序块

（2）DP 从站 OB1

在 OB1 中，调用 FC1 将 DB1 中的 16B 的数据打包后发送给主站的 IB8 ~ IB23。调用 FC2 将来自主站的 QB8 ~ QB23 的数据存放到 DB2 中。通过路径 "Libraries \ Standard Library \ Communication Blocks" 目录下调用 FC1 和 FC2，OB1 程序如图 6-127 所示。

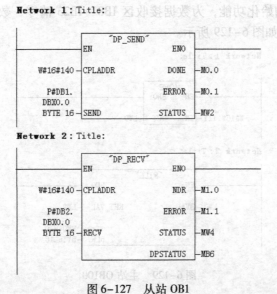

图 6-127　从站 OB1

（3）DP 从站 OB100 和 OB35

OB100 完成数据初始化功能，为数据发送区 DB1 置初值 W#16#2222，为数据接收区清零。OB35 完成循环计数功能。OB100 程序如图 6-128 所示。

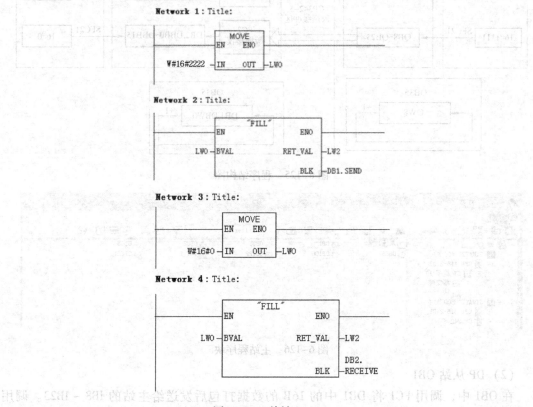

图 6-128　从站 OB100

（4）DP 主站 OB100

OB100 完成数据初始化功能，为数据接收区 IB8 ~ IB23 清零，数据发送区 QB8 ~ QB23 置初值 16#1111。程序如图 6-129 所示。

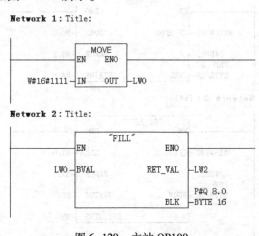

图 6-129　主站 OB100

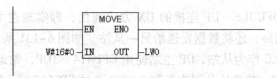

Network 3: Title:

Network 4: Title:

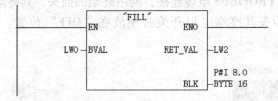

图 6-129 主站 OB100（续）

7. 通信调试

分别下载组态和程序到 PLC 中，确保 CPU 和 CP342 – 5 处于"RUN"模式。分别打开主站和从站的变量表，单击工具栏"Monitor"按钮进入监控模式。根据通信程序，主站的 QB8 ~ QB23 对应从站的 DB2. DBB0 ~ DBB15；从站的 DB1. DBB0 ~ DBB15 对应主站的 IB8 ~ IB23。如果通信成功，可以看到主站的 IW10 ~ IW22 的数据均为 16#2222，IW8 在不断变化。从站 DB2. DBW2 ~ DBW15 的数据均为 16#1111，DB2. DBW0 在不断变化。

6.5 基于 PROFIBUS – DP 的 DX 通信

1. 通信原理

PROFIBUS – DP 的网络可以构建主从（MS）模式，另外 PROFIBUS – DP 还可以构建直接数据交换（Direct date exchange）通信模式。

PROFIBUS – DP DX 方式通信原理：PROFIBUS – DP 通信是一个主站依次轮询从站的通信方式，该方式称为 MS（Master – Slave）模式。基于 PROFIBUS – DP 协议的 DX 通信模式是在主站轮询从站时，从站除了将数据发送给主站，同时还将数据发送给 STEP 7 中组态的其他从站，如图 6-130 所示。

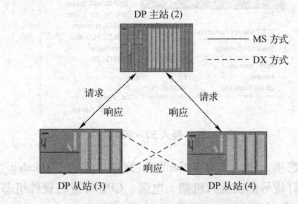

图 6-130 PROFIBUS – DP DX 通信原理

2. 系统组成

本例实现通过 PROFUBUS – DP 连接的 DX 方式通信，即实现在主站轮询从站时，从站除了将数据发送给主站外，还将数据发送给另一从站。如图 6‐131 所示，S7 ‐ 400 PLC 作为主站，两个 S7 ‐300 PLC 作为从站，DP 主站使用 CPU414 ‐3DP，站地址为 2；两个智能 DP 从站使用 CPU 315‐2DP，站地址分别为 3 和 4。PC 通过 CP5613 接入网络中，作为编程和调试设备。各站之间通过 PROFIBUS 电缆连接，网络终端的插头，其终端电阻开关放在"ON"的位置；中间站点的插头其终端电阻开关必须放在"OFF"位置。系统组成如图 6‐131 所示。

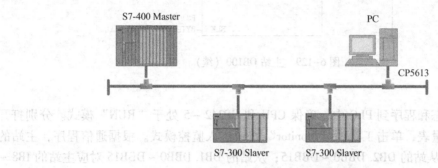

S7-400 Master　　　　　　　　　　　PC

CP5613

S7-300 Slaver　　S7-300 Slaver

图 6‐131　PROFIBUS – DP DX 网络通信配置图

3. 硬件组态

（1）组态 S7 ‐300 从站

新建项目"Profibus_DP_DX"，选中新建的项目名单击右键，在弹出的菜单里选择"In-sert New Object"→"SIMATIC 300 Station"插入 S7 ‐300 站，如图 6‐132 所示。

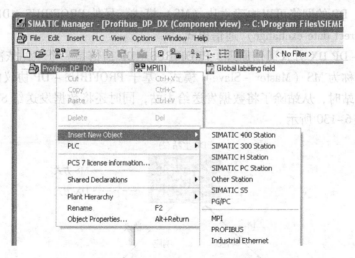

图 6‐132　插入 S7 ‐300 从站

双击"Hardware"选项，进入"HW Config"窗口。单击"Catalog"图标打开硬件目录，按硬件安装次序和订货号依次插入机架、电源、CPU 等进行硬件组态。

当插入 CPU 时，会同时弹出 PROFIBUS 组态界面。单击"New"按钮新建 PROFIBUS

（1），组态 PROFIBUS 站地址，本例中为 3，如图 6-133 所示。单击"Properties"按钮组态网络属性，选择"Network Settings"选项卡进行网络参数设置，在本例中设置 PROFIBUS 的传输速率为"1.5Mbps"，行规为"DP"，如图 6-134 所示。如果在总线上有 OLM、OB 和 RS-485 中继器，可单击"Options"按钮来加入，单击"OK"确认，出现 PROFIBUS 网络。

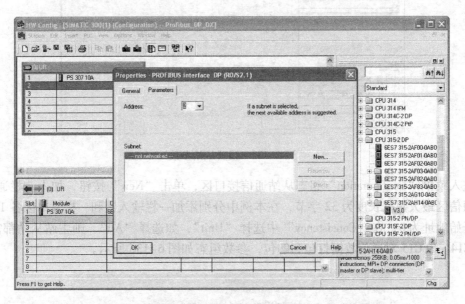

图 6-133　PROFIBUS 组态界面

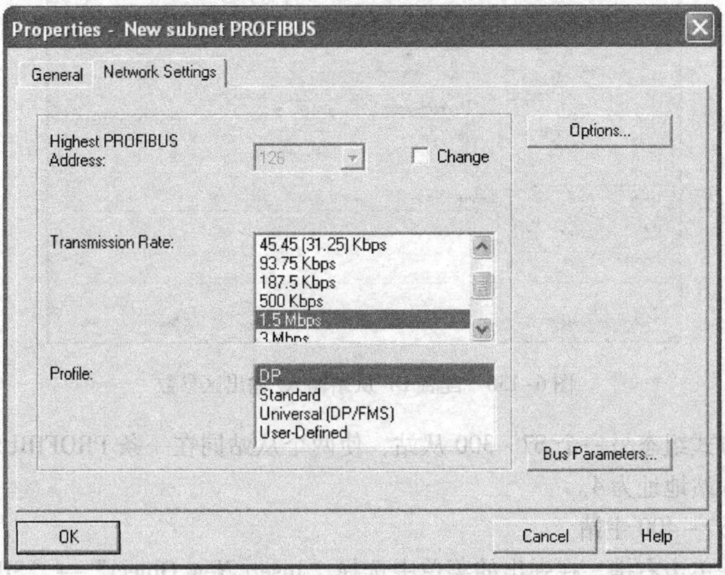

图 6-134　设置网络配置参数

双击 DP 栏组态操作模式和从站通信接口区，在"Operation Mode"菜单中选择从站模式，选项如图 6-135 所示。

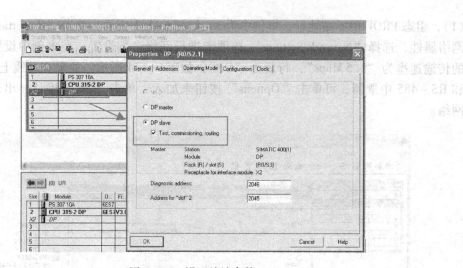

图 6-135　设置从站参数

进入菜单"Configuration"组态从站通信接口区，单击"New"按钮，加入一栏通信区，每栏通信区最大数据长度为 32 字节，在本例中分别添加一栏输入区和一栏输出区各 10 个字节，开始地址为 0，在"Consistency"中选择"Unit"，如选择"All"，则主站从站都需要调用 SFC14、SFC15 对通信数据打包和解包，参数组态如图 6-136 所示。

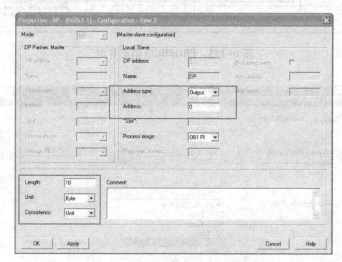

图 6-136　配置 DP 从站输入/输出区参数

以同样的方式组态另一个 S7-300 从站，使两个从站同在一条 PROFIBUS-DP 网络上，选择 PROFIBUS 站地址为 4。

（2）组态 S7-400 主站

选中项目并单击右键，在弹出的菜单中选择"Insert New Object"→"SIMATIC 400 Station"，插入 S7-400 站。

双击"Hardware"选项，进入"HW Config"窗口。单击"Catalog"图标打开硬件目录，按硬件安装次序和订货号依次插入机架、电缆、CPU 等进行硬件组态，如图 6-137 所示。

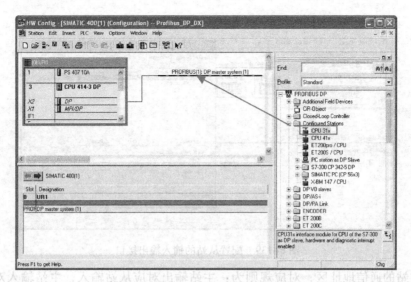

图 6-137　S7-400 主站硬件组态

在 S7-400 的"HW config"组态界面中选择"PROFIBUS DP"，在"Configured Station"中选择 CPU31x，将其拖到左侧的 PROFIBUS 总线上，如图 6-137 所示。

在弹出的"DP slave properties"对话框中，出现已经组态的两个从站，如图 6-138 所示。选择其中一个 CPU，单击"Couple"，将其连接到 PROFIBUS 网络上。然后以同样的方法连接另外一个从站。若要从网络上断开相关站点，选择"Uncouple"即可。

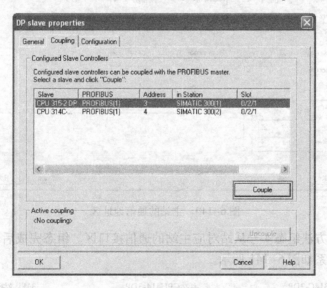

图 6-138　连接从站

连接完成后再为两个 S7-300 从站设置其对应主站输入输出接口区，例如：要设置 PROFIBUS 地址为 3 的 CPU315-2DP 的输入输出接口区，双击 3 号站，在弹出的"DP slave properties"中的"Configuration"选项卡中单击键"Edit"，组态主站即 CPU414-3DP 的通信接口区，如图 6-139 所示。

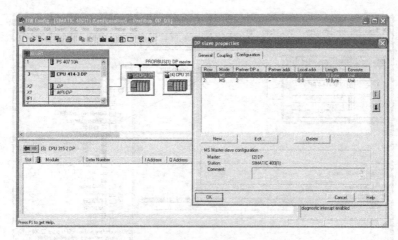

图 6-139　配置从站的输入输出接口

组态主站的通信地址区，对应规则为：主站输出对应从站输入，主站输入对应从站输出。如图 6-140 所示。

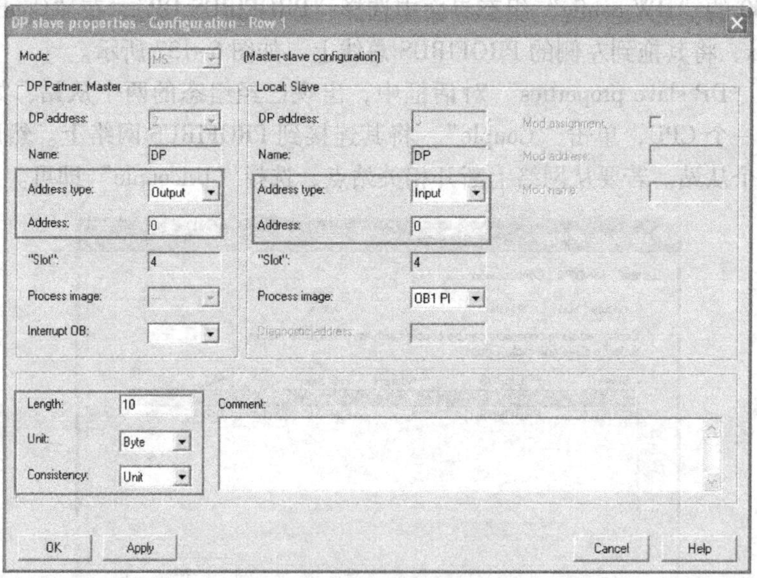

图 6-140　主站的通信地址区

然后以同样的方法组态 4 号从站对应主站的通信接口区。组态完成后 PROFIBUS DP MS 通信地址的对应关系如图 6-141 所示。

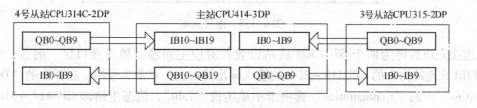

图 6-141　MS 通信地址的对应关系

（3）组态 DX 通信区

上面的组态过程仅仅是完成了 MS 通信模式，接下来还需进行 DX 模式组态，主站轮询从站读取数据时，从站广播发送数据给主站和指定的从站，那么这个从站称为"Publisher"，接收数据的从站称为"Recipient"。我们以 3 号从站作为"Publisher"，以 4 号从站作为"Recipient"，双击 4 号从站新建一栏通信数据，在"Mode"下选择 DX 模式，在"Publisher"地址中会出现 3 号站，如果还有其他的智能从站在同一条 PROFIBUS 网络上也会出现这些站地址，本例中因为只有两个从站，故 4 号从站的"Publisher"站只有 3 号站。

在下面的选择中要注意："Publisher"的"Address type"为"Input"，"Address"可选择，这里都是指"Publisher"对应主站的"Address type"的"Input"，从通信地址的对应关系上可以看到 3 号站发送给主站的数据对应主站的接收区为 IB0 ~ IB9。如果"Address"选择 0，则"Recipient"4 号从站将接收主站地址 IB0 ~ IB9，也就是 3 号从站"Publisher"QB0 ~ QB9 的数据；如果选择 4，则接收 3 号从站"Publisher"QB4 ~ QB9 的数据，也就是说"Recipient"可以有选择地接收"Publisher"的数据，参数组态，如图 6-142 所示。

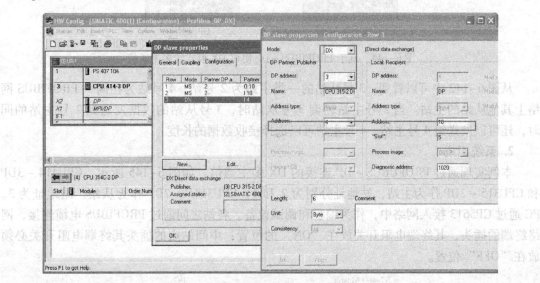

图 6-142　组态 DX 通信区

从上面的对应关系可以看出，当主站轮询 3 号从站时，3 号从站发送 QB0 ~ QB9 到主站 IB0 ~ IB9 中，同时发送 QB4 ~ QB9 6 个字节到 4 号从站 IB10 ~ IB15 中。这里容易混淆的地方就是"Publisher"的地址区，站地址是从站地址，通信区却是主站的。

如果数据的连续性参数选择"All"，"Publisher"从站发送的数据是以数据包的形式发送的，即使"Recipient"从站选择接收"Publisher"从站 1 字节的数据也必须调用 SFC14。

在上面例子中 3 号从站和 4 号从站都可以同时作为"Publisher"和"Recipient"。组态完成后 PROFIBUS DP DX 通信地址的对应关系如图 6-143 所示。

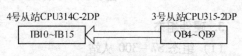

图 6-143　DX 通信地址的对应关系

6.6 基于 PROFIBUS – DP 协议的 DX 模式的多主通信

1. 通信原理

用 PROFIBUS – DP 连接的 DX 模式下的多主通信，其结构如图 6–144 所示。

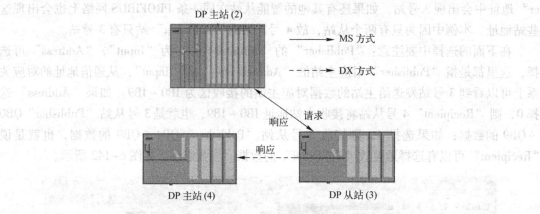

图 6–144　基于 PROFIBUS – DP 协议 DX 模式的多主通信

从图 6–142 中可以看到，3 号从站的一类主站为 2 号站，4 号站为在同一 PROFIBUS 网络上其他从站的主站。当 2 号主站轮询 3 号从站时，3 号从站的数据发送到 2 号主站的同时，还可以发送给 4 号主站，4 号主站可以选择接收数据的长度。

2. 系统组成

本例实现通过 PROFUBUS – DP 连接的 DX 多主通信，如图 6–145 所示，CPU414 – 3DP 和 CPU315 – 2DP 作为主站，站地址分别为 2 和 4，CPU314C – 2DP 作为从站，站地址为 3。PC 通过 CP5613 接入网络中，作为编程和调试设备。各站之间通过 PROFIBUS 电缆连接，网络终端的插头，其终端电阻开关放在"ON"的位置；中间站点的插头其终端电阻开关必须放在"OFF"位置。

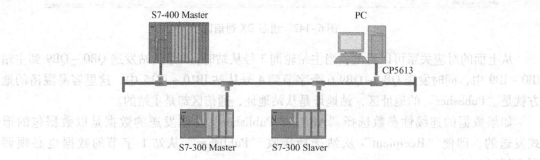

图 6–145　PROFIBUS – DP DX 模式多主通信网络配置

3. 硬件组态

（1）组态 S7 – 300 从站

新建项目"Multi – master"，组态 S7 – 300 从站的方法与上例相同，这里不再赘述，注意设置该从站的 DP 地址为 3 即可。

（2）组态 S7 - 400 主站

以同样的方法组态 S7 - 400 站，在左侧窗口右键单击项目名，在弹出的菜单中选择"Insert New Object"→"SIMATIC 400 Station"，插入 S7 - 400 站。

双击"Hardware"图标，分别组态机架、电源和 CPU 模块，插入 CPU414 - 3DP 时，选择与从站相同的 PROFIBUS 网络，并设置地址参数，本例中 CPU414 - 3DP 的 PROFIBUS 地址为2。组态完成后单击"OK"按钮确认，出现 PROFIBUS 网络，如图 6-146 所示。

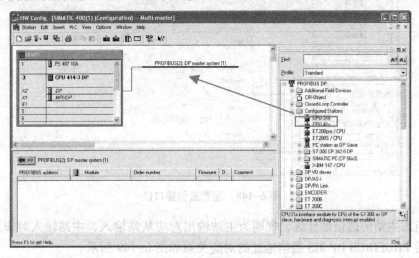

图 6-146　S7 - 400 主站硬件组态

在 S7 - 400 的"HW Config"组态画面的硬件列表中选择"PROFIBUS DP"→"Configured Station"→CPU31x，并将其添加到左侧的 PROFUIBUS 总线上。

在弹出的"DP slave properties"对话框中，出现已经组态的从站，如图 6-147 所示。

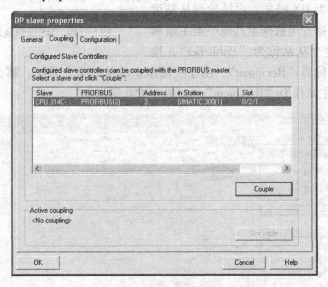

图 6-147　连接从站

选择 CPU，单击"Couple"，将其连接到 PROFIBUS 网络上，单击"Uncouple"，也可以使其从网络上断开。

连接完成后再为 S7 - 300 从站设置其对应主站的输入输出接口区，在弹出的"DP slave properties"中的"Configuration"栏中单击"Edit"按钮，组态主站即 CPU414 - 3DP 的通信接口区，如图 6-148 所示。

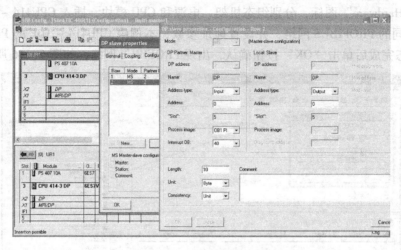

图 6-148　配置通信接口区

分别组态主站的通信地址区，规则为主站输出对应从站输入，主站输入对应从站输出。组态完成后 PROFIBUS DP MS 通信地址的对应关系如图 6-149 所示。

（3）组态 S7 - 300 主站

与组态 2 号主站的过程一样，插入一个 S7 - 300 站，组态机架、电源和 CPU，组态 CPU 时弹出 PROFIBUS 组态画面。与 DX 通信一样，这时的通信模式应变为 DX 模式，主站轮询从站读取数据时，从站广播发送数据给其他一类主站和其他主站，那么这个从站称为"Publisher"，接

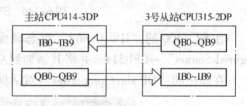

图 6-149　MS 通信地址的对应关系

收数据的其他主站称为"Recipient"，由于上面组态的从站是 3 号站，那么 3 号从站将作为"Publisher"，4 号主站作为"Recipient"，如图 6-150 所示。

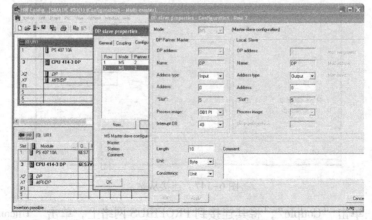

图 6-150　配置 DX 通信接口区

在上面的选择中要注意："Publisher"的"Address type"为"Input"，这里定义的其一类主站的"Address type"和"Input"。

从上面组态可以知道3号从站的发送数据区对应主站的接收区为IB0～IB9。如果在"Address"选择0，则4号主站（"Recipient"）接收地址为IB0～IB9，也就是接收3号从站（"Publisher"）QB0～QB9的数据；如果选择4，则接收3号从站（"Publisher"）QB4～QB9的数据，也就是说"Recipient"可以选择地接收"Publisher"的数据。

在上面例子中，如果"Publisher"为智能从站，"Recipient"可以是多个。

多主通信时，只有一类主站可以发送数据给其他从站，其他主站不能给作为"Publisher"的从站发送数据，只能接收数据。即4号主站不能发送数据给3号从站，而2号主站可以。组态完成后PROFIBUS DP DX通信地址的对应关系如图6-151所示。

图6-151　DX通信地址的对应关系

6.7　习题

1. 如何通过PROFIBUS网络组态实现两个CPU416 -2DP之间的主从通信？

2. 如何使用PLCSIM模拟调试CPU413 - 2与CPU 315 - 2之间的PROFIBUS - S7单边通信？

3. 使用CPU342 - 5的PROFIBUS DP通信方式与使用CPU集成的DP接口的通信方式有什么不同？

4. PROFIBUS - DP网络构建的主从（MS）通信模式和直接数据交换（Direct date exchange）通信模式的区别是什么？

第 7 章　PROFIBUS – PA 网络通信

本章学习目标：

了解 PROFIBUS – PA 的特点及相关技术，了解 SIMATIC PDM 软件工具的作用和使用方法，掌握将 PA 设备集成到 DP 网络的组态方法。

7.1　PROFIBUS – PA 简介

PA 是 Process Automation（过程自动化）的缩写，PROFIBUS – PA 用于 PLC 与过程自动化的现场传感器和执行器的低速数据传输，它以符合国际标准的 PROFIBUS – DP 为基础，增加了 PROFIBUS – PA 总线应用行规以及相应的传输技术，使 PROFIBUS – PA 总线不仅可以应用于冶金、造纸、烟草、制药、污水处理等一般的过程控制系统中，也可用于有本质安全防护要求的石化、化工等有爆炸危险的环境。

PROFIBUS – PA 的主要特点可以概括如下：

1）PROFIBUS – PA 规范保证了不同厂商生产的现场设备之间的互操作能力。

2）只使用两根导线同时实现传输数据以及对 PA 总线上的设备、仪表进行供电。

3）PROFIBUS – PA 设备通过 DP/PA 耦合器或 DP/PA 链接器可以集成到 PROFIBUS – DP 网络中。

4）符合 IEC 1158 – 2 的本质安全型 PROFIBUS – PA 可用于危险区域。

7.1.1　PROFIBUS – PA 的传输技术

PROFIBUS – PA 采用曼彻斯特编码与总线供电传输技术。如图 7-1 所示，用曼彻斯特编码传输数据时，信号是通过对基本电流 I_B 在 $\pm 9\ mA$ 范围内进行适当的调制而获得的，在上升沿发送二进制数"0"，在下降沿发送二进制数"1"。传输速率为 31.25 Kbit/s，传输媒介为屏蔽或非屏蔽的双绞线，网络拓扑结构允许使用线性、树形和星形结构。

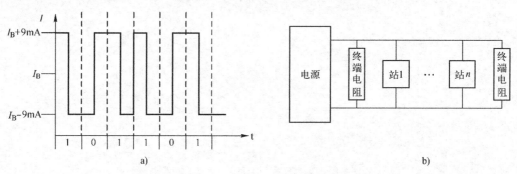

图 7-1　PROFIBUS – PA 的数据传输

总线段两端要用终端电阻来终止，在一个 PA 的总线段上最多可以连接 32 个站，站的总数最多为 126 个，最多可以扩展 4 台中继器。最大的总线段长度取决于供电装置、导线类型和所连接的站的电流消耗。

PROFIBUS - PA 将过程控制系统与压力、温度和液位变送器等现场设备连接起来，它可用来替代 4 ~ 20 mA 的模拟技术。使用传统方法与使用 PROFIBUS - PA 的比较如图 7-2 所示，从图中可以看出，使用传统布线方法，每一个信号都需要独立引线至过程控制系统的 I/O 模块，每个设备都需要单独电源。相反，使用 PROFIBUS - PA，只需一对电缆就可以传输所有信息并向现场设备供电，这样不仅节省电缆费用，同时减少了系统 I/O 模板数量。

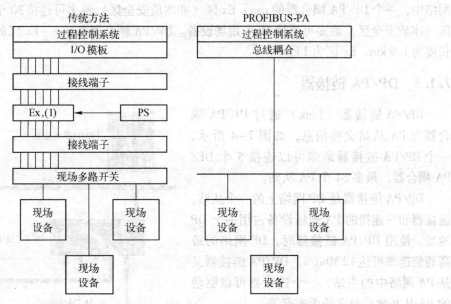

图 7-2　使用传统方法和使用 PROFIBUS - PA 的比较

7.1.2　DP/PA 耦合器

如图 7-3 所示，DP/PA 耦合器（Coupler）用于将 PA 现场设备集成到 PROFIBUS - DP 网络。DP/PA 耦合器可完成下列任务：

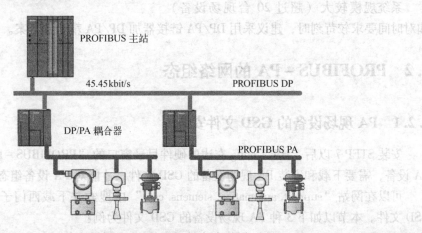

图 7-3　DP/PA 耦合器

1）数据从11bit/字符的异步编码转换为8bit/字符的同步编码，将来自 PROFIBUS – DP 的报文简单地转换为 PROFIBUS – PA 报文。

2）将 DP 网络的传输速率（45.45 kbit/s）转换为固定的 31.25 kbit/s。

3）通过传送数据的电缆对现场设备供电。

使用 DP/PA 耦合器后，DP 网络的通信速率最高为 45.45 kbit/s。PA 从站被映射为 DP 从站，就像组态 DP 从站一样组态 PA 设备，需要为 PA 设备设置 DP 地址，DP/PA 耦合器是"透明"的，它没有地址，不用对它组态。

DP/PA 耦合器有两种类型：non – Ex 型（非本质安全型）和 Ex 型（本质安全型）。在网络中，一个 DP/PA 耦合器的 non – Ex 区（非本质安全区）最多可连接 30 个现场设备，Ex 区（本质安全区）最多可连接 10 个现场设备。DP/PA 耦合器在 non – Ex 区的网络允许最大长度为 1.9 km，Ex 区为 1 km。

7.1.3　DP/PA 链接器

DP/PA 链接器（Link）通过 DP/PA 耦合器与 PA 从站交换信息，如图 7-4 所示，一个 DP/PA 链接器最多可以连接 5 个 DP/PA 耦合器，最多 64 个 PA 从站。

DP/PA 链接器是 DP 网络上的一个从站，链接器和它连接的 PA 现场设备占用一个 DP 地址。使用 DP/PA 链接器时，DP 网络的最高通信速率可达 12 Mbit/s。DP/PA 链接器又是 PA 网络中的主站，一个链接器可以驱动的 PA 从站数目与它的版本有关。

PA 现场设备独立于 DP 网络单独编址，其地址称为 PA 地址（3～124），PA 主站默认的 PA 地址为 2。只能为每个 DP/PA 链接器分配 244B 的组态数据和参数数据。

系统规模较大（超过 20 台现场设备）

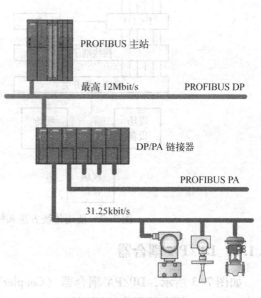

图 7-4　DP/PA 链接器

和对时间要求较苛刻时，建议采用 DP/PA 链接器加 DP/PA 耦合器方案。

7.2　PROFIBUS – PA 的网络组态

7.2.1　PA 现场设备的 GSD 文件安装

安装 STEP 7 以后，HW Config 右边的硬件目录窗口的"PROFIBUS – PA"文件夹中没有 PA 设备，需要下载和安装 PA 现场设备的 GSD 文件，才能对 PA 设备组态。

可以在网站"support.automation.siemens.com"中搜索并下载西门子的 PA 现场设备的 GSD 文件。本节以如下 3 种 PA 现场设备的 GSD 文件为例：

1）SITRANS LC500：反相频移电容式液位和界面测量液位计，用于苛刻的过程环境中，如：石油和天然液化气、有毒和腐蚀性化学品，有毒性的试剂及有蒸汽的工况。

2）SITRANS TH400：PROFIBUS PA 西门子现场总线型温度变送器。

3）SITRANS P DS3：高性能压力变送器。

在 STEP 7 中打开站点硬件组态工具"HW Config"，执行菜单命令"Option"→"Install GSD Files"，如图 7-5 所示，在出现的对话框中，单击"Brouse..."按钮，选择待安装的 GSD 文件所在的文件夹，单击"OK"按钮后，该文件夹中的 GSD 文件出现在列表框中。选中需要安装的 GSD 文件，单击安装按钮，开始安装。安装结束后，在"HW Config"右边的硬件目录窗口的"\PROFIBUS-PA"文件夹中，可以找到新安装的 PA 现场设备，如图 7-6 所示。

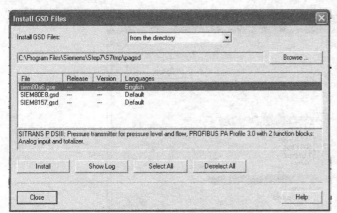

图 7-5 "安装 GSD 文件"对话框   图 7-6 硬件目录窗口

7.2.2 使用 DP/PA 耦合器的 PROFIBUS-PA 网络组态

1. 系统组成

DP/PA 耦合器用于将 PA 现场设备集成到 PROFIBUS-DP 网络，本例将上节所述 3 种 PA 设备集成到 PROFIBUS-DP 网络中，如图 7-7 所示。

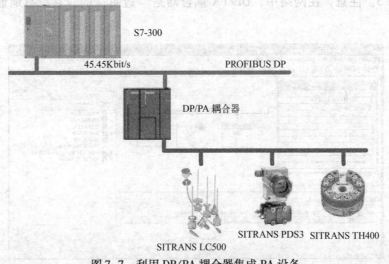

图 7-7 利用 DP/PA 耦合器集成 PA 设备

2. 硬件组态

打开 SIMATIC Manager，新建一个项目，项目名为"PA_Coupler"，插入一个 S7 – 300 的站。选中该站，打开硬件组态工具"HW Config"，插入机架，然后在机架中插入电源模块和 CPU 模块，CPU 选择 CPU 315 – 2DP。

双击 CPU 模块内标有 DP 的行，在出现的对话框的"General"选项卡中单击"Properties"按钮，在出现的对话框的"parameter"选项卡中，使用默认的站地址"2"。单击"New"按钮，如图 7-8 所示，在出现的"Properties – New subnet PROFIBUS"对话框的"Network Settings"选项卡中，设置网络的传输速率为 45.45（31.25）Kbit/s，配置文件为默认的"DP"。多次单击"OK"返回硬件组态窗口。

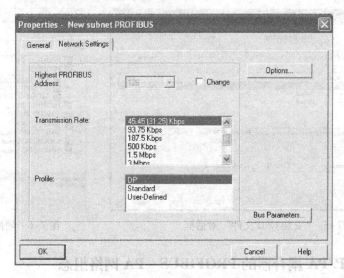

图 7-8 "属性 – 新建子网 PROFIBUS"对话框

在"HW Config"右边的目录窗口的"\PROFIBUS – PA"中，将相应的三个 PA 设备图标拖放到 DP 网络线上，在自动打开的 PROFIBUS 接口属性对话框中，设置它们的 DP 地址分别为 3、4、5。注意，在网络中，DP/PA 耦合器是"透明"的，它没有地址，不需要对它进行组态。

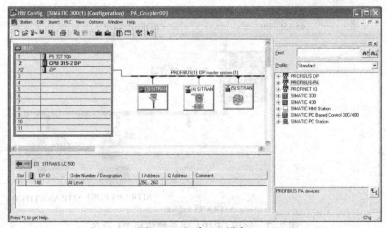

图 7-9 组态 PA 设备

组态好的 PROFIBUS 如图 7-9 所示。选中某个 PA 从站，在下面的窗口中可以看到该从站的地址等详细信息，双击它所在的行，在打开的对话框中可以看到默认的数据一致性属性为"Length"（不可更改），因此必须在程序中调用 SFC14 将接收到的数据解包，调用 SFC15 将要发送的数据打包后发送到 PA 从站。

组态好硬件后，编译并保存组态信息。

7.2.3 使用 DP/PA 链接器的 PROFIBUS – PA 网络组态

1. 系统组成

DP/PA 链接器（Link）通过 DP/PA 耦合器与 PA 从站交换信息，本例将上节所述 3 种 PA 设备利用 DP/PA 链接器集成到 PROFIBUS – DP 网络中，如图 7-10 所示。

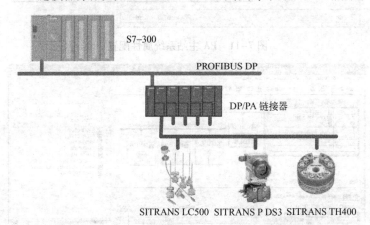

图 7-10 利用 DP/PA 链接器集成 PA 设备

2. 硬件组态

打开 SIMATIC Manager，新建一个项目，项目名为"PA_Link"，插入一个 S7 – 300 的站。选中该站，打开硬件组态工具"HW Config"，插入机架，然后在机架中插入电源模块和 CPU 模块，CPU 选择 CPU 315 – 2DP。

双击 CPU 模块内标有 DP 的行，在出现的对话框的"General"选项卡中单击"Properties"按钮，在出现的对话框的"Parameter"选项卡中，使用默认的站地址"2"。单击"New"按钮，新建一个 DP 网络 PROFIBUS(1)，网络的传输速率为 1.5 Mbit/s，配置文件为"DP"。

在"HW Config"右边的目录窗口的"\PROFIBUS DP\DP/PA Link"中，将 IM157 拖放到 DP 网络线上，如图 7-11 所示，在自动打开的 IM157 的 PROFIBUS 接口属性对话框中，设置 IM157 的 DP 地址为 3，PROFIBUS(2) 的传输速率为 45.45（31.25）kbit/s，单击"OK"按钮返回硬件组态窗口。可以看到 DP 网络线上的 IM157。

在"HW Config"右边的目录窗口的"\PROFIBUS – PA"中，将相应的 3 个 PA 设备图标拖放到 PA 主站系统网络线上，在自动打开的接口属性对话框中，设置它们的 PA 地址分别为 3、4、5。

组态好的 PROFIBUS 如图 7-12 所示。选中某个 PA 从站，在下面的窗口中可以看到该从站的地址等详细信息，双击它所在的行，与项目"PA_Coupler"相同，在打开的对话框中可以看到默认的数据一致性属性为"Length"（不可更改），因此必须在程序中调用 SFC14

先将接收到的数据解包，再调用 SFC15 将要发送的数据打包后发送到 PA 从站。

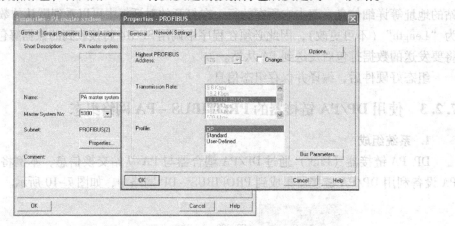

图 7-11　PA 主站系统属性配置

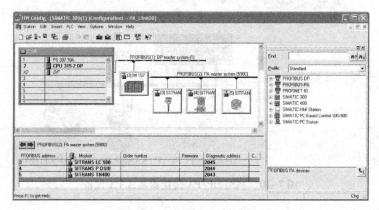

图 7-12　组态 DP、PA 网络

选中 IM157，在下面的窗口中可以看到 IM157 是 PA_Master 模块，其 PROFIBUS 地址（即 PA 网络中的站地址）为 2。选中 PA 主站系统网络线，在下面的窗口中可以看到 PA 从站列表，其中的"PROFIBUS 地址"是 PA 网络中的地址。

在图 7-12 中可以看到有两个 3 号从站，IM157 是 DP 网络中的从站（3 号站）和 PA 网络中的主站（2 号站），SITRANS LC500 是 PA 网络中的从站（3 号站）。

组态好硬件后，编译并保存组态信息。

7.2.4　使用 PDM 组态 PROFIBUS - PA 设备

1. SIMATIC PDM 简介

SIMATIC PDM（Process Device Manager，过程设备管理器）是一种通用并且独立于厂商的工具软件，它用于组态、参数化、调试、诊断和维护智能现场设备（传感器和执行器）与现场组件（远程 I/O、多路复用器、控制室设备、紧凑型控制器）。

SIMATIC PDM 支持 PROFIBUS DP/PA、HART、Modbus 等通信协议。通过 LifeList，无需组态知识就可以诊断参数分配的错误和现场设备的故障。SIMATIC PDM 全面支持与现场设备有关的功能，例如仿真、测试测量电路、定义特征曲线、标定功能和文档等。不用停止 PROFIBUS 主站的运行，就可以在线修改所有现场设备的参数。

2. 安装 SIMATIC PDM

独立安装 SIMATIC PDM 软件，运行文件夹"PDM base"中的"setup. exe"即可，在安装过程中，会出现如图 7-13 所示的视图，要求安装设备库。单击"Browse..."按钮，在出现的对话框中打开 PDM 软件所带的 PDM 库，在"Source"文本框中出现 PDM 库的路径，在"Device type"列表中，选中需要安装的现场设备的制造商和设备的类型。单击"OK"按钮。

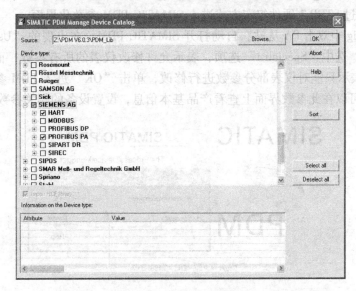

图 7-13　安装 PDM 设备库

安装好 SIMATIC PDM 后，在 STEP 7 的 HW Config 右边的目录窗口"\PROFIBUS – PA"的文件夹下可以看到安装 PDM 时选中和安装的设备库中的设备。

安装过程中已经导入了大部分常用设备的 EDD（Electronic Device Description）文件，如果某个设备未包含在其中，那么 PDM 使用该设备时需要单独导入该设备的 EDD 文件，导入工具的打开方式如图 7-14 所示，单击将会打开如图 7-13 所示的对话框，与软件安装时一样，选中设备描述所在文件夹，导入所需的设备描述文件。

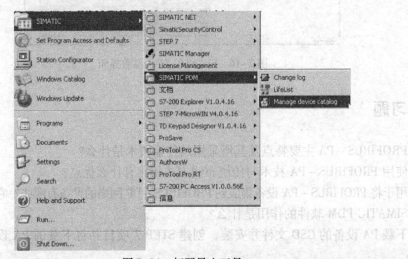

图 7-14　打开导入工具

3. 使用 SIMATIC PDM

可以通过三种方式进入 SIMATIC PDM 参数化界面：

1）LifeList 扫描方式。

2）STEP 7 硬件组态方式。

3）SIMATIC Manager 过程设备网络视图方式。

本节介绍通过 STEP 7 硬件组态方式进入 SIMATIC PDM 参数化界面。

在 HW Config 中双击 PA 从站，自动打开 SIMATIC PDM，在出现的"User"对话框中，如图 7-15 所示，选中"Specialist"选项，表示允许修改仪表的所有参数，而"Maintenance engineer"选项表示只能对仪表部分参数进行修改，单击"OK"进入 PDM 参数化界面，如图 7-16 所示，可以在此参数界面上查看产品基本信息，设置设备的相关参数。

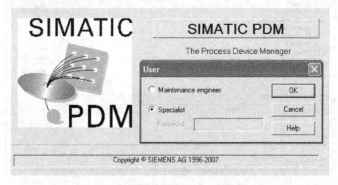

图 7-15　PDM 用户模式设置

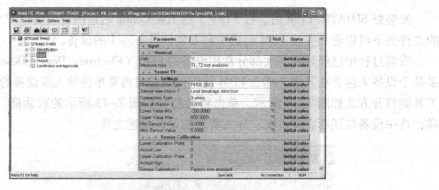

图 7-16　SIMATIC PDM 参数界面

7.3　习题

1. PROFIBUS – PA 主要特点及其所采用的传输技术是什么？

2. 使用 PROFIBUS – PA 技术与传统布线方式相比有什么优点？

3. 用于将 PROFIBUS – PA 设备集成到 PROFIBUS – DP 网络的设备有哪些？它们有何区别？

4. SIMATIC PDM 软件的作用是什么？

5. 下载 PA 设备的 GSD 文件并安装，创建 STEP 7 项目并将下载的 PA 设备从站连接到 DP 网络。

第8章 工业以太网通信

本章学习目标：

　　了解工业以太网的基础知识和技术特点及其在工业自动化中的应用；主要掌握 PC 与 S7 - 300 的以太网通信方法，以及基于工业以太网的 S7 通信技术；简要了解无线射频技术（RFID）。

8.1　工业以太网

8.1.1　工业以太网概述

　　在网络技术广泛应用的今天，基于 TCP/IP 的 Internet 基本上变成了计算机网络的代名词，而以太网又是应用最为广泛的局域网，TCP/IP 和以太网相结合成为当前最为流行的网络解决方案。所谓工业以太网，就是基于以太网技术和 TCP/IP 技术开发出来的一种工业通信网络。

8.1.2　工业以太网的特点及优势

　　工业以太网是应用于工业控制领域的以太网技术，在技术上与商用以太网（即 IEEE 802.3 标准）兼容，但是实际产品和应用却又完全不同。这主要表现为普通商用以太网的产品设计时，在材质的选用、产品的强度、适用性以及实时性、可互操作性、可靠性、抗干扰性、本质安全性等方面不能满足工业现场的需要。故在工业现场控制应用的是与商用以太网不同的工业以太网。与 MPI、PROFIBUS 通信方式相比，工业以太网通信适合对数据传输速率高、交换数据量大的、主要用于计算机与 PLC 连接的子网，它的优势主要体现在以下几方面：

　　1）应用广泛，以太网是应用最广泛的计算机网络技术，几乎所有的编程语言如 Visual C++、Java、Visual Basic 等都支持以太网的应用开发。

　　2）通信速率高，目前，10、100 Mbit/s 的快速以太网已开始广泛应用，1 Gbit/s 以太网技术也逐渐成熟，而传统的现场总线最高速率只有 12 Mbit/s（如西门子 Profibus - DP）。显然，以太网的速率比传统现场总线要快得多，完全可以满足工业控制网络不断增长的带宽要求。

　　3）资源共享能力强，随着 Internet/Intranet 的发展，以太网已渗透到各个角落，网络上的用户已解除了资源地理位置上的束缚，在联入互联网的任何一台计算机上就能浏览工业控制现场的数据，实现"控管一体化"，这是其他任何一种现场总线都无法比拟的。

　　4）可持续发展潜力大，以太网的引入将为控制系统的后续发展提供可能性，用户在技术升级方面无需独自的研究投入，对于这一点，任何现有的现场总线技术都是无法比拟的。同时，机器人技术、智能技术的发展都要求通信网络具有更高的带宽和性能，通信协议有更高的灵活性，这些要求以太网都能很好地满足。

8.1.3 工业以太网的交换技术

1. 交换技术

实时以太网通过采用交换机和全双工通信，解决了 CSMA/CD 机制带来的冲突问题。

在共享局域网（LAN）中，所有站点共享网络性能和数据传输带宽，所有的数据包都经过所有的网段，同一时刻只能传送一个报文。

在交换式局域网中，用交换模块将一个网络分为若干个网段，在多个网段中可以同时传输多个报文，每个网段都能达到网络的整体性能和数据传输速率。本地数据通信在本网段进行，只有指定的数据包可以超出本地网段的范围。利用交换技术易于扩展网络的规模，并且可以限制子网内的错误在整个网络上的传输。

2. 全双工模式

全双工交换是以太网的一对线用来发送数据，另一对线用来接收数据，这种以太网消除了冲突的可能，使以太网的通信确定性和实时性大大提高，减少了 CSMA/CD 机制造成的冲突和大量的无关的通信量，将局域网的范围扩展到 150 km，每个网络节点甚至可以独享整个介质带宽。

使用具有全双工功能的交换机，在两个节点之间可以同时发送和接收数据，全双工快速以太网的数据传输速率增加到 200 Mbit/s。并且无需在网络的所有地方都使用全双工，只需要在某些特定的节点之间建立少量的全双工连接，例如交换机之间的连接或服务器和集线器/交换机之间的连接。

3. 电气交换与光纤交换模块

电气交换模块（ESM）与光纤交换模块（OSM）用来构建 10 Mbit/s 或 100 Mbit/s 交换网络，能低成本、高效率地在现场建成具有交换功能的线性结构或星形结构的工业以太网。

可以将网络划分为若干个部分或网段，并将各网段连接到 ESM 或 OSM 上，这样可以分散网络的负担，实现负载解耦，改善网络的性能。利用 ESM 或 OSM 的网络冗余管理器，可以构建环形冗余工业以太网。

通过 ESM 可以方便地构建适用于车间的网络拓扑结构，包括线性结构和星形结构，但级联深度和网络规模仅受信号传输时间的限制。

4. 自适应与自协商功能

具有自适应功能的网络站点（终端设备和网络部件）能自动检测出信号传输速率（10 Mbit/s 或 100 Mbit/s），自适应功能可以实现所有以太网部件之间的无缝互操作。

自协商是高速以太网的配置协议，该协议使有关站点在数据传输开始之前就能协商，以确定它们之间的数据传输速率和工作方式，例如全双工或半双工。

5. SIMATIC NET 的快速重新配置

网络发生故障后，应尽快对网络进行重构。重新配置的时间对工业应用是至关重要的，否则网络上连接的终端设备将会断开连接，从而引起工厂生产过程的失控或紧急停机。SIMATIC NET 采用了专门为此开发的冗余控制程序，对于有 50 个交换模块（OSM/ESM）的 100 Mbit/s 环形网络，重新配置的时间不超过 0.3 s。

6. 冗余网络

冗余软件包 S7 - REDCONNECT 用来将 PC 连接到高可靠性的 SIMATIC S7 - H 冗余系统，

可以避免设备停机。万一出现子系统故障或断线，系统交换模块会切换到双总线，或者切换到冗余环的后备系统或后备网络，保证网络的正常通信。

8.1.4　工业以太网通信处理器

1. 用于 PC 的工业以太网通信处理器

1）CP‑1612 PCI 以太网卡和 CP‑1512 PCMCIA 以太网卡提供 RJ‑45 接口，与配套软件包一同支持以下通信服务：ISO 和 TCP/IP 传输协议、PG/OP 通信、S7 通信、S5 兼容通信，并支持 OPC 通信。

2）CP‑1515 是符合 IEEE802.11b 的无线通信网卡，应用于无线链路模块（RLM）以及可移动计算机。

3）CP‑1613 是带微处理器的 PCI 以太网卡，使用 RJ‑45 或 AUI/ITP 接口，可将 PG/PC 连接到以太网。CP‑1613 可以实现时钟的网络同步。与有关的软件一起，CP‑1613 除支持 CP‑1612 的通信服务外，还支持 TF 协议。CP‑1613 具有恒定的数据吞吐量，支持"即插即用"和自适应功能，可以用于冗余通信。

4）CP‑1613 A2 是 PCI 插槽的以太网通信处理器，通信速率 10 Mbit/s 或 100 Mbit/s，有一个 ITP 接口和一个 RJ‑45 接口。该 CP 可以用于冗余通信，实现时钟的网络同步。

5）CP‑1616 是 PCI 插槽的以太网通信处理器，可用作 PROFINET 控制器或 PROFINET I/O 设备。它集成有 4 端口交换机，具有 PROFINET 的同步实时（IRT）功能，可用于运动控制领域或对时间要求严格的同步控制场合。

6）CP‑1623 是 PCI 插槽的以太网通信处理器，集成了 RJ‑45 接口的二端口交换机，其他功能与 CP‑1613 A2 功能相似，主要用于要求高的场合。

2. S7‑300/400 工业以太网通信处理器

（1）CP 343‑1/CP 443‑1 通信处理器

CP 343‑1/CP 443‑1 是分别用于 S7‑300 和 S7‑400 的全双工以太网通信处理器，通信速率为 10 Mbit/s 或 100 Mbit/s。CP 343‑1 的 15 针 D 形插座用于连接工业以太网，允许 AUI 和双绞线接口之间的自动转换。RJ‑45 插座用于工业以太网的快速连接，可以使用电话线通过 ISDN 连接互联网。CP 443‑1 有 ITP、RJ‑45 和 AUI 接口。

CP 343‑1/CP 443‑1 在工业以太网上独立处理数据通信，有自己的处理器。通过它们 S7‑300/400 可以与编程器、计算机、人机界面装置和其他 S7 和 S5 PLC 进行通信。通信服务包括用 ISO 和 TCP/IP 传输协议建立多种协议格式、PG/OP 通信、S7 通信、S5 兼容通信和对网络上所有的 S7 站进行远程编程。通过 S7 路由，可以在多个网络间进行 PG/OP 通信，通过 ISO 传输连接的简单而优化的数据通信接口，最多传输 8 KB 的数据。

可以使用下列接口：ISO 传输，带 RFC 1006 的（例如 CP 1430 TCP）或不带 RFC 1006 的 TCP 传输，UDP 可以作为模块的传输协议。S5 兼容通信用于 S7 和 S5，S7‑300/400 与计算机之间的通信。S7 通信功能用于与 S7‑300（只限服务器）、S7‑400（服务器和客户机）、HMI 和 PC（用 SOFTNET 或 S7‑1613）通信。

可以用嵌入 STEP 7 的 NCM S7 工业以太网软件对 CP 进行配置。模块的配置数据存放在 CPU 中，CPU 起动时自动地将配置参数传送到 CP 模块。连接在网络上的 S7 PLC 可以通过网络进行远程配置和编程。

（2）CP 343 – 1/CP 443 – 1 IT 通信处理器

CP 343 – 1/CP 443 – 1 IT 通信处理器分别用于 S7 – 300 和 S7 – 400，除了具 CP 343 – 1/CP 443 – 1 的特性和功能外，CP 343 – 1/CP 443 – 1 IT 可以实现高优先级的生产通信和 IT 通信，它有下列 IT 功能：

1）Web 服务器：可以下载 HTML 网页，并用标准浏览器访问过程信息（有口令保护）。

2）标准的 Web 网页：用于监视 S7 – 300/400，这些网页可以用 HTML 工具和标准编辑器来生成，并用标准 PC 工具 FTP 传送到模块中。

3）E – mail：通过 FC 调用和 IT 通信路径，在用户程序中用 E – mail 在本地和世界范围内发送事件驱动信息。

4）CP 444 通信处理器

CP 444 即将 S7 – 400 连接到工业以太网，根据 MAP 3.0（制造自动化协议）标准提供 MMS（制造业报文规范）服务，包括环境管理（起动、停止和紧急退出），VDM（设备监控）和变量存取服务。可以减轻 CPU 的通信负担，实现深层的连接。

8.1.5   带 PN 接口的 CPU

1）CPU 315/317 – 2PN/DP 集成有一个 MPI/PROFIBUS – DP 接口和一个 PROFINET 接口，可以作 PROFINET I/O 控制器，在 PROFINET 上实现基于组件的自动化（CBA）；可以作 CBA 的 PROFIBUS – DP 智能设备的 PROFINET 代理服务器，SIPLUS CPU 315/SIPLUS 317 – 2PN/DP 是宽温型（环境温度 – 25 ~ +60℃）。

2）CPU 319 – 3PN/DP 是具有智能技术/运动控制功能的 CPU，是 S7 – 300 系统性能最高的 CPU。它集成了一个 MPI/PRIFIBUS – DP 接口、一个 PROFIBUS – DP 接口和一个 PROFINET 接口，它提供 PRIFIBUS 接口的时钟同步，可以连接 256 个 I/O 设备。

3）CPU 414 – 3PN/CUP 416 – 3PN 的 3 个通信接口与 CPU 319 – 3PN/DP 的相同。PROFINET 接口带两个端口，可以作为交换机。可以用 IF 964 – DP 接口子模块连接到 PROFIBUS – DP 主站系统。SIPLUS CPU 416 – 3PN 是宽温型，CPU 416 – 3PN 用于故障安全自动化系统。

8.1.6   工业以太网交换机

如果在系统快速性和冗余控制方面要求较低，现场环境较好，工业以太网可以使用普通交换机和普通网卡，反之则应选择西门子公司的相关产品。

下面介绍一下西门子公司的网络交换机产品：

1）SCALANCE X005 是非网络管理型交换机，具有 5 个 RJ – 45 接口，价格低廉，适合构建具有交换功能的小型星形结构或总线型结构。

2）SCALANCE X100 系列是非网络管理型交换机，带有冗余电源和信号触点，适合在设备附近使用，最多有 24 个电气接口。

3）SCALANCE X200 系列是网络管理型交换机，应用广泛。作为冗余管理器，与 SCALANCE X400/X200IRT 或 OSM/ESM 组合，可以实现环形冗余网。各种规格有不同数目的电气接口和光接口。

4）SCALANCE X200IRT 网络管理型交换机可用于具有严格实时要求的网络中。可以完全满足 PROFINET 的实时要求。

5) SCALANCE X200IRT PRO 除了具有 X200IRT 的功能外，防护等级达 IP65/67，能够安装在控制柜的外面。

6) SCALANCE X300 系列是网络管理增强型千兆交换机，结合了 SCALANCE X400（第3 层无路由功能）的固件功能和 SCALANCE X200 的紧凑型设计。

7) SCALANCE X400 是高性能模块化的千兆交换机，适用于高速的光学/电气总线型、环形和星形拓扑结构（10 M/100 M/1000 Mbit/s）。具有模块化结构，可根据需要将介质模块和扩展模块插入交换机。扩展模块最多可增加光接口和电气接口各 8 个。

8.1.7　工业以太网络的信息安全

现代的工业控制网络已经越来越多地被连接到办公网络和企业内部互联网（Intranet），无线局域网的使用也日益增多，加上远程维护等新技术的采用，工业通信网络与 IT 环境的交互越来越多。由于 PLC 等现场控制设备通过 Web 服务器和电子邮件等与互联网上的设备交换信息，办公和 IT 环境中常见的威胁，例如黑客程序、病毒、蠕虫和木马程序等，也会威胁到控制系统的安全。

用于办公环境的数据安全解决方案不能简单地照搬到工业应用场合，西门子提供了适用于工业自动化的安全解决方案，防止敏感系统和生产网络被恶意操纵和破坏。

以下是在工业环境中防止操纵和丢失数据的重要预防措施：

1) 通过虚拟专用网（VPN）来过滤和检查数据通信。虚拟专用网用于在办公网络（例如互联网）中交换私有数据。最常用的 VPN 技术是 IPsec。IPsec 是一个协议集，用于保证在网络层使用 IP 的信息的安全性。

2) 在受保护的自动化单元中进行分段，用安全模块来保护网络节点，一组受保护的设备构成一个受保护的自动化单元。只有同一类型的安全模块或它们保护的设备之间才能互相交换数据。

3) 通过对节点进行身份验证，安全模块可以通过安全（加密）通道相互识别。未经授权不能访问受保护的网段。

4) 通过对数据通信加密来确保数据的机密性。为每个安全模块提供一个包含密钥的 VPN 证书。

5) 在 PROFINET 和控制设备之间设置 SCALANCE S 安全模块。安全模块的防火墙用于保护 PLC 免受未经授权的访问。在验证通信伙伴身份的可靠性和发送数据的加密性方面，防火墙可以作 VPN 的替代或补充。

8.2　PC 与 S7 - 300 的以太网通信

8.2.1　使用 ISO 协议进行通信

普通网卡可以通过 ISO 协议或 TCP/IP 与 PLC 的以太网 CP（通信处理器）进行通信，也可以通过 TCP/IP 与 PLC 本身的 PN 端口进行通信。使用 ISO 协议的优点是无需其他通信接口（通常是 MPI 接口）对 CP 的以太网接口初始化。即使 CPU 中原来没有以太网 CP 的组态信息，或者更换了以太网 CP 模块，不必下载 CP 模块的组态信息就能够实现 ISO 通信。

只要 PLC 连接了以太网 CP 模块，现场工程师即可用计算机的通用网卡进行下载和监控操作。因此可以节省计算机的 MPI 通信的 CP 卡或 PC/MPI 等适配器。某些低档 CPU 不具有这一功能。

本示例使用一台 PC，用两条直通连接的 RJ–45 电缆通过 SCALANCE X208 交换机将 PLC 的以太网 CP 和计算机的通用有线网卡相连。PLC 采用的是 S7–300 系列的 315–2DP。系统组成图如图 8-1 所示。

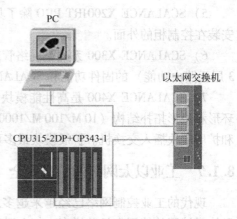

图 8-1 系统组成图

1. 新建 Step7 项目

新建项目 "ISO_PC"，单击鼠标右键，在弹出菜单中选择 "Insert New Object" 中的 "SIMATIC 300 Station"，插入一个 S7–300 站点，如图 8-2 所示。

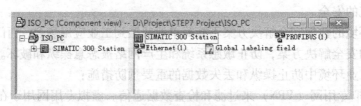

图 8-2 新建项目与站点

2. 设置 PG/PC 接口

在 SIMATIC 管理器中执行菜单命令 "Options" → "Set PG/PC Interface"，在出现的对话框中间的列表框，选中使用 ISO 协议的计算机有线网卡。单击 "OK" 按钮，出现警告信息，再次单击 "OK" 按钮，退出 "Set PG/PC Interface" 对话框后，ISO 协议才会生效。如图 8-3 所示。

图 8-3 设置 "Set PG/PC Interface"

3. 硬件组态

选中 SIMATIC 300 Station，双击右侧"Hardware"图标，打开 HW Config 界面。插入机架（RACK），在 1 号插槽插入电源 PS 307 5A，在 2 号插槽插入 CPU 315 - 2DP，3 号插槽留给接口模块，4 号插槽插入 CP343 - 1 模块，从 5 号插槽到 7 号槽插入输入/输出模块。如图 8-4 所示。

4. 组态 CP343 - 1

在 HW Config 中，双击 CP 343 - 1 所在的插槽，单击打开 CP 属性对话框，在"General"选项卡中单击"Properties"按钮，选中出现的以太网接口属性对话框中的复选框"Set MAC address/use ISO protocol"，在"MAC Address"文本框输入 CP 模块的 MAC 地址。如图 8-5 所示。

图 8-4　硬件组态

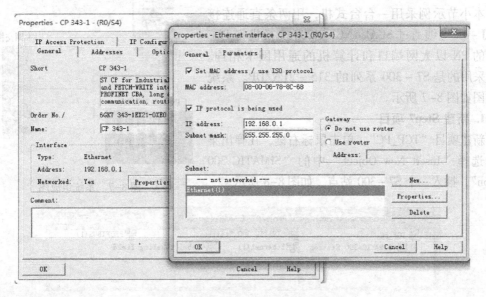

图 8-5　设置 CP 的以太网接口属性

5. 用 ISO 协议下载硬件信息

单击工具栏中的 ▥（下载）按钮，在出现的"Select Target Module"对话框，选择通过 CP 343 - 1 下载。单击"OK"按钮，出现"Select Node Address"对话框。此时只能看到组态时设置的 MAC 地址。单击"View"按钮，等待几秒后，在"Accessible Nodes"列表中出现读取的 CP 模块原有的 MAC 地址和模块的型号，"View"按钮变为"Update"。单击"Accessible Nodes"列表中的 MAC 地址，它将出现于上方的表格中，单击"OK"按钮即可进行下载。

6. 通信验证

将组态下载到 PLC 之后，运行 PLC，在 HW Config 中对 PLC 输入模块进行在线监视，可以发现监视结果和实际硬件的输入结果一致，说明 PC 和 PLC 硬件之间的通信状况良好。结果如图 8-6 所示。

	Address	Symbol	Display format	Status value	Modify value
17	I 10.0		BOOL	false	
18	I 10.1		BOOL	false	
19	I 10.2		BOOL	true	
20	I 10.3		BOOL	true	
21	I 10.4		BOOL	true	
22	I 10.5		BOOL	true	
23	I 10.6		BOOL	true	
24	I 10.7		BOOL	true	
25	I 11.0		BOOL	false	

图 8-6　PC 上对 PLC 输入模块的监视结果

8.2.2　使用 TCP/IP 进行通信

本小节示例采用一台台式机，用两条直通连接的 RJ-45 电缆通过 SCALANCE X208 交换机将 PLC 自带的 PN 以太网端口和计算机的通用网卡相连。PLC 采用的是 S7-300 系列的 315-2PN/DP。系统组成图如图 8-7 所示。

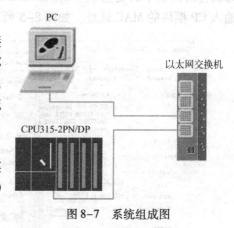

图 8-7　系统组成图

1. 新建 Step7 项目

新建项目"TCP_PC"，单击鼠标右键，在弹出菜单中选择"Insert New Object"中的"SIMATIC 300 Station"，插入一个 S7-300 站点，如图 8-8 所示。

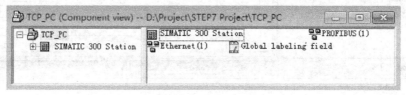

图 8-8　新建项目与站点

2. 设置计算机网卡的 IP 地址

计算机网卡与 PLC 的 PN 端口的 IP 地址应处于同一网段内，它们应使用相同的子网掩码，一般采用默认的子网网段为 192.168.0，默认的子网掩码是 255.255.255.0。设置计算机 IP 地址时，保证计算机 IP 地址的最后一个字节不和其他站点冲突即可。设置对话框如图 8-9 所示。

3. 设置 PG/PC 接口

在 SIMATIC 管理器中执行菜单命令"Options"→"Set PG/PC Interface"，在出现的对话框中间的选择框，选中使用 TCP/IP(Auto)的计算机网卡，单击"OK"按钮，出现警告信息，再次单击"OK"按钮，退出"Set PG/PC Interface"对话框，TCP/IP 即生效。如图 8-10 所示。

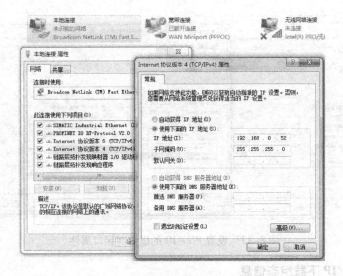

图 8-9 设置计算机网卡的 IP 地址

图 8-10 设置 "Set PG/PC Interface"

4. 硬件组态

选中 SIMATIC 300 Station，双击右侧 "Hardware" 图标，打开 HW Config 界面。插入机架（RACK），在 1 号插槽插入电源 PS 307 5A，在 2 号插槽插入 CPU 315 –2PN/DP，3 号插槽留给接口模块，从 4 号插槽到 8 号插槽插入输入/输出模块。如图 8-11 所示。

5. 通信组态

在 HW Config 中，双击 PN – IO 所在的行，单击打开的 PN – IO 属性对话框的 "General" 选项卡中的 "Properties" 按钮，可以发现仅可以设置 IP 地址。将 IP 地址设置为 192.168.0.1，单击两次 "OK" 按钮，关闭所有对话框即可。如图 8-12 所示。

图 8-11 硬件组态

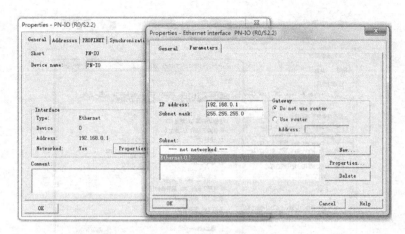

图 8-12　设置 PN‑IO 的以太网接口属性

6. 通过 TCP/IP 下载组态信息

单击工具栏中的 <img> （下载）按钮，出现"Select Node Address"对话框。此时只能看到组态时设置的 IP 地址。单击"View"按钮，等待几秒后，在"Accessible Nodes"列表中出现读取到的 CPU 的 PN 接口原有的 IP 地址，"View"按钮变为"Update"。单击"Accessible Nodes"列表中的 IP 地址，它将出现于上方的表格中，单击"OK"按钮即可进行下载。如图 8-13 所示。

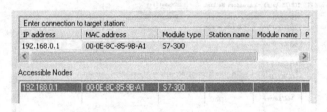

图 8-13　Accessible Nodes 对话框

7. 通信验证

通过特定的程序令 PLC 的 Q13.0 ~ Q13.2 置 1，可以从计算机上监视到与 PLC 硬件模块相同的结果，说明 PC 和 PLC 通信状况良好。监视结果如图 8-14 所示。

	Address	Symbol	Display format	Status value	Modify value
8	Q　12.7		BOOL	false	
9	Q　13.0		BOOL	true	
10	Q　13.1		BOOL	true	
11	Q　13.2		BOOL	true	
12	Q　13.3		BOOL	false	
13	Q　13.4		BOOL	false	

图 8-14　PC 上对 PLC 输出模块的监视结果

8.3　基于以太网的 S7 通信

S7 通信是专门为 SIMATIC S7 和 C7 优化设计的通信协议，提供简明、强有力的通信服务。S7 通信主要用于 S7 –300/400 之间的主 – 主通信、PLC 与西门子公司的人机界面和组态软件 WinCC 之间、PLC 与功能模块 FM 之间的通信。

S7 通信可以用于 MPI 网络、PROFINET（工业以太网）或 PROFIBUS 网络。本节将介绍基于工业以太网的 S7 通信。

8.3.1 使用 PUT/GET 的单边 S7 通信

1. 系统组成及通信原理

S7 通信是 S7 系列 PLC 基于 MPI、PROFIBUS、ETHERNET 网络的一种优化的通信协议，主要用于 S7 – 300/400PLC 之间的通信。本例中，S7 – 400 PLC 作为客户机，S7 – 300 PLC 作为服务器，两者通过交换机相连，系统组成如图 8–15 所示。

在 S7 单边通信中，客户机（CPU416 – 3PN/DP）调用 SFB15（PUT）来将本地 DB1 内的数据发送到服务器（CPU 315 – 2PN/DP）中的 DB2 内，调用 SFB14（GET）来读取服务器中 DB1 内的数据存放到本地 DB2 内，通信原理如图 8–16 所示。

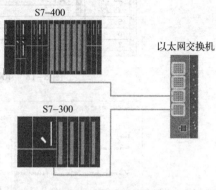

图 8-15　系统组成图

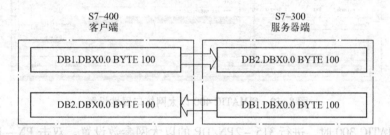

图 8-16　通信原理图

2. 硬件组态

在 STEP 7 中建立一个新项目"Eth_S7_Single"，在此项目下插入一个"SIMATIC 400 站"和一个"SIMATIC 300 站"，并在每个站点的 HW Config 中插入电源、CPU、信号模块等，完成硬件组态，如图 8–17 和图 8–18 所示。

图 8-17　新建项目和站点

当进行 SIMATIC 400 的硬件组态时，同时进行 416 –3PN/DP 的以太网参数设置。双击 PN – IO，打开 PN – IO 属性对话框，单击"General"选项卡中的"Properties"按钮，在打开的以太网接口属性对话框"Parameters"选项卡中，采用默认 IP 地址 192.168.0.1 和子网掩码 255. 255. 255. 0，如图 8-19 所示。

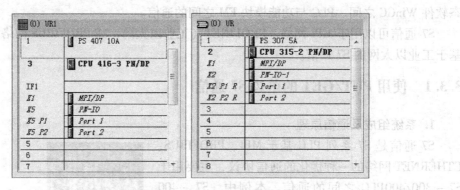

图 8-18　400 站点和 300 站点的硬件组态

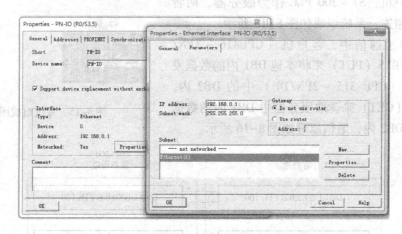

图 8-19　SIMATIC 400 以太网接口属性设置

组态 SIMATIC 300 时，进行 315-2PN/DP 的以太网参数设置。双击 PN-IO-1，打开 PN-IO 属性对话框，单击"General"选项卡中的"Properties"按钮，在打开的以太网接口属性对话框"Parameters"选项卡中，采用 IP 地址 192. 168. 0. 2 和子网掩码 255. 255. 255. 0，如图 8-20 所示。

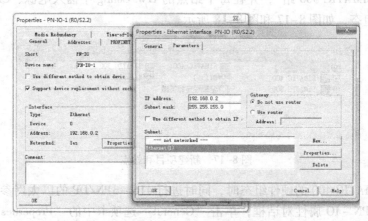

图 8-20　SIMATIC 300 以太网接口属性设置

完成硬件组态后，分别进行保存编译。

3. 网络组态

在 SIMATIC Manager 画面下选择"Configure network"按钮，打开网络组态画面。NetPro 会根据当前的组态情况自动生成网络组态画面。

选择 SMATIC 400 站的 CPU 416 – 3PN/DP，右键选择"Insert new connection"命令，在弹出的对话框中，显示了可与 S7 – 400 站建立连接的站点，选择 S7 – 300 站点，同时选择类型为"S7 connection"，如图 8–21 所示。

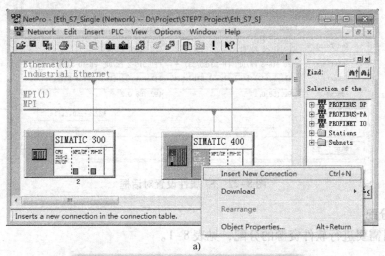

a)

b)

图 8-21　网络组态设置图

完成设置之后，单击"OK"按钮，进入 S7 属性设置对话框，如图 8–22 所示，勾选"Establish an active connection"复选框，并记住右方的 ID 号，这个 ID 号在之后的软件编程里面要用到。

完成以上操作之后，单击▥保存并编译，如果没有错误提示，则组态正确。至此硬件、网络层面的组态完成。

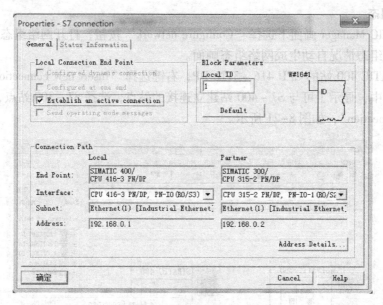

图 8-22　S7 属性设置对话框

4. 资源分配

根据项目需要进行软件资源的分配，见表 8-1。

表 8-1　软件资源分配表

站　　点	资源地址	功　　能
CPU 416-3 PN/DP	DB1. DBW0 ~ DBW98	发送数据区
	DB2. DBW0 ~ DBW98	接收数据区
	M20.0	时钟脉冲，SFB14 激活参数
	M0.0	SFB14 状态参数
	M0.1	SFB14 错误显示
	M0.2	SFB15 状态参数
	M0.3	SFB15 错误显示
	MW2	SFB14 状态字
	MW12	SFB15 状态字
CPU 315-2 PN/DP	DB2. DBW0 ~ DBW98	接收数据区
	DB1. DBW0 ~ DBW98	发送数据区

5. 程序编写

程序整体结构图如图 8-23 所示。

（1）SIMATIC 400 程序编写

首先，需要在 SIMATIC 400 中分别建立发送和接收的数据区 DB1、DB2，大小为 100 B，如图 8-24 所示。

在 SIMATIC 400 站中添加 OB1，并在 OB1 里编写数据收发程序，如图 8-25 所示。

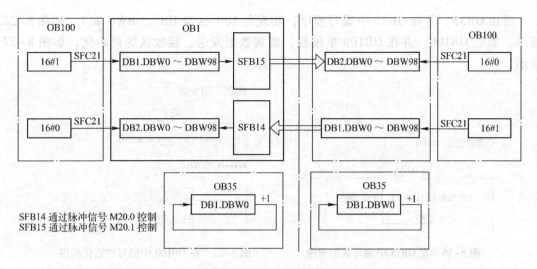

图 8-23 程序整体结构图

SFB14 通过脉冲信号 M20.0 控制
SFB15 通过脉冲信号 M20.1 控制

图 8-24 在 SIMATIC 400 中建立 DB1、DB2

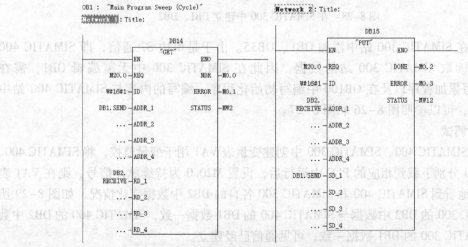

图 8-25 在 SIMATIC 400 站中编写数据收发程序

添加 OB35，并在 OB35 中编写程序，实现每 100 ms 给 DB1. DBW0 加 1。如图 8-26 所示。添加 OB100，并在 OB100 里编程，实现数据发送、接收区的初始化，如图 8-27 所示。

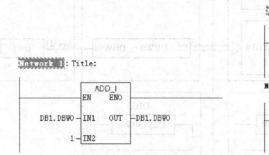

图 8-26　在 OB35 中编写累加程序

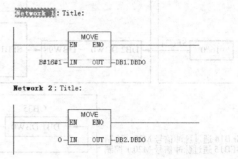

图 8-27　在 OB100 中编写初始化程序

（2）SIMATIC 300 程序编写

同 SIMATIC 400 一样，需要在 SIMATIC 300 中分别建立发送和接收数据区 DB1、DB2，大小为 100 B，如图 8-28 所示。

Address	Name	Type	Initial val	Comment
0.0		STRUCT		
+0.0	SEND	ARRAY[0..99]		
*1.0		BYTE		
=100.0		END_STRUCT		

Address	Name	Type	Initial val	Comment
0.0		STRUCT		
+0.0	RECEIVE	ARRAY[0..99]		
*1.0		BYTE		
=100.0		END_STRUCT		

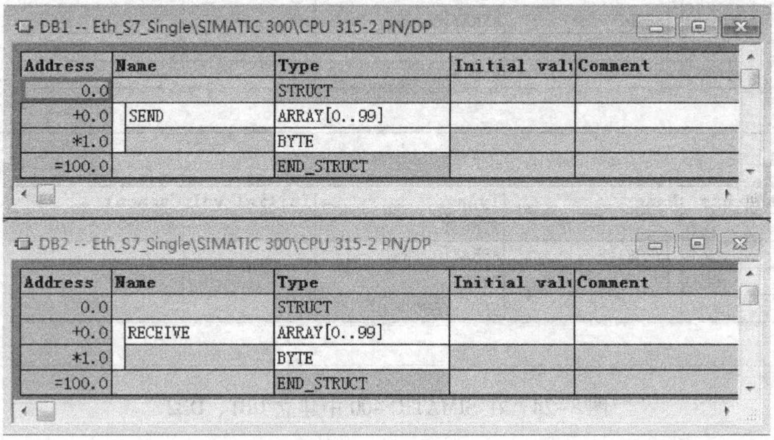

图 8-28　在 SIMATIC 300 中建立 DB1、DB2

然后，在 SIMATIC 300 站中添加 OB1、OB35。由于是单边 S7 通信，即 SIMATIC 400 单边写入、读取 SIMATIC 300 站的数据，因此在 SIMATIC 300 中无需编辑 OB1，需在 OB35 里编写累加程序以及在 OB100 中编写初始化程序，编写的内容与 SIMATIC 400 站中的程序相似，可以参照图 8-26 和图 8-27。

6. 下载调试

分别在 SIMATIC 400、SIMATIC 300 中创建变量表 VAT 用于变量监控，将 SIMATIC 400、SIMATIC 300 分别下载到相应的 PLC 中运行后，设置 M20.0 为持续脉冲信号，则在 VAT 表中可以方便地看到 SIMATIC 400 和 SIMATIC 300 各自的 DB2 中数据变化情况，如图 8-29 所示，SIMATIC 300 的 DB2 中数据与 SIMATIC 400 的 DB1 数据一致，SIMATIC 400 的 DB2 中数据也与 SIMATIC 300 的 DB1 数据一致，可见通信已经建立。

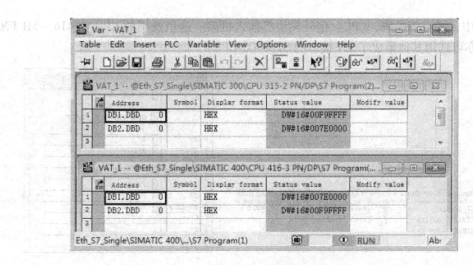

图 8-29　下载调试

8.3.2　使用 USEND/URCV 的双边 S7 通信

　　使用 SFB/FB USEND/URCV，可以进行快速、不可靠的数据传输，例如可以用于事件消息和报警消息的传送。USEND/URCV 属于双边通信块，通信双方都必须调用通信功能块。本项目使用的是 CPU 集成的 PN 接口，因此只能用于两台 S7 - 400 之间进行双边 S7 通信。

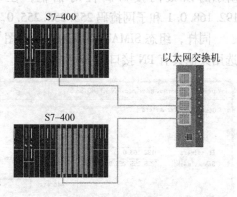

图 8-30　系统组成图

1. 系统组成及通信原理

　　系统组成如图 8-30 所示。

　　建立一个 S7 -400 作为客户端与另外一个作为服务器端的 S7 - 400 的双向 S7 通信，将客户端 S7 - 400 的 DB1 映射到服务器 S7 - 400 的 DB2 中，同样，将服务器 S7 -400 的 DB1 映射到客户端 S7 - 400 的 DB2 中，如图 8-31 所示。

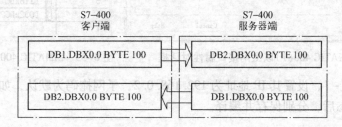

图 8-31　建立 S7 - 400 作为客户端与另一个 S7 - 400 的双边 S7 通信

2. 硬件组态

　　打开 SIMATIC Manager，根据系统的硬件组成，进行系统的硬件组态，如图 8-32 所示，插入两个 S7 -400 的站，进行硬件组态。

　　分别组态两个系统的硬件模块，图 8-33 所示为 SIMATIC 400(1) 的硬件组态图，在

HW Config中，将电源模块、CPU、信号模块等插入机架。这里选用的 CPU 为 416 – 5H PN/DP，读者亦可选用其他集成了 PN 接口的 S7 – 400 CPU。

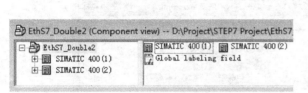

图 8-32　插入两个 SIMATIC 400 站　　　　图 8-33　SIMATIC 400(1)的硬件组态图

双击 PN – IO，在打开的 PN – IO 属性对话框中单击 "Properties" 按钮，打开如图 8–34 所示的以太网接口属性对话框，在 "Parameters" 选项卡中，采用默认的 IP 地址 192.168.0.1 和子网掩码 255.255.255.0。

同样，组态 SIMATIC 400(2)，如图 8–35 所示。CPU 选用 414 – 5H PN/DP，读者亦可选用其他具有 PN 接口的 S7 – 400 CPU。

图 8-34　SIMATIC 400(1)以太网接口属性对话框　　图 8-35　SIMATIC 400(2)的硬件组态图

双击 PN – IO – 1，设置其 IP 地址为 192.168.0.2，子网掩码为默认，如图 8–36 所示。完成硬件组态后，分别保存并编译。

3. 网络组态

在 SIMATIC Manager 画面下选择 "Configure network" 按钮，打开网络组态画面。NetPro 会根据当前的组态情况自动生成网络组态画面。

选择 SMATIC 400(1)站的 CPU 416 – 5H PN/DP，在右键菜单中选择 "Insert New Connection"，在弹出的对话框中，显示了可与 1 站建立连接的站点，选择 2 号站点，同时选择类型为 "S7 connection"，如图 8–37 所示。

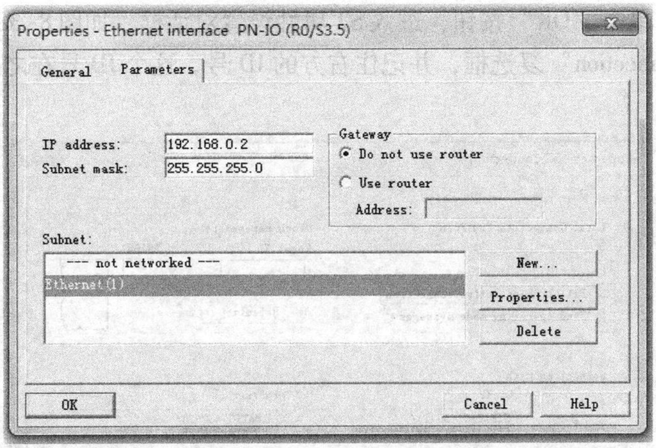

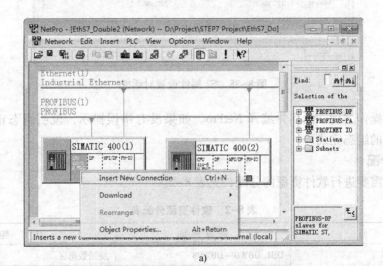

图 8-36　SIMATIC 400(2)以太网接口属性对话框

a)

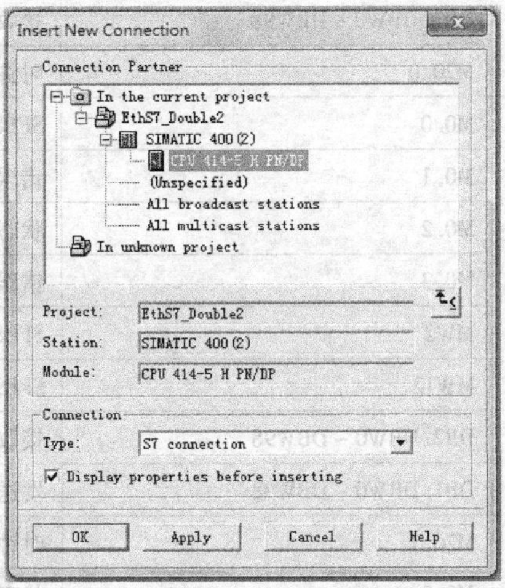

b)

图 8-37　网络组态

完成设置之后单击"OK"按钮，进入 S7 属性设置对话框，如图 8-38 所示，勾选"Establish an active connection"复选框，并记住右方的 ID 号，这个 ID 号在之后的软件编程里面要用到。

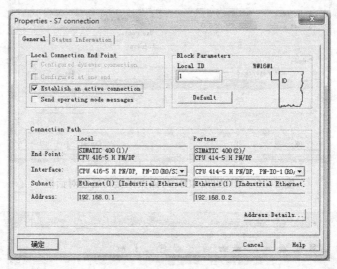

图 8-38　S7 属性设置对话框

完成以上操作之后，保存并编译 NetPro。如果没有错误提示，说明组态正确。至此硬件、网络层面的组态完成。

4. 资源分配

根据项目需要进行软件资源的分配，见表 8-2。

表 8-2　软件资源分配表

站　　点	资 源 地 址	功　　能
CPU 416 – 5H PN/DP	DB1. DBW0 ~ DBW98	发送数据区
	DB2. DBW0 ~ DBW98	接收数据区
	M20.0	时钟脉冲，SFB8 激活参数
	M0.0	SFB8 发送完成状态参数
	M0.1	错误显示
	M0.2	状态参数
	M0.3	错误显示
	MW2	SFB8 状态字
	MW12	SFB9 状态字
CPU 414 – 5H PN/DP	DB2. DBW0 ~ DBW98	接收数据区
	DB1. DBW0 ~ DBW98	发送数据区
	M20.1	时钟脉冲，SFB8 激活参数
	M0.0	状态参数
	M0.1	错误显示
	M0.2	状态参数

站　　点	资源地址	功　　能
CPU 414 –5H PN/DP	M0.3	错误显示
	MW2	SFB8 状态字
	MW12	SFB9 状态字

5. 程序编写

程序整体结构图如图 8-39 所示。

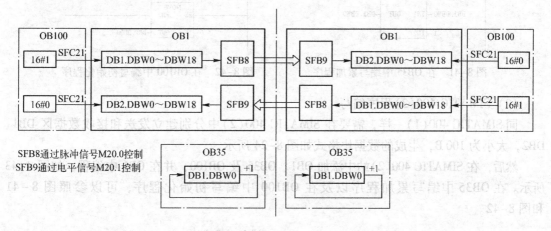

图 8-39　程序整体结构图

SFB8通过脉冲信号M20.0控制
SFB9通过电平信号M20.1控制

（1）SIMATIC 400(1)程序编写

首先，需要在 SIMATIC 400(1)中分别建立发送和接收的数据区 DB1、DB2，大小为 100 B，生成的数据块格式如图 8-24 所示。

在 SIMATIC 400(1)站中添加 OB1，并在 OB1 里编写数据收发程序，如图 8-40 所示。

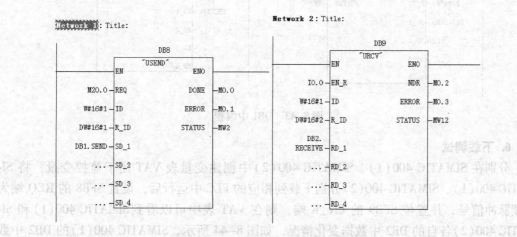

图 8-40　在 OB1 中编写数据收发程序

添加 OB35，并在 OB35 里编写程序，实现每 100 ms 给 DB1.DBW0 加 1，如图 8-41所示。

添加 OB100，并在 OB100 里编程，实现数据发送、接收区的初始化，如图 8-42 所示。

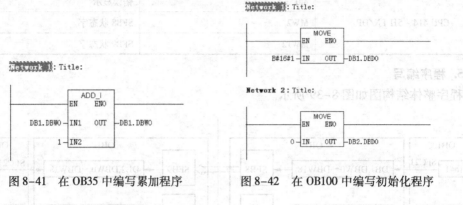

图 8-41　在 OB35 中编写累加程序　　　图 8-42　在 OB100 中编写初始化程序

（2）SIMATIC 400（2）程序编写

同 SIMATIC 400（1）一样，需要在 SIMATIC 400（2）中分别建立发送和接收数据区 DB1、DB2，大小为 100 B，生成的数据块格式如图 8-24 所示。

然后，在 SIMATIC 400（2）站中添加 OB1、OB35 及 OB100，并在 OB1 中编程，如图 8-43 所示。在 OB35 中编写累加程序以及在 OB100 中编写初始化程序，可以参照图 8-41 和图 8-42。

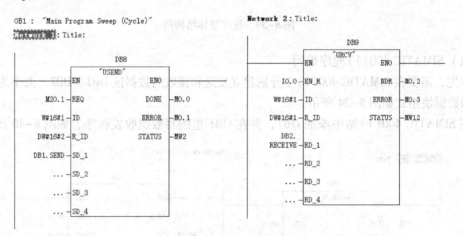

图 8-43　OB1 中编程

6. 下载调试

分别在 SIMATIC 400（1）、SIMATIC 400（2）中创建变量表 VAT 用于监控变量，将 SIMATIC 400（1）、SIMATIC 400（2）分别下载到相应的 PLC 中运行后，设置 SFB8 的 REQ 端为持续脉冲信号，并置位 SFB9 的 EN_R 端，则在 VAT 表中可以看到 SIMATIC 400（1）和 SIMATIC 400（2）各自的 DB2 中数据变化情况，如图 8-44 所示，SIMATIC 400（1）的 DB2 中数据与 SIMATIC 400（2）的 DB1 数据一致，SIMATIC 400（2）DB2 中数据也与 SIMATIC 400（1）的 DB1 数据一致，可见通信已经建立。

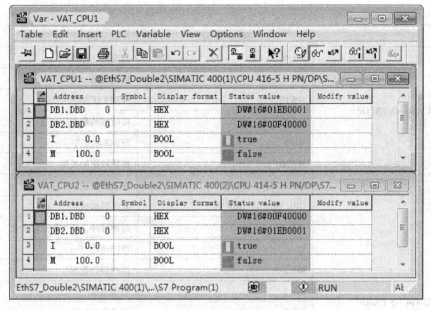

图 8-44　运行结果

8.3.3　使用 BSEND/BRCV 的双边 S7 通信

采用 BSEND/BRCV 功能块的 S7 双边通信可以进行需要确认的数据交换通信，即发送数据后需要接收方返回确认信息。BSEND/BRCV 不能用于 S7-300 集成的 PN 接口的 S7 通信。

1. 系统组成及通信原理

本节示例和 8.3.2 节的示例具有相同的系统组成以及通信原理，此处不再赘述，请读者参阅 8.3.2 节的内容。

2. 硬件组态与网络组态

在 STEP 7 中新建一个项目，插入两个 S7-400 站点。SIMATIC 400(1)站点的 CPU 模块采用 416-3 PN/DP；SIMATIC 400(2)站点的 CPU 模块采用 414-3 PN/DP。

每个站点的硬件组态方法以及项目的网络组态方法同 8.3.2 节的示例完全相同，读者可以参考 8.3.2 节的内容进行组态，此处不再详述。

3. 资源分配

根据项目需要进行软件资源的分配，见表 8-3。

表 8-3　软件资源分配表

站　点	资 源 地 址	功　能
CPU 416-3 PN/DP	DB1. DBW0 ~ DBW98	发送数据区
	DB2. DBW0 ~ DBW98	接收数据区
	M20. 0	时钟脉冲，SFB12 激活参数
	I0. 0	使能接收
	M0. 2	接收到新数据
	M0. 3	错误显示

173

站　　点	资源地址	功　　能
CPU 416 – 3 PN/DP	M0.0	完成发送标志
	M0.1	错误显示
	MW12	SFB13 状态字
	MW40	接收到的数据字节数
	MW2	SFB12 状态字
	MW30	传输数据的长度
CPU 414 – 3 PN/DP	DB2. DBW0 ~ DBW98	接收数据区
	DB1. DBW0 ~ DBW98	发送数据区
	M20.1	时钟脉冲，SFB13 激活参数
	I0.0	使能接收
	M0.2	接收到新数据
	M0.3	错误显示
	M0.0	完成发送标志
	M0.1	错误显示
	MW12	SFB13 状态字
	MW40	接收到的数据字节数
	MW2	SFB12 状态字
	MW30	传输数据的长度

4. 程序编写

（1）SIMATIC 400（1）程序编写

首先，需要在 SIMATIC 400（1）中分别建立发送和接收的数据区 DB1、DB2，大小为 100 B，生成的数据块格式如图 8-24 所示。

在 SIMATIC 400（1）站中添加 OB1，并在 OB1 里编写数据收发程序，如图 8-45 所示。

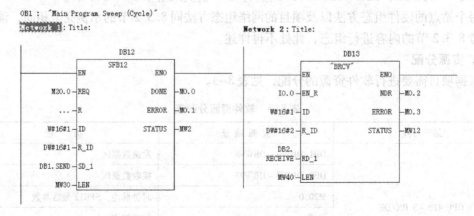

图 8-45　OB1 里编写数据收发程序

添加 OB35，并在 OB35 里编写程序，实现每 100 ms 给 DB1. DBW0 加 1，如图 8-46 所示。

添加 OB100 并编程，完成上电初始化，如图 8-47 所示。

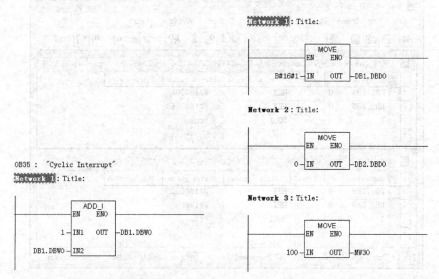

图 8-46　在 OB35 中编写累加程序　　　图 8-47　在 OB100 中编写初始化程序

（2）SIMATIC 400（2）程序编写

同 SIMATIC 400（1）一样，需要在 SIMATIC 400（2）中分别建立发送和接收的数据区 DB1、DB2，大小均为 100 B，生成的数据区格式见图 8-24。

然后，在 SIMATIC 400（2）站中添加 OB1、OB35 及 OB100，在其 OB1 中编程如图 8-48 所示。在 OB35 和 OB100 中的编程可以参照图 8-46 和图 8-47。

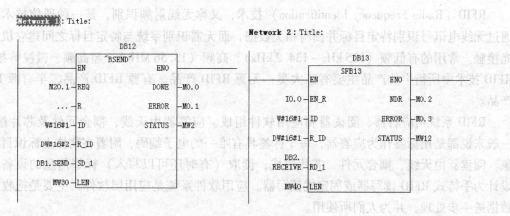

图 8-48　OB1 中编程

5. 下载调试

分别在 SIMATIC 400（1）、SIMATIC 400（2）中创建变量表 VAT 用于变量监控，将 SIMATIC 400（1）、SIMATIC 400（2）分别下载到相应的 PLC 中运行后，设置 SFB12 的 REQ 端为持续脉冲信号，并置位 SFB13 的 EN_R 端，则在 VAT 表中可以方便地看到 SIMATIC 400（1）和 SIMATIC 400（2）各自的 DB2 中数据变化情况，如图 8-49 所示，SIMATIC 400（1）的

DB2 中数据与 SIMATIC 400(2)的 DB1 数据一致，SIMATIC 400(2) DB2 中数据也与 SIMATIC 400(1)的 DB1 数据一致，可见通信已成功建立。

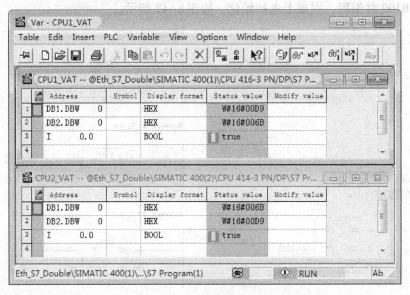

图 8-49　运行结果

8.4　无线射频（RFID）技术

8.4.1　RFID 技术简介

RFID（Radio Frequency Identification）技术，又称无线射频识别，是一种通信技术，可通过无线电讯号识别特定目标并读写相关数据，而无需识别系统与特定目标之间建立机械或光接触。常用的有低频（125 kHz~134.2 kHz）、高频（13.56 MHz）、超高频、微波等技术。RFID 技术中所衍生的产品主要有三大类：无源 RFID 产品、有源 RFID 产品、半有源 RFID 产品。

RFID 系统由应答器、阅读器和应用软件组成。应答器由天线、耦合元件及芯片组成，一般来说都是用标签作为应答器，每个标签具有唯一的电子编码，附着在物体上标识目标对象。阅读器由天线、耦合元件、芯片组成，读取（有时还可以写入）标签信息的设备，可设计为手持式 RFID 读写器或固定式读写器。应用软件系统是应用层软件，主要是把收集的数据进一步处理，并为人们所使用。

智能无线射频识别系统能够可靠、快速、经济地读写数据。该系统不受恶劣环境影响，可以将数据直接存储到附属在产品上的标签中。它还能够控制和优化物流，并且提供高效的物流过程。突出特点包括：

1）全自动高速识别，100% 的传输完整性。

2）生产和质量相关数据可以直接存储到载码体中。

3）设计用于恶劣的工业环境（高温、高污染）。

4）范围广泛的标签随时能够循环使用：从小型标签到 64 KB 标签。

5）与自动化系统的灵活通信。

6）经由 PROFIBUS、PROFINET 或以太网串行连接。

7）与 SIMATIC 无缝集成，降低工程费用。

8）支持标准 ISO 14443、ISO 15693、ISO 18000 – 2、ISO 18000 – 4 标准以及 EPC Global 和 ISO/IEC 18000 – 6。

与常规识别系统相比，SIMATIC RFID 系统性能突出：数据的无缝传输可以提供极高的读写可靠性和操作性，确保了快速、轻易地集成到应用之中，从而节省了时间和成本。RFID 的应用范围包括：装配线、输送机系统、工业制造、仓储、物流业、配送、调试和运输物流等等。图 8-50 显示了一家公司的常规自动化和 IT 结构，此结构中包含几个不同的级别。

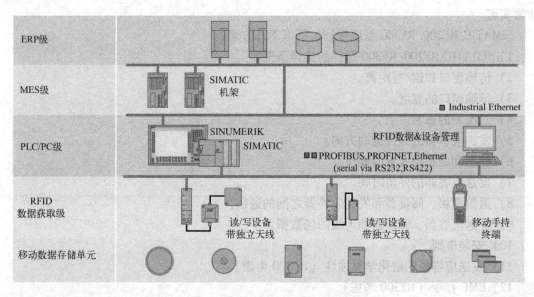

图 8-50　某公司的常规自动化和 IT 结构

图 8-50 最下面的采集级别包含若干 RFID 阅读器，用于读取相应的标签数据并传送到下一个控制级别。在控制级别收集和预处理 RFID 数据，然后提交到生产控制级别和企业管理控制级别，供进一步处理。制造执行系统（MES）填补了自动化环境（控制级别）产生的数据与公司的物流过程和商业过程（企业管理控制）之间的缺口。例如，使用 MES 解决方案定义和执行生产过程。企业管理控制级别涉及所用设备的规划和控制。为此，可将企业资源规划（ERP）系统和供应链管理（SCM）系统与成本核算、财务记账及人员管理等模块结合使用。最后可以通过 Internet 来执行在公司级别的交换产品信息，到达全球集成。

8.4.2　RFID 技术的主要应用

SIMATIC RFID 系统主要包括 RF200 系统、RF300 系统和 RF600 系统。

SIMATIC RFID 组件包括通信模块、阅读器和发送应答器。其中通信模块用于将 RF 识别系统集成到自动化系统中；阅读器（读/写设备）可确保与发送应答器的感应通信及发送应答器的供电，同时还可处理通过通信模块（例如 ASM 475）实现的与不同控制器（例如 SIMATIC S7）的连接；发送应答器（数据存储器）存储与生产过程相关的所有数据，并可用于取代条码或其他应用。

　　SIMATIC RF300 是一款专门设计用于在工业生产中控制和优化物流的感应识别系统。主要用于在闭环生产中对容器、托盘和工件夹具进行非接触式识别。数据载体（发送应答器）将保留在生产链中，不会配备到产品中。SIMATIC RF300 具有紧凑的发送应答器和阅读器外壳尺寸，非常适用于狭窄空间。

　　SIMATIC RF200 是与 ISO 15693 标准兼容的感应识别系统，设计用于对物流进行控制和优化的工业生产。与 SIMATIC RF300 不同，SIMATIC RF200 适用于对性能要求（例如对数据量、传输速率或诊断选项的要求）不是很高的 RFID 应用。SIMATIC RF200 的特点是价格非常实惠。

　　SIMATIC RF200/RF300 系统规划包括以下几方面：

　　1）SIMATIC RF200/RF300 组件的选择条件。

　　2）传输窗口和读/写距离。

　　3）传输窗口的宽度。

　　4）二次场的影响。

　　5）发送应答器的允许运动方向。

　　6）静态和动态模式下的操作。

　　7）发送应答器的停留时间。

　　8）通信模块、阅读器和发送应答器之间的通信。

　　9）发送应答器、阅读器和天线的场数据。

　　10）安装准则。

　　11）发送应答器的耐化学腐蚀性（RF300 考虑）。

　　12）EMC 指令（RF300 考虑）。

　　SIMATIC RF600 是在 UHF（超高频）范围内工作的识别系统。UHF 技术支持长距离读/写无源标签。允许无中断跟踪和记录进货、仓库、生产物流和配送部门中的所有交货、存货和发货。一个小型的数据介质（称为智能标签、发送应答器或标签）会连接到每个产品、包装或货盘上，其中包含所有重要信息。数据介质通过也用于数据传输的天线接收所需能源。

　　SIMATIC RF600 系统规划应遵守以下实施规划条件：

　　1）可能的系统配置。

　　2）天线配置。

　　3）发送应答器的环境条件。

　　4）UHF 频段内的电磁波响应。

　　5）适用于频段的法规。

　　6）EMC 指令。

　　表 8-4 是对 SIMATIC RF 系统进行的比较。

表 8-4 对 SIMATIC RF 系统的比较

识别系统	频率	范围最大值	最大存储器	数据传输速度，最大值	温度范围（工作时）	特殊功能
RF300	13.56 MHz	0.2 m	ISO 发送应答器：2000 B FRAM RF300 发送应答器：64 KB FRAM	RF300 发送应答器：8000 B/s ISO 发送应答器：－读：1500 B/s －写：1500 B/s	阅读器：－25 ~ +70℃ 发送应答器：－40 ~ +220℃	集成诊断功能；免电池数据存储器；其他 ISO 15693 功能
RF200	13.56 MHz	0.7 m	2000 B FRAM	ISO 发送应答器：－读：1500 B/s －写：1500 B/s	阅读器：－20 ~ +70℃ 发送应答器：－25 ~ +220℃	尤其经济高效，带有 IO Link 接口和 RS－232（ASCII）的型号
RF600	865 ~ 928 MHz	8.0 m	96/240 位 EPC，512 位用户存储器	无信息	阅读器：－25 ~ +55℃ 发送应答器：－25 ~ +220℃	适合范围极大的应用和发送应答器批量检测应用

8.5 习题

1. 工业以太网应用于工业现场控制有哪些优势？
2. 实时以太网采用什么方法解决了 CSMA/CD 机制带来的冲突问题？
3. 什么情况需要使用 SCALANCE 交换机？
4. 使用普通网卡与 PLC 的以太网 CP 进行通信组要做哪些准备工作？
5. 基于以太网的 S7 通信各有什么特点？
6. SIMATIC RFID 系统由哪些组件构成？各组件的功能是什么？

第9章 PROFINET 网络通信

本章学习目标：

了解 PROFINET 的基础知识、技术特点及其在工业自动化中的应用；掌握 PROFINET 通信的组态、编程及应用；掌握 PROFINET CBA 通信技术；简要了解 PROFINET 的故障诊断。

9.1 PROFINET 简介

9.1.1 PROFINET 概述

PROFINET 是自动化领域开放的工业以太网标准，它基于工业以太网技术，使用 TCP/IP 和 IT 标准，是一种实时以太网技术，同时无缝集成了所有的现场总线。所以说 PROFINET 是基于工业以太网用于工业自动化的创新的、开放的标准。PROFINET 为自动化通信领域提供了一个完整的网络解决方案，囊括了诸如实时以太网、运动控制、分布式自动化、故障安全以及网络安全等当前自动化领域的热点话题，并且作为跨供应商的技术，可以完全兼容工业以太网和现有的现场总线（如 PROFIBUS）技术。

PROFINET 支持在工厂自动化和运动控制中解决方案的方便实现，如图 9-1 所示。

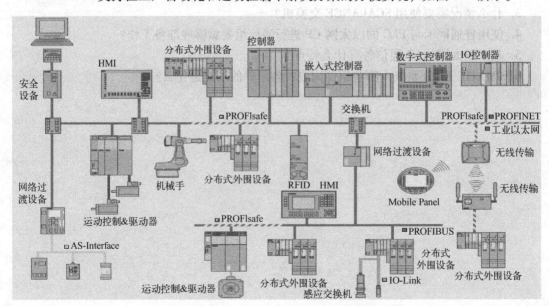

图 9-1　PROFINET 通信系统应用

使用 PROFINET IO 通信，可以使现场设备直接连接到以太网，与 PLC 进行高速数据交换，其配置与组态使用工程师非常熟悉的 STEP 7 软件。PROFIBUS 各种丰富的设备诊断功能同样也适用于 PROFINET。

PROFINET 已经在诸如汽车工业、食品、饮料以及烟草工业和物流工业等各种行业领域得到了广泛的应用。在相当长的时间内，PROFIBUS 和 PROFINET 将会并存，并不是用PROFINET 完全替代 PROFIBUS，因为并不是所有的工业场合都需要 PROFINET 这样先进的技术，它更多地用于基础性工业和需要复杂应用的工业控制场合。

9.1.2 PROFINET 实时通信

1. 对以太网实时能力的需求

对于一个应用程序来说，如果所有的时间都能够得到系统的满足，则可以认为该系统是具有实时能力的。实时响应要求系统对所有运行情况下的响应时间都有一个明确的定义。于是系统必须满足以下四个标准：

1）运行时间、周期时间和响应时间，这些参数必须有一个确定的上限，绝对不能超过。

2）抖动：随着速度和精度的要求增加，时间的变动范围和相对设定点的偏差必须更小。

3）同步性：它决定动作的同步。这里同样需要最大可能的精确性。

4）吞吐量：必须保证规定的数据量在一个时间单元内得到传输。

具体到对以太网实时能力的要求，它必须满足如下的先决条件：

1）分段/隔离：通过使用特殊设计的网络组件（如路由器），以太网必须保证实时网络不会出现通信冲突。比如，尽量避免过载导致响应的不确定性。

2）时隙协议：系统的实时能力通常是通过在每个精确的周期时间间隔产生的序列来确定的。这可以通过一个使用时隙协议的通信来实现，能保证所有需要的数据总能在合适的时候传输。

3）时间同步：为了获得所要求的同步性，许多过程需要同步触发。这表示所有的本地时钟必须在一个确定的允许偏差内同步运行。

2. PROFINET 的实时性

实时（Real - Time, RT）表示系统在一个确定的时间内处理外部事件。确定性意味着系统是一个可预知的响应。因此，实时通信的一般要求如下：

1）确定性的响应。

2）标准应用的响应时间 ≤ 5 ms。

根据图 9-2 中响应时间的不同，PROFINET 支持下列三种通信方式。

（1）TCP/IP 标准通信

PROFINET 基于工业以太网技术，使用 TCP/IP 标准。TCP/IP 是 IT 领域关于通信协议方面事实上的标准，尽管其响应时间大概在 100 ms 的量级。不过，对于工厂控制级的应用来说，这个响应时间就足够了。

（2）实时（RT）通信

PROFINET 提供了一个优化的、基于以太网第二层的实时通信通道，通过该通道，极大地减少了数据在通信栈中的处理时间，如图 9-3 所示。因此，PROFINET 获得了等同、甚至超过传统现场总线系统的实时性能。

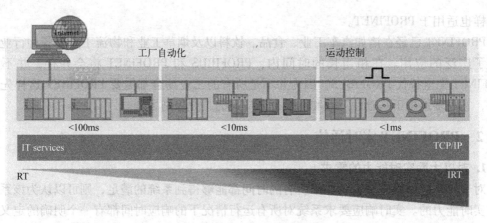

图9-2　实时性与应用的关系

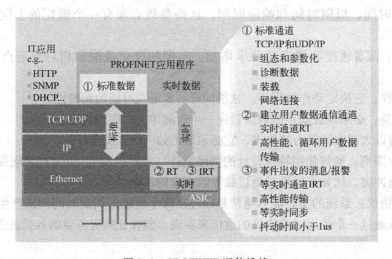

图9-3　PROFINET通信堆栈

PROFINET 的实时通信功能适用于对信号传输时间有严格要求的场合，例如用于传感器和执行器的数据传输。通过 PROFINET，分布式现场设备可以直接连接到工业以太网，与 PLC 等设备通信。其响应时间比 PROFIBUS – DP 等现场总线相同或更短，典型的更新循环时间为 1 ~ 10 ms，完全能满足现场级的要求。PROFINET 的实时性可以用标准组件来实现。

（3）等时实时（IRT）通信

PROFINET 的同步实时功能用于高性能同步运动控制。IRT 提供了等时执行周期，以确保信息始终以相等时间间隔进行传输。IRT 响应时间为 0.25 ~ 1 ms，波动小于 1 μs。IRT 的数据传输的实现基于硬件，通信需要特殊的交换机（例如 SCALANCE X – 200IRT）的支持。IRT 允许各种情况下的实时通信，甚至包括：

1）在任意负载或者过载情况下的通信（否则使用 TCP/IP）。

2）任意的网络拓扑结构，许多交换机可以串联在一起（线性拓扑）。

传输周期是由时间间隔组成，ASIC 会监控时间的开始。在该时间间隔内，数据在 IRT 通道和开放通道间交换。如图 9-4 所示。

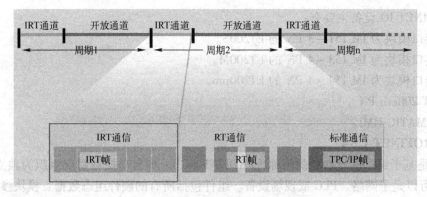

图 9-4   传输周期 IRT 通道与开发通道

9.1.3 PROFINET 的主要应用

PROFINET 主要有两种应用方式：

1. PROFINET IO

PROFINET IO 适合模块化分布式的应用，与 PROFIBUS – DP 方式相似，在 PROFIBUS – DP 应用中分为主站和从站，在 PROFINET IO 应用中有 IO 控制器和 IO 设备。

PROFINET IO 与 PROFIBUS – DP 的方式相似，在 STEP 7 中组态，利用 IO 控制器控制 IO 设备，在表 9-1 中列出了 PROFINET 与 PROFIBUS – DP 术语的比较。

表 9-1   PROFINET 与 PROFIBUS – DP 术语比较表

序　号	PROFINET	PROFIBUS
1	IO system	DP master system
2	IO controller（PLC）	DP master 1 类主站（PLC）
3	IO supervisor（PG/HMI）	DP master 2 类主站（PG）
4	GSD 文件（XML）	GSD 文件（text）
5	IO device	DP slave

PROFINET IO 控制器主要有：

1）CPU 315 – 2DP/PN、CPU 317 – 2DP/PN 和 CPU 319 – 3DP/PN：用于处理过程信号和直接将现场设备连接到工业以太网。

2）CP343 – 1/CP343 – 1 Advanced 和 CP443 – 1 Advanced：用于将 S7 – 300 和 S7 – 400 连接到 PROFINET，CP443 – 1Advanced 带有集成的 Web 服务器和集成的交换机。

3）IE/PB LINK PN IO：将现有的 PROFIBUS 设备透明地连接到 PROFINET 的代理设备。

4）IWLAN/PB LINK PN IO：通过无线方式将 PROFIBUS 设备透明地连接到 PROFINET 的代理设备。I/O 控制器可以通过代理设备来访问 DP 从站，就像访问 I/O 设备一样。

5）IE/AS – I LINK：将 AS – I 设备连接到 PROFINET 的代理设备。

6）CP1616：用于将 PC 连接到 PROFINET，是带有集成的 4 端口交换机的通信处理器。支持同步实时模式，可以用于运动控制领域对时间要求严格的同步闭环控制。

7）SOFT PN IO：作为 IO PLC，在编程器或 PC 上运行的通信软件。

PROFINET IO 设备主要有：

1）接口模块为 IM 151 – 3 PN 的 ET200S。

2）接口模块为 IM 153 – 4 PN 的 ET200M。

3）接口模块为 IM 154 – 4 PN 的 ET200pro。

4）ET 200eco PN。

5）SIMATIC HMI。

2. PROFINET CBA

CBA 是基于组件的自动化的简称，PROFINET CBA 将自动控制系统组织为独立的组件。这些组件可以是子网络、PLC 或现场设备。组件包括所有的硬件组态数据、模块参数和有关的用户程序。

CBA 采用 Microsoft 的组件模型 COM/DCOM，这是在 PC 领域中应用最广的数据与通信模型，它确定了不同设备软件部件之间数据交换的协议。

可以用 PROFINET IO 将现场设备集成在 PROFINET CBA 组件中。通过使用代理设备，还可以用 CBA 使所有现场的子网与 PLC 或现场设备互连，形成更大的自动化系统。

可以通过统一定义的接口访问这些 PROFINET 组件。这些组件可以用任意方式互连，以实现过程组态。开发的工程接口允许用不同的制造商提供的 PROFINET 组件实现图形组态。

在 STEP 7 中，将有关的机械部件、电气/电子部件和应用软件等具有独立工作能力的工艺模块抽象为一个封装好的组件，并为组件定义标准的接口，以实现组件之间的标准通信。可以将生产线的单台机器定义为生产线或过程中的一个"标准模块"。各组件之间用 PROFINET 连接。由于组件使用了标准的接口，使得各组件之间的连接变得极为简单。不同的组件可以像模块一样组合，完全独立于其内部程序。在 CBA 的组态工具 iMap 中，组件是一种软件模块，可以像搭积木一样组合组件。各组件之间的 PROFINET 和 PROFIBUS 的通信用 iMap 进行图形化组态，不需要编程。通过模块化这一成功理念，可以显著降低机器和工厂建设中的组态与在线调试的时间。iMap 还可以为系统组态简单的诊断。

对于设备与工厂的设计者，工艺模块化能更好地对用户的设备和系统进行标准化，组件可以重复利用。因此可以对不同的客户要求做出更快、更灵活的反应。可以对各台设备和工段提前进行预先测试，交付工厂后可以立即使用，因此可以缩短系统上线调试阶段的时间。作为系统操作者和管理者，从现场设备到管理层，用户可以从 IT 标准的通信中获取信息。对现有系统进行拓展也很容易。

9.2 PROFINET IO 通信

9.2.1 基于 CPU 集成 PN 接口的 PROFINET IO 通信

1. 项目说明

本项目通过 PROFINET IO 控制器与 IO 设备之间的通信实现对 IO 设备 ET200S 的数字量输出模块进行控制，并读取数字量输入，完成 PROFINET IO 通信。

类似于集成了 DP 接口的 S7 CPU 可以直接访问标准 DP 从站，带 PROFINET 通信接口的 S7 CPU 可以直接访问 PROFINET IO 设备。与使用 PROFINET CP 相比，使用集成了 PROFI-

NET 通信接口的 CPU 作 IO 控制器的硬件成本低、通信编程工作量少。

2. 系统组成

本节实例采用 CPU 315 – 2PN/DP V2.6 作为 IO 控制器,连接带 PN 接口的 ET200S 模块,对其数字量 IO 进行读写,实现 PROFINET IO 通信,如图 9-5 所示。

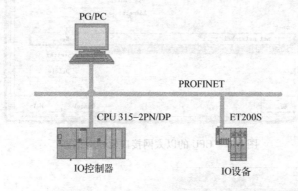

图 9-5 基于 315 – 2PN/DP 的集成 PN 口的 PROFINET 通信

3. 硬件组态

(1) 新建 STEP 7 项目

打开 STEP 软件,在 SIMATIC Manager 工具栏中单击口按钮,弹出 New project 对话框。在 Name 栏中写入要新建的项目名称,然后单击 "OK" 按钮,在 SIMATIC Manager 中新建了一个项目。右键单击项目,弹出菜单,插入一个 S7 – 300 站。如图 9-6 所示。

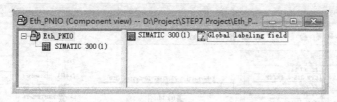

图 9-6 新建 STEP 7 项目

(2) 组态 PROFINET IO 控制器

双击 SIMATIC 300 的 Hardware 进行硬件组态,按顺序依次插入 S7 – 300 机架、电源模块、CPU 315 – 2PN/DP。在机架中插入 CPU 315 – 2PN/DP 时会弹出 "Pro Perties – Ethernet interface" 的属性界面,根据实际需要设定 IP 地址信息。这里使用默认的 IP 地址(IP address)和子网掩码(Subnet mask),如图 9 – 7 所示。单击 "New" 按钮,新建一条名为 "Ethernet(1)" 的以太网,并将 CPU 连接到该网络上,单击 "OK" 按钮返回 HW Config。可以看到生成的 Ethernet(1):PROFINET – IO – system(100),PROFINET IO 控制器组态完成后如图 9-8 所示。

(3) 组态 ET 200S PN

在这个以太网 Ethernet(1)中,配置一个 IO 设备站与配置 PROFIBUS 从站类似。在硬件列表栏的 "PROFINET IO" 内的 "I/O" 目录下找到 "ET200S" 目录,并且找到与相应的硬件相同订货号的 ET200S PN 接口模块,将其拖到 Ethernet(1):PROFINET – IO – system(100)上,如图 9-9 所示。

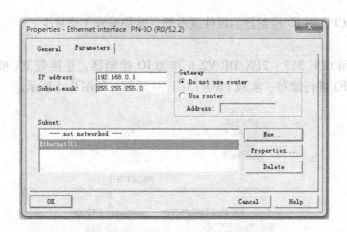

图 9-7　CPU 的以太网接口属性对话框

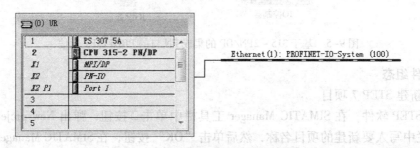

图 9-8　组态 PROFINET IO 控制器

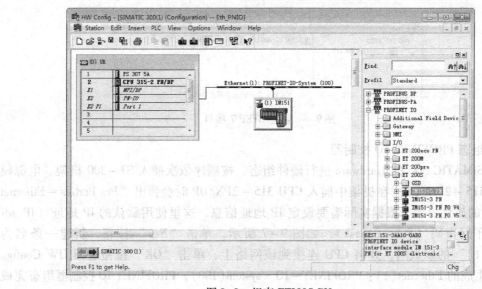

图 9-9　组态 ET200S PN

用鼠标双击 ET200S 的图标，弹出 ET200S 的属性界面。可以查看 ET200S 的简单描述，订货号（Order No）、设备名称（Device Name）、设备号码（Device Number）和 IP 地址。其中 Device Name 设备名称可以根据工艺的需要来自行修改，这里使用默认设置：IM151 - 3PN。Device Number 用于 PROFINET IO 设备的诊断。IP 地址也可以根据需要来修改，这里使用默认设置 192. 168. 0. 2。单击 "OK" 按钮，关闭该对话框。ET200S 属性界面如图 9-10

所示。

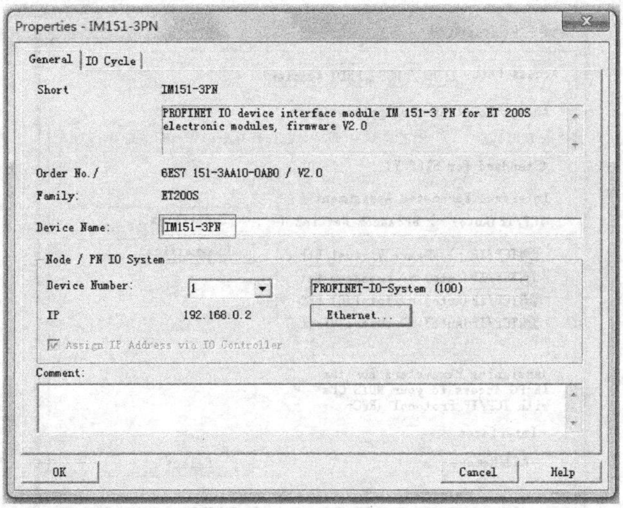

图 9-10 ET200S 属性界面

用鼠标单击 ET200S 图标，会在左下栏中显示该 IO 设备的模块列表。依次在硬件列表栏内，选择 PM－E 模块、输入模块和输出模块，注意模块的订货号要与实际配置的模块号相同，各个模块属性使用默认方式。如图 9-11 所示。

S...		Module	...	Order number	...	I Add...	Q Address	Diagnostic address
0		IM151-3PN		6ES7 151-3AA10-0AB0				2043*
1		PM-E DC24V		6ES7 138-4CA01-0AA0				2042*
2		4DI DC24V ST		6ES7 131-4BD01-0AA0		0.0...0.3		
3		4DI DC24V ST		6ES7 131-4BD01-0AA0		1.0...1.3		
4		4DI DC24V ST		6ES7 131-4BD01-0AA0		2.0...2.3		
5		4DO DC24V/2A ST		6ES7 132-4BD32-0AA0			0.0...0.3	
6		4DO DC24V/2A ST		6ES7 132-4BD32-0AA0			1.0...1.3	
7		4DO DC24V/2A ST		6ES7 132-4BD32-0AA0			2.0...2.3	

图 9-11 IO 设备的模块列表

然后在硬件组态中单击保存和编译，控制器和 IO 设备的硬件组态过程完成。

(4) 设置 PG/PC 接口

所有以太网设备在出厂时都设置有 MAC 地址，因此可以通过普通以太网卡对以太网口的 PLC 系统进行编程调试。在 SIMATIC Manager 中选择 Option 菜单，选择 "Set PG/PC Interface…"，在打开的对话框里选择 "TCP/IP(Auto) -> Broadcom Net…"，这是本台电脑的以太网卡。如图 9-12 所示。

(5) 下载硬件组态

在 HW Config 界面中，单击 🖦 图标，出现 "Select Node Address"（选择节点地址）对话框，单击 "View"（查看）按钮，可以查看可访问的节点。选中 CPU 315 -2PN/DP，单击 "OK" 按钮下载组态信息。

(6) 分配 I/O 设备名

给系统上电后，在 HW Config 界面中，先选中 Ethernet 网络线，然后单击工具栏上的

PLC 选项，并选择 Ethernet 项中的 Assign Device Name，如图 9-13 所示。

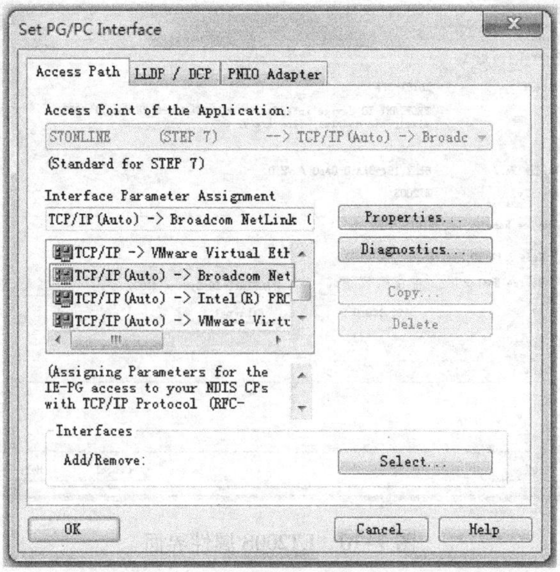

图 9-12　设置 PG/PC 接口

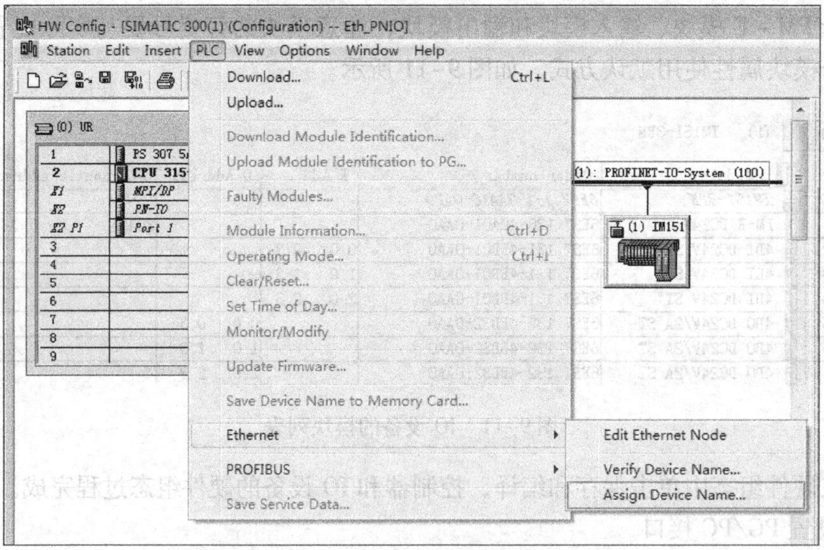

图 9-13　HW Config 界面

弹出设置 ET200S PN 的 IO Device 的命名对话框，如图 9-14 所示。此时可看到 ET200S PN 站的一些信息，选择 IP 地址为 192.168.0.2 的 ET200S，通过"Assign name"按钮将其命名为 IM151-3PN。

单击工具栏上的 PLC 选项，并选择 Ethernet 项中的 Verify Device Name 来查看组态的设备名是否正确，当 Status 为✕时，则设备名错误，当 Status 为✔时，则设备名正确，如图 9-15 所示。

4. 通信测试

在上述操作全部完成后，将程序和组态信息下载到 PLC。通过硬件组态界面内的输入输出模块的 Monitor/Modify 功能监视输入模块与输出模块的工作状态。运行结果如图 9-16 和图 9-17 所示。

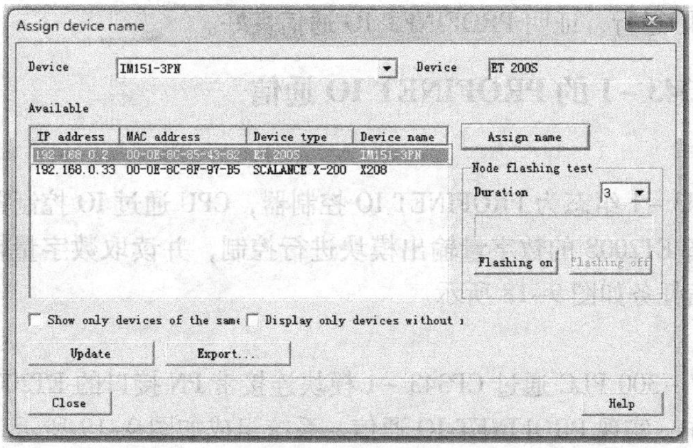

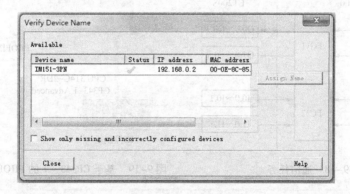

图 9-14　IO Device 的命名对话框

图 9-15　设备名正确

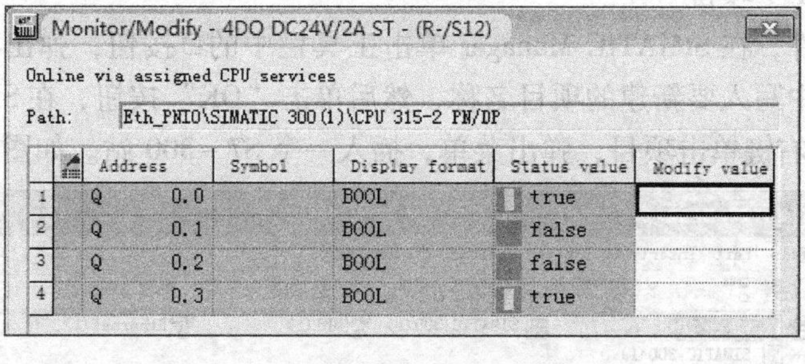

图 9-16　监视 ET200S PN 的 4DO 模块

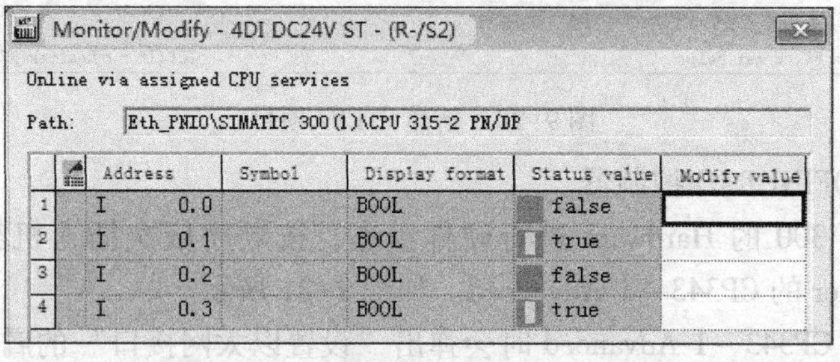

图 9-17　监视 ET200S PN 的 4DI 模块

通过系统的实际运行，证明 PROFINET IO 通信良好。

9.2.2 基于 CP343 –1 的 PROFINET IO 通信

1. 项目说明

本项目将 CP343 –1 组态为 PROFINET IO 控制器，CPU 通过 IO 控制器与 IO 设备进行通信，实现对 IO 设备 ET200S 的数字量输出模块进行控制，并读取数字量输入，完成 PROFINET IO 通信，通信任务如图 9-18 所示。

2. 系统组成

本例为一套 S7 –300 PLC 通过 CP343 –1 模块连接带 PN 接口的 ET200S 模块，对其数字量 IO 进行读写操作，实现 PROFINET IO 通信，系统组成如图 9-19 所示。

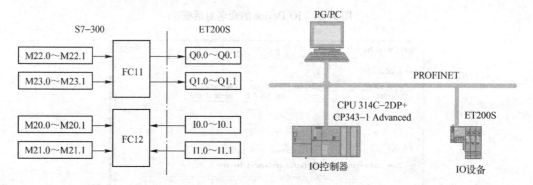

图 9-18　通信任务　　　　图 9-19　基于 CP343 –1 的 PROFINET IO 通信

3. 硬件组态

（1）新建 STEP 7 项目

打开 STEP 软件，在 SIMATIC Manager 单击工具栏中的□按钮，弹出 "New project" 对话框。在 Name 栏中写入要新建的项目名称，然后单击 "OK" 按钮，在 SIMATIC Manager 中新建了一个项目。右键单击项目，弹出菜单，插入一个 S7 –300 站。如图 9-20 所示。

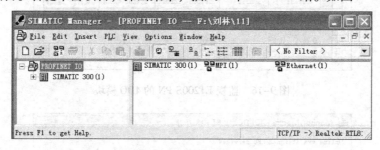

图 9-20　新建 STEP7 项目

（2）组态 PROFINET IO 控制器

双击 SIMATIC 300 的 Hardware 进行硬件组态，按顺序依次插入机架、CPU314 – 2DP V2.6 和 IO Controller 的 CP343 –1 Advanced。如图 9-21 所示。

在机架中插入 CP343 –1 Advanced 时会弹出 "设置以太网接口" 的属性界面，根据实际需要设定 IP 地址信息。这里使用默认的 IP 地址和子网掩码，如图 9-22 所示。在图 9-22 显示的界面中，单击 "New" 按钮，新建一个 Ethernet(1)。

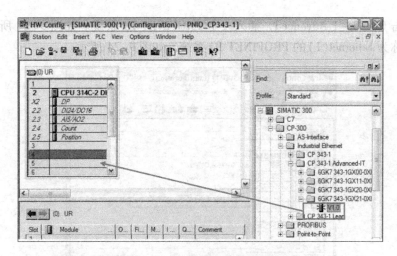

图 9-21　组态 PROFINET IO 控制器

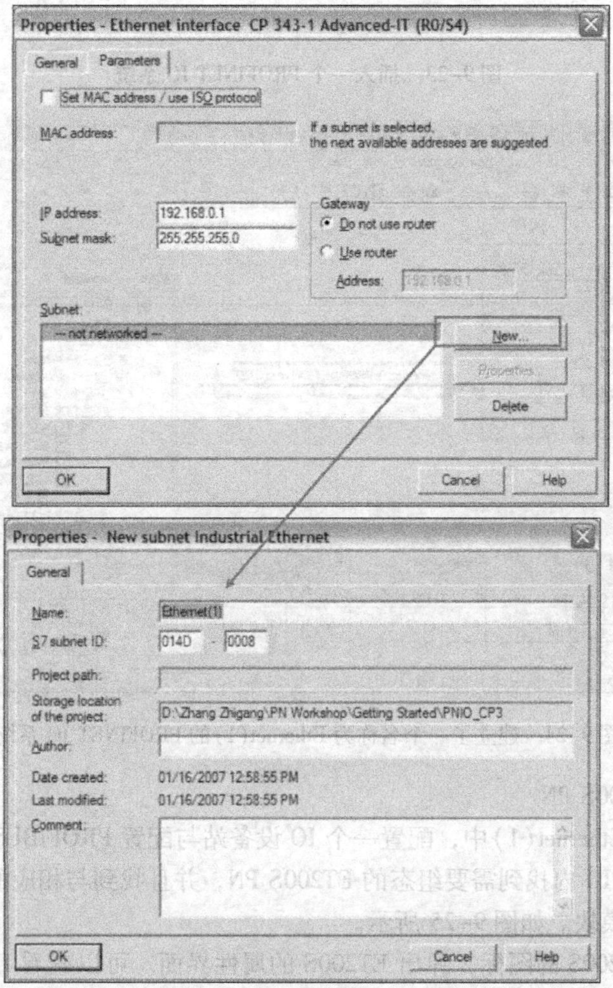

图 9-22　设置以太网接口

右键单击 CP343-1 Advanced，插入一个 PROFINET IO 系统。如图 9-23 所示。这时建立了一个名称为 Ethernet(1)的 PROFINET IO 系统。如图 9-24 所示。

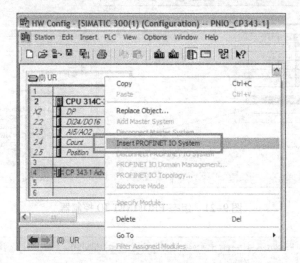

图 9-23　插入一个 PROFINET IO 系统

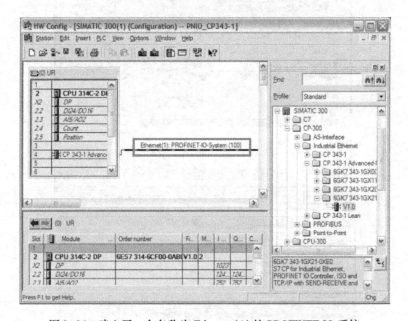

图 9-24　建立了一个名称为 Ethernet(1)的 PROFINET IO 系统

（3）组态 ET 200S PN

在这个以太网 Ethernet(1)中，配置一个 IO 设备站与配置 PROFIBUS 从站类似。在硬件列表栏 PROFINET IO 内找到需要组态的 ET200S PN，并且找到与相应的硬件相同的订货号的 ET200S PN 接口模块。如图 9-25 所示。

用鼠标双击 ET200S 的图标，弹出 ET200S 的属性界面。可以查看 ET200S 的简单描述，订货号、设备名称、设备号码和 IP 地址。其中 Device Name 设备名称可以根据工艺的需要来自行修改，这里使用默认设置：IM151-3PNHF。Device Number 用于 PROFINET IO 设备的诊断。IP 地址也可以根据需要来修改，这里使用默认设置 192.168.0.2。单击"OK"按钮，关闭该对话框。如图 9-26 所示。

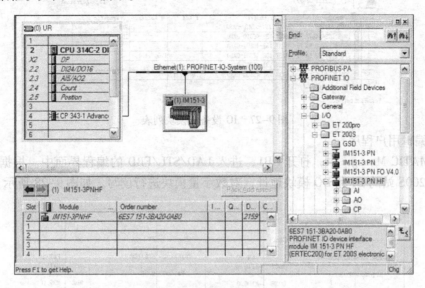

图 9-25　组态 ET 200S PN

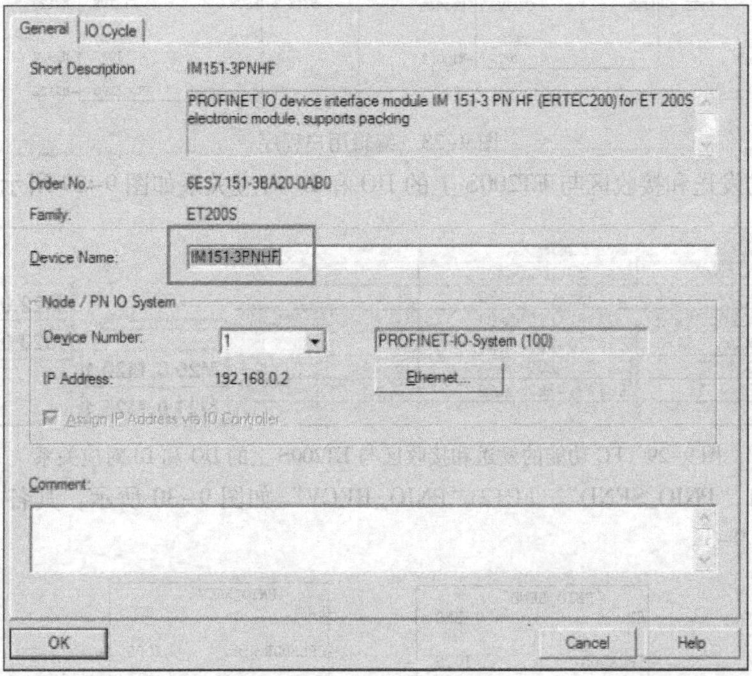

图 9-26　ET200S 的属性界面

用鼠标单击 ET200S 图标，在左下栏中会显示该 IO 设备的模块列表。依次在硬件列表栏内，选择 PM – E 模块和 2DO 模块和 2DI 模块，注意该模块的订货号要与实际的配置的模块号相同，各个模块属性使用默认方式。如图 9-27 所示。

然后在硬件组态中单击保存和编译，控制器和 IO 设备的硬件组态过程完成。

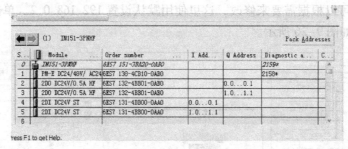

图 9-27　IO 设备的模块列表

（4）编辑用户程序

在 SIMATIC Manager 中，打开 OB1，进入 LAD/STL/FBD 的编程界面中。根据在硬件组态中的 ET200S 站的 DI 和 DO 模块地址，对数字量模块进行读写。如图 9-28 所示。

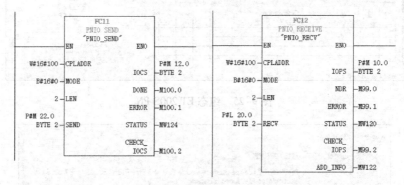

图 9-28　编辑用户程序

FC 功能的发送和接收区与 ET200S 上的 DO 和 DI 对应关系如图 9-29 所示。

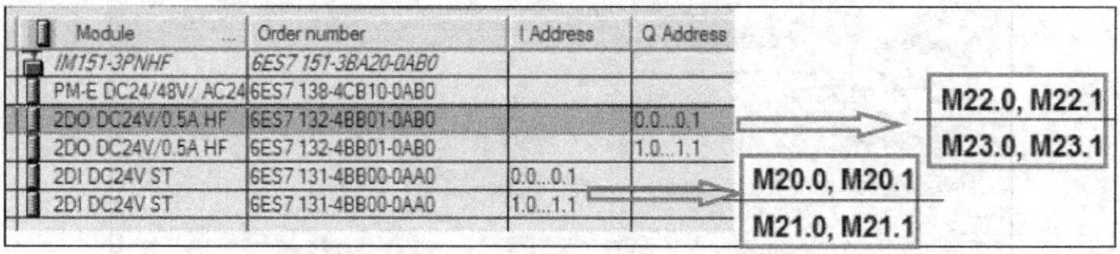

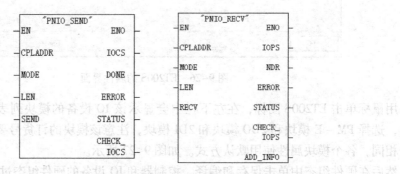

图 9-29　FC 功能的发送和接收区与 ET200S 上的 DO 和 DI 对应关系

其中 FC11 "PNIO_SEND"、FC12 "PNIO_RECV" 如图 9-30 所示，其各自的参数说明见表 9-2 和表 9-3。

图 9-30　FC11 及 FC12

194

表9-2　FC11参数说明表

参　　数	变量声明	注　　释
CPLADDR	INPUT	CP模块起始地址
MODE	INPUT	工作模式
LEN	INPUT	实际发送的数据字节长度
IOCS	OUTPUT	给每一字节的输出数据都传送一个状态位
DONE	OUTPUT	数据通信是否完成
ERROR	OUTPUT	数据通信是否有错误发生
STATUS	OUTPUT	发送块的状态代码
CHECK_IOPS	OUTPUT	由这个位来判断是否需要对IOCS状态进一步分析
SEND	IN_OUT	发送数据区

表9-3　FC12参数说明表

参　　数	变量声明	注　　释
CPLADDR	INPUT	CP模块起始地址
MODE	INPUT	工作模式
LEN	INPUT	实际接收的数据字节长度
IOPS	OUTPUT	给每一字节的输入数据都传送一个状态位
NDR	OUTPUT	数据接收完成
ERROR	OUTPUT	数据通信是否有错误发生
STATUS	OUTPUT	接收块的状态代码
CHECK_IOPS	OUTPUT	由这个位来判断是否需要对IOPS状态进一步分析
ADD_INFO	OUTPUT	额外的诊断信息
RECV	IN_OUT	接收数据区

（5）设置PG/PC接口

所有以太网设备出厂设置里都有MAC地址，因此可以通过普通以太网卡对以太网口的PLC系统进行编程调试。在SIMATIC Manager中选择Option菜单，选择"Set PG/PC Interface…"，在打开的对话框里选择"TCP/IP（Auto） - >SiS191以太网"，这是本台电脑的以太网卡。如图9-31所示。

（6）下载硬件组态

打开本地连接属性，设置本机IP地址为192.168.0.158。同时，要使各台PROFINET接口设备在同一个网段上192.168.0。设置本机IP地址如图9-32所示。

图9-31　设置PG/PC接口

在HW Config界面中，单击 圖标。弹出选择目标模块界面，默认设置为CPU 314C - 2DP，单击"OK"确认，如图9-33所示。

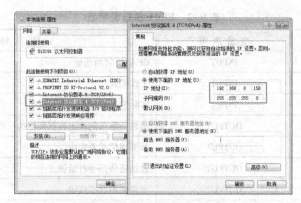

图 9-32　设置本机 IP 地址

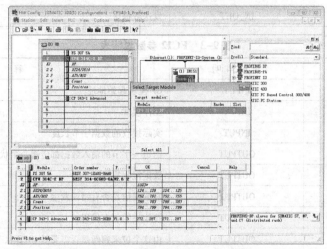

图 9-33　选择目标模块界面

此时会弹出"Select Node Address"对话框，通过单击 View 可以查看相应的 CP343 - 1 Advanced 的 MAC 地址，如图 9-34 所示。

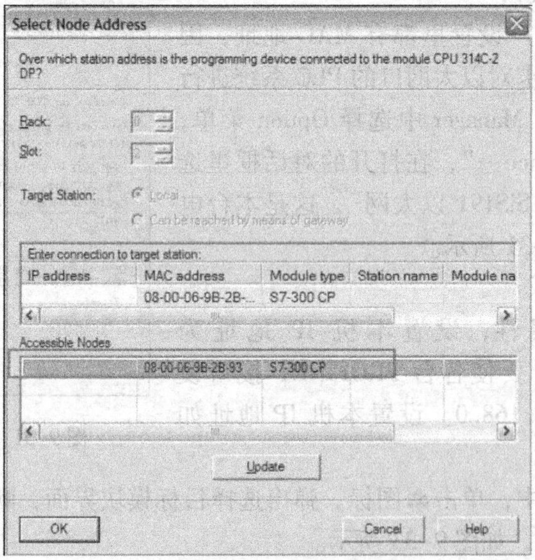

图 9-34　选择节点地址对话框

选择 S7 – 300 CP 执行下载功能，此时会弹出一个对话框，询问是否将 IO 控制器的 IP 地址设置为 192.168.0.1，单击"Yes"按钮，如图 9–35 所示。

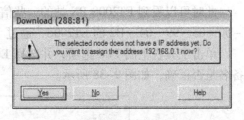

图 9–35 弹出对话框

这时，系统会给 IO 控制器赋 IP 地址，并下载组态信息到 PLC 中。

（7）设置 IO 设备名

给系统上电后，在硬件组态界面中，单击工具栏上的 PLC 选项，并选择 Ethernet 项中的 Assign Device Name，如图 9–36 所示。

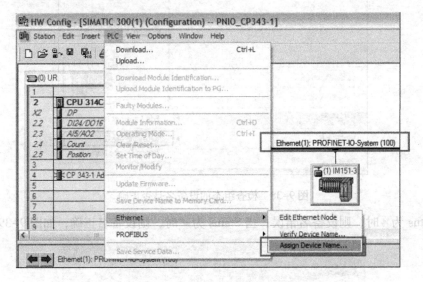

图 9–36 硬件组态界面

弹出设置 ET200S PN 的 IO Device 的命名对话框，如图 9–37 所示。

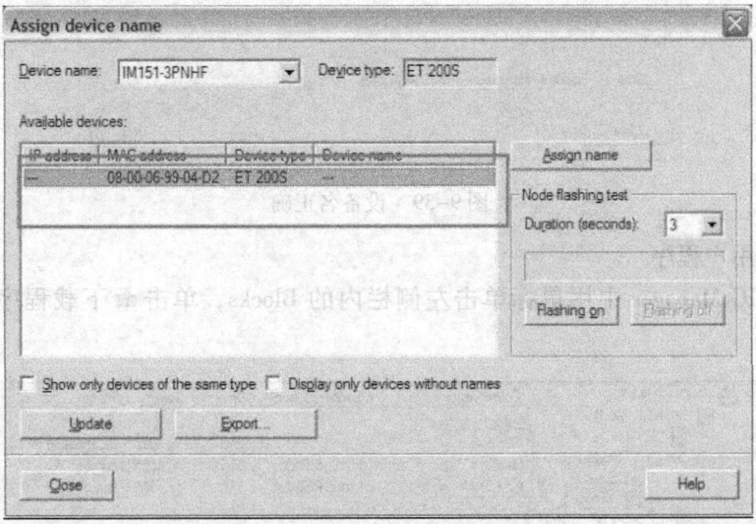

图 9–37 IO Device 的命名对话框

此时可以看到 ET200S PN 站的一些信息，根据实际的 MAC 地址，选择 MAC 地址为 08 -00 -06 -99 -04 - D2 的 ET200S，通过"Assign name"按钮将其命名为 IM151 -3PNHF。

单击工具栏上的 PLC 选项，并选择 Ethernet 项中的 Verify Device Name 来查看组态的设备名是否正确，如图 9-38 所示。

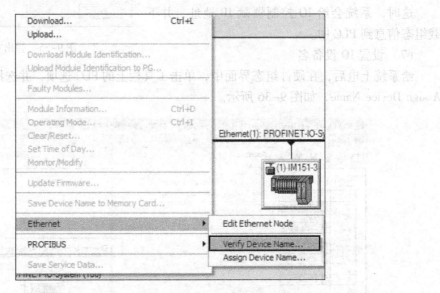

图 9-38　检查组态的设备名是否正确

当 Status 为✖时，则设备名错误；当 Status 为✔时，则设备名正确，如图 9-39 所示。

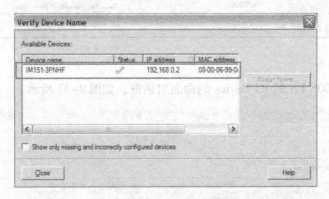

图 9-39　设备名正确

(8) 下载用户程序

在 SIMATIC Manager 中用鼠标单击左侧栏内的 Blocks，单击 🏠 下载程序，如图 9-40 所示。

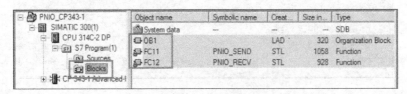

图 9-40　下载用户程序

4. 通信测试

在 SIMATIC Manager 中插入变量表 VAT_1，在 Address 栏中，结合 FC11 和 FC12 功能块的形参定义，添加变量，在监控状态下，修改数字量输出值 MB22 和 MB23，观察 ET200S 上实际 DO 输出变化，以此来验证通信是否正常。如图 9-41 所示。

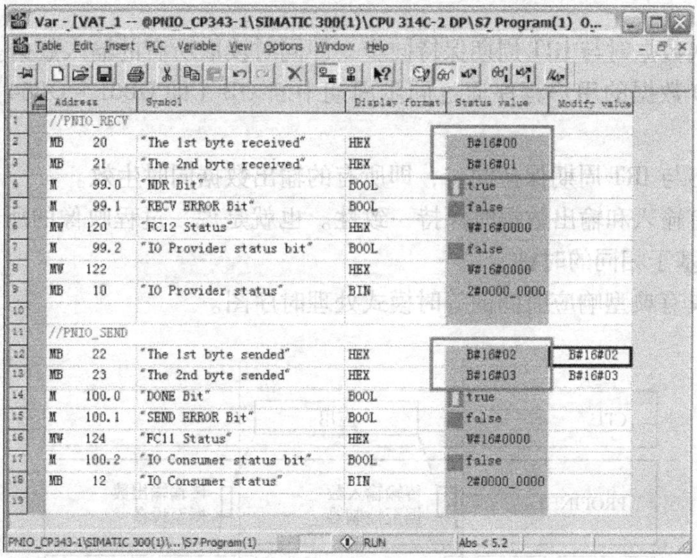

图 9-41　通信测试

9.2.3　带有 IRT 的 PROFINET IO 通信

1. PROFINET IRT 等时模式简介

标准 PROFINET IO 分布式自动化结构中包含多个处理周期，且这些处理周期不同步。参考图 9-42 标准的 PROFINET IO 分布式结构，这些处理周期包括：

1）读取输入信号的 I/O 子模块的周期（T1）。

2）ET 200 背板总线的周期（T2、T6）。

3）PROFINET IO 周期（T3 和 T5）。

4）CPU 上的程序执行周期（T4）。

5）I/O 子模块的信号输出周期（T7）。

输入信号在该过程中被检测并在用户程序中进行处理，相应的响应与输出组件互连。各个周期形

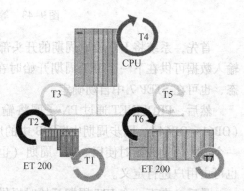

图 9-42　标准的 PROFINET IO
分布式结构处理周期

成了一个顺序，而过程响应时间在非同步周期中可能会产生巨大波动。周期 T2～T6 的长度主要取决于中断、诊断服务等非周期性元素以及用户程序的非周期性数据（如数据记录）。不带等时属性的异步元素会导致过程响应时间的不确定。循环中断（例如 OB35）处于激活状态时，将始终以相同的时间间隔来执行用户程序。最好情况下的响应时间是这些周期相加之和，最坏情况是这些周期和的两倍，而且这里的每个时间周期都是不确定的。因此，用户

程序和 I/O 数据采集只能在某些条件下进行同步。

PROFINET 系统提供了一个可靠的基本时钟。"Isochronous mode"（等时模式）系统属性在 SIMATIC 系统中启用了恒定的周期时间，SIMATIC 系统在总线系统上进行了严格地确定。"Isochronous mode" 系统属性将 SIMATIC 自动化解决方案与 PROFINET IRT 相结合，实现以下功能：

1）读取输入数据时与 IRT 周期保持同步，即同时读取所有的输入数据。

2）处理 I/O 数据的用户程序通过同步周期中断 OB（即 OB61 ~ OB64）与 IRT 的周期 TDC 同步。

3）数据输出与 IRT 周期保持同步，即所有的输出数据同时生效。

4）传输所有输入和输出数据时保持一致性。也就是说，过程映像的所有数据在逻辑上相关联，并且均基于相同的时钟。

图 9-43 是具有典型响应时间的等时模式处理时序图。

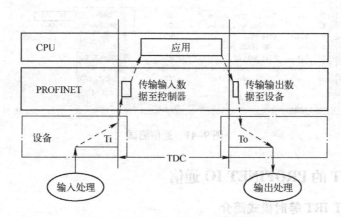

图 9-43　等时模式处理下的时序图

首先，系统将 I/O 读取周期的开头部分提前（提前的时间为偏移时间 Ti），以使所有的输入数据可供在下一个 IRT 周期开始时在 PN 子网中传输。该偏移时间 Ti 可由用户进行组态，也可在 STEP 7 中自动确定。

然后，PROFINET 通过 PN 子网将输入数据传输至 IO 控制器。调用同步周期中断 OB（OB61 ~ OB64）。同步周期中断 OB 中的用户程序决定过程响应，并及时提供输出数据给下一个 IRT 周期开始时使用。IRT 周期（也就是 TDC 时间）的长度可在 STEP 7 中自动定义，也可由用户进行定义。

最后，在下一个 IRT 周期开始时提供输出数据。在等时运行（即与时间 To 同步）的方式下，通过 PN 子网将数据传输至 IO 设备并传送至过程。

整个过程响应时间范围是："Ti + TDC + To" 至 "Ti + (2 x TDC) + To"，即对应从输入设备到输出设备的传输时间。这里的每个时间周期都是确定的，因此能够完全同步。

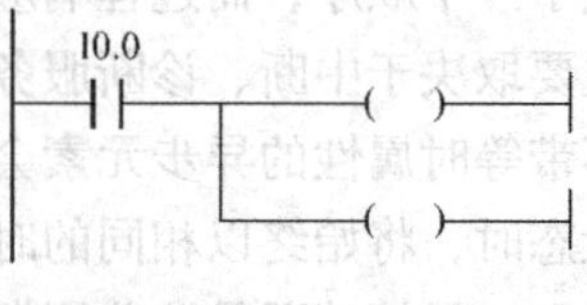

2. 项目说明

本项目完成在 IRT 同步域内分别控制两个 IO 设备同步输出。通信任务如图 9-44 所示，项目所需硬件见表 9-4。

图 9-44　通信任务

模 块 名 称	订 货 号	数 量
SCALANCE - X204IRT V4.3	6GK5 204 - 0BA00 - 2BA3	1
PG/PC + 普通网卡		1
CPU319-3PN/DP V3.2	6ES7 318 - 3EL01 - 0AB0	1
IM151 - 3P N HS V3.0	6ES7 151 - 3BA60 - 0AB0	2
IM151 - 3PN V7.0	6ES7 151 - 3BA23 - 0AB0	1

3. 系统组成

本例描述 PROFINET IO 的 IRT 等时模式。CPU319-3PN/DP、SCALANCE X204IRT、ET200S IM151 - 3PNHS 和 ET200S IM151 - 3PNHS1 处于一个同步域内，ET200S IM151 - 3PN 处于同步域外。在同步域内，CPU319-3PN/DP 为同步主站，其他设备为同步从站。在同步域内，所有设备都必须支持 IRT，即集成 ERTEC 控制器。同步域内的设备采用 IRT 的等时模式，同步域外的设备采用 RT 通信方式。图 9-45 是 PROFINET IO 系统的网络组态。

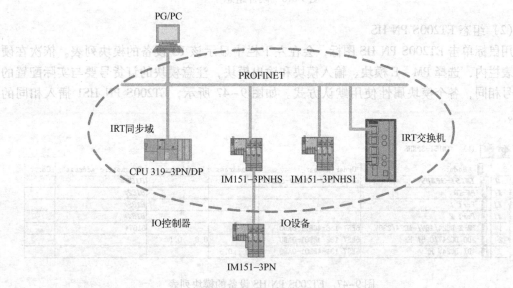

图 9-45 带有 IRT 的 PROFINET IO 系统网络组态

4. 硬件组态

（1）STEP7 项目组态

打开 STEP 软件，在 SIMATIC Manager 单击工具栏中的 □ 按钮，弹出"New project"对话框。在 Name 栏中写入要新建的项目名称，然后点击"OK"按钮，在 SIMATIC Manager 中新建了一个项目。右键单击项目，弹出菜单，插入一个 S7 - 300 站。双击 SIMATIC 300 的 Hardware 进行硬件组态，按顺序依次插入 S7 - 300 的机架、电源模块、CPU319-3PN/DP、SCALANCE X204IRT、ET200S IM151 - 3PNHS、ET200S IM151 - 3PNHS1 和 IM151 - 3PN。组态结果如图 9-46 所示。

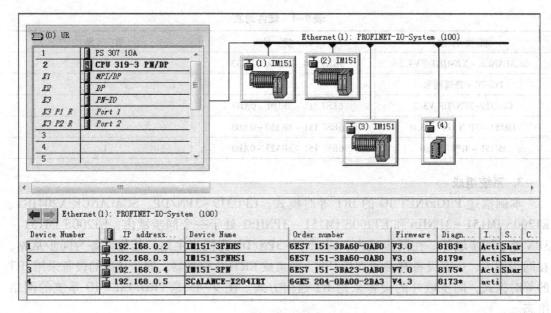

图 9-46　硬件组态

（2）组态 ET200S PN HS

用鼠标单击 ET200S PN HS 图标，会在左下栏中显示该 IO 设备的模块列表。依次在硬件列表栏内，选择 PM – E 模块、输入模块和输出模块，注意模块的订货号要与实际配置的模块号相同，各个模块属性使用默认方式。如图 9-47 所示，ET200S PN HS1 插入相同的模块。

S...		Module	Order number	I address	Q address	Diagnostic address	Co...
0		IM151-3PNHS	6ES7 151-3BA60-0AB0			8183*	
X1		PN-IO				8182*	
X1		Port 1				8185*	
X1		Port 2				8184*	
1		PM-E DC24/48V/ AC24/230V	6ES7 138-4CB11-0AB0			8167*	
2		2DO DC24V/0.5A HF	6ES7 132-4BB01-0AB0		0.0...0.1		
3		4DI DC24V HF	6ES7 131-4BD01-0AB0	0.0...0.3			

图 9-47　ET200S PN HS 设备的模块列表

（3）组态网络拓扑

单击"Ethernet（1）:PROFINET – IO – System（100）"总线，单击鼠标右键，在弹出菜单中选择"PROFINET IO Topology…"，弹出拓扑编辑器对话框。单击"Graphic View"选项卡，根据实际的端口连接对 PROFINET IO 网络进行组态。参考图 9-48 编辑拓扑信息。

（4）组态各个设备的 IRT 通信

再次单击"Ethernet（1）:PROFINET – IO – System（100）"总线，单击鼠标右键，在弹出菜单中选择"PROFINET IO Domain Management…"，弹出同步域管理对话框，双击"SI-MATIC 300（1）/PN – IO"，即 IO 控制器 CPU319-3PN/DP，弹出设备属性对话框，在同步角色中选择"Sync master"，设置为同步时钟主站。参考图 9-49 设置同步时钟主站。

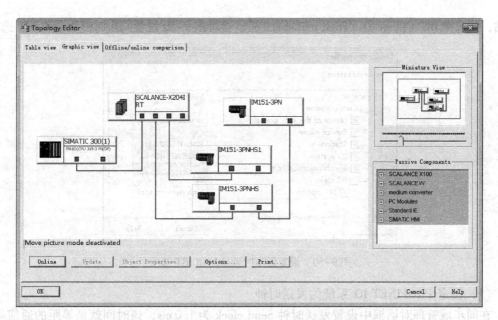

图 9-48　网络拓扑结构

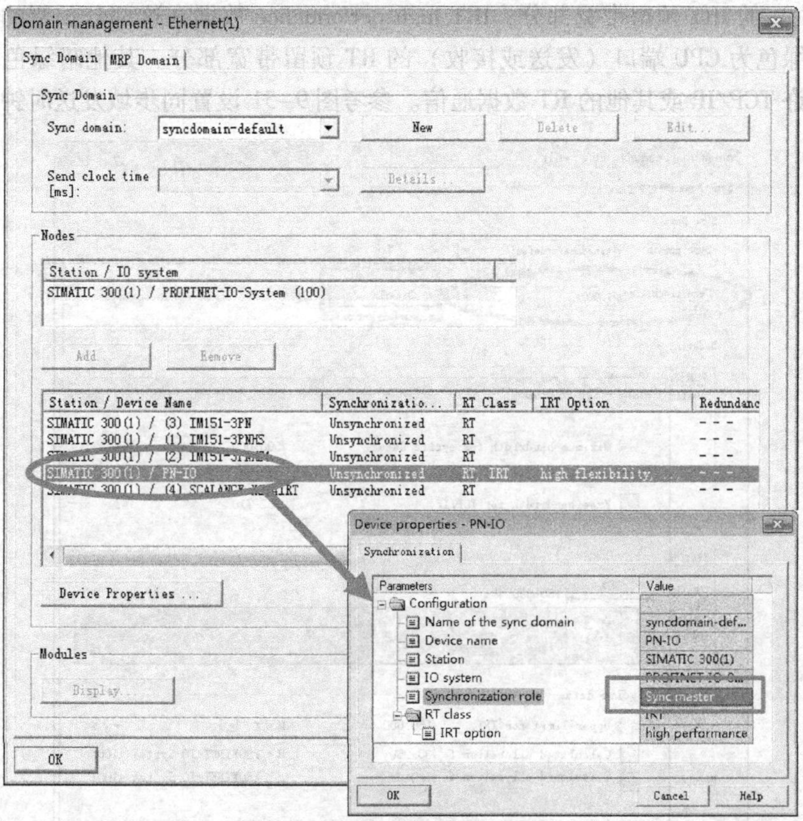

图 9-49　设置同步时钟主站

　　然后配合〈Ctrl〉键，通过鼠标选中除了 IM151 – 3PN 的其他 IO 设备，单击 "Device Properties" 按钮，设置所选中的 IM151 –3PNHS 以及 SCALANCE X204IRT 交换机设置同步时钟

从站，并选择 IRT Option 为"High performance"。参考图 9-50 设置同步时钟从站和 IRT 选项。

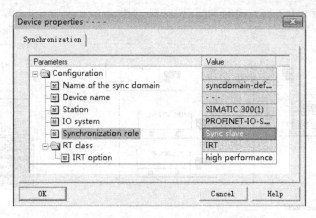

图 9-50　设置同步时钟从站和 IRT 选项

（5）设定 PROFINET IO 系统的发送时钟

在同步域管理对话框中设置发送时钟 Send clock 为 1.0 ms，该时间就是等距的通信周期 TDC。单击对话框中的"Details…"按钮，弹出同步域详细信息，其中黄色部分为 CPU 端口（发送或接收）的 IRT 预留带宽部分，IRT high performance 数据在这部分预留的时间段内进行传输，亮绿色为 CPU 端口（发送或接收）的 RT 预留带宽部分。其他暗绿色部分为开放的带宽，允许 TCP/IP 或其他的 RT 数据通信。参考图 9-51 设置同步域发送时钟详细信息。

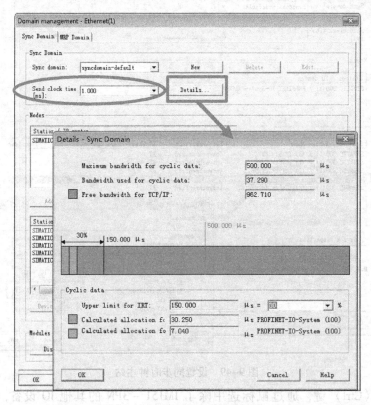

图 9-51　设置同步域发送时钟

（6）设置 PROFINETIO 系统更新时间

双击"Ethernet(1):PROFINET – IO – System(100)"总线，弹出 PROFINET IO 系统属性对话框，在"Update Time"选项卡中，可以根据实际的需求对 RT 设备设置刷新时间，在等时模式需要与发送时钟的周期一致，即 1.0 ms。参考图 9-52 设置 PROFINET IO 系统属性。

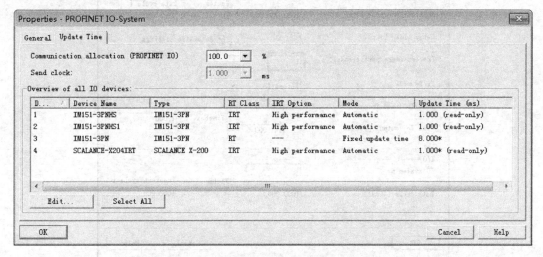

图 9-52　PROFINET IO 系统更新时间设置

（7）设置同步周期中断

双击 CPU，弹出 CPU319 属性对话框，选择"Synchronous Cycle Interrupts"选项卡，单击"IO system no."选择 PROFINET IO 总线的标号 100。参考图 9-53 设置同步周期中断。

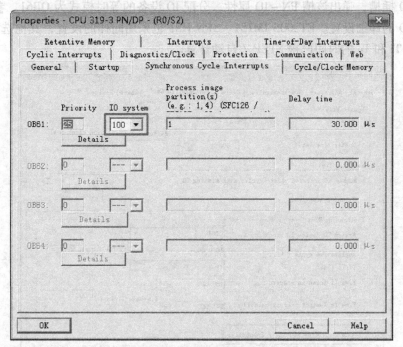

图 9-53　同步周期中断

单击该页面中的"Details"按钮，由于 CPU319 只支持过程映像分区 1，所以设置过程映像分区为"1"。参考图 9-54 进行 OB61 的详细设置。

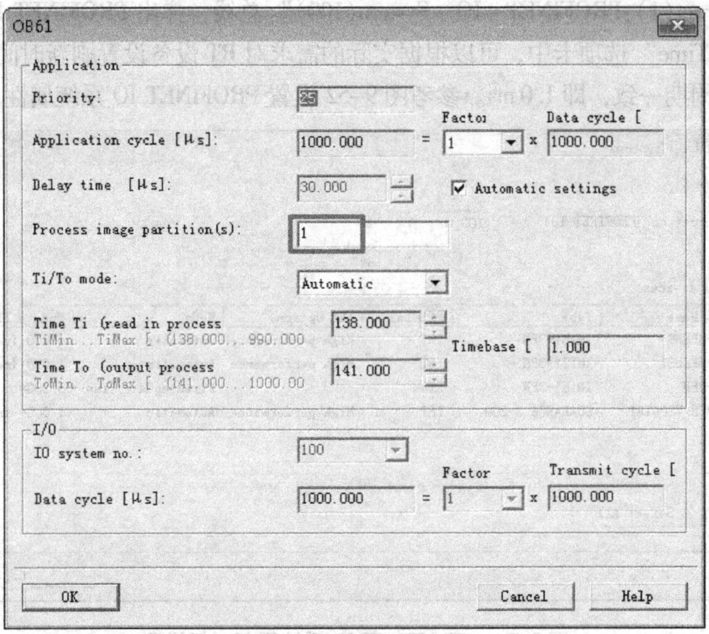

图 9-54　OB61 的详细设置

（8）设置参与等时同步的 IO 设备

对于参与等时同步的分布式 IO 设备，例如 ET200s IM151-3PN HS，双击该设备硬件组态的 PN-IO 插槽，弹出该槽 PN-IO 属性，分配 IO 设备的等时模式为 OB61。参考图 9-55进行 PN-IO 的详细设置。ET200S IM151-3PN HS1 也采用同样的设置，其他选项保持默认即可，可见 Ti 和 To 的时间已被 STEP 7 自动计算。

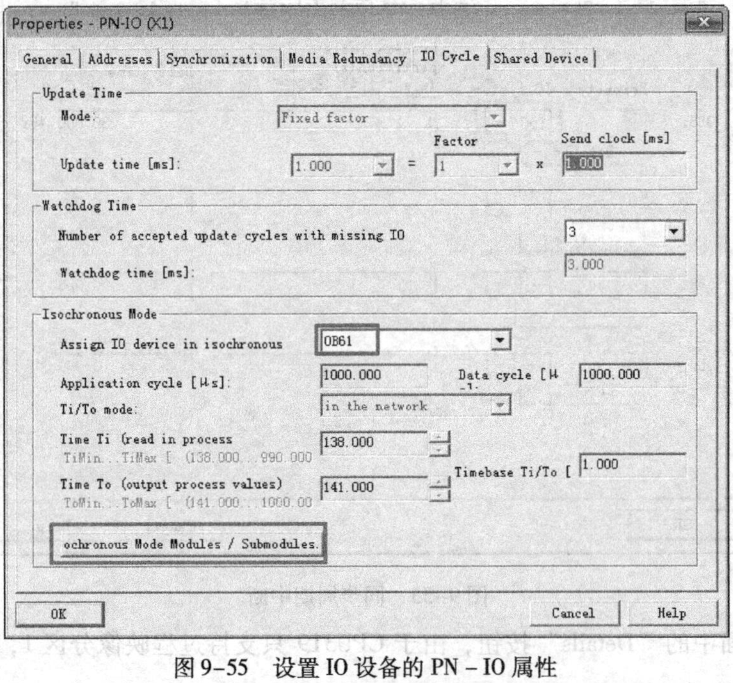

图 9-55　设置 IO 设备的 PN-IO 属性

单击该页面的"Isochronous Mode Modules/Submodules"按钮，可以查看和设置使用等时模式的子模块。参考图9-56使用等时模式子模块。

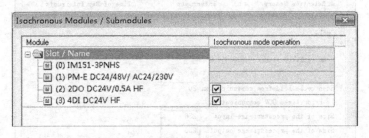

图9-56　使用等时模式的子模块

（9）设置IO设备中的模块

在硬件组态中双击模块，例如4DI DC24v HF，可以看见相应的参数已经被自动修改以适应等时模式。过程映像区如图9-57所示，该模块的过程映像区已经被设置为PIP1，即分区1。模块参数如图9-58所示，输入延迟为0.1 ms。

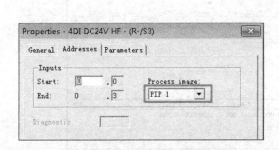

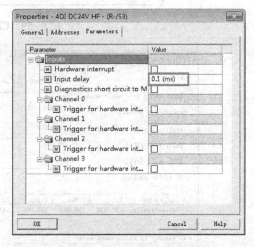

图9-57　DI模块的过程映像区　　　　图9-58　IO设备中DI模块的参数

对于模块的地址区应在CPU的过程映像区内，如果等时的模块超出了CPU的过程映像区的范围，那么可以修改模块的地址区到CPU的过程影响区内。参考图9-57所示过程映像区，可以增加如图9-59所示CPU过程映像区的范围，以包含超出的地址区间。

最后右键单击CPU，弹出菜单，选择"PROFINET IO Isochronous mode"，弹出等时模式对话框，如图9-60所示。其中详细说明等时模式相关的时间。Application cycle = Data cycle = send clock = 1.0 ms，OB61的延迟时间delay time = 30us，以及模块的Ti和To时间全部自动计算。组态完成后，保存编译该项目。

（10）编写用户程序并下载测试

在STEP 7的SIMATIC Manager中插入并打开OB61，编写如图9-61所示程序。

首先调用SFC26，刷新过程映像分区1的输入地址区，即读入输入信息。然后调用同步程序，如果I0.0为1，那么Q0.0和Q1.0为1。最后调用SFC27，刷新为过程映像分区1的输出地址区，即同步输出Q0.0和Q1.0。

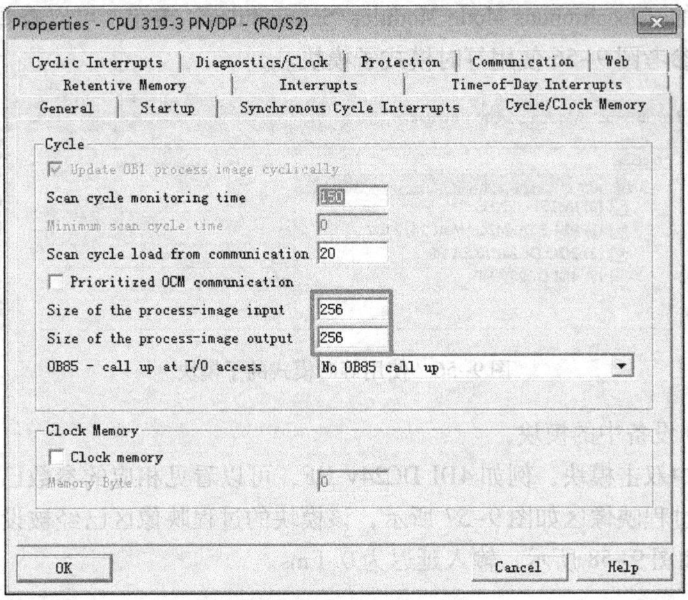

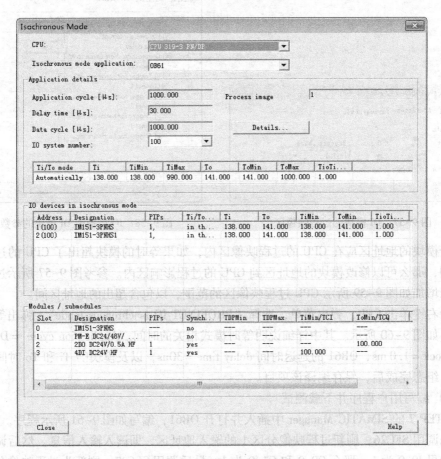

图 9-59　CPU 过程映像区

图 9-60　等时模式配置结果

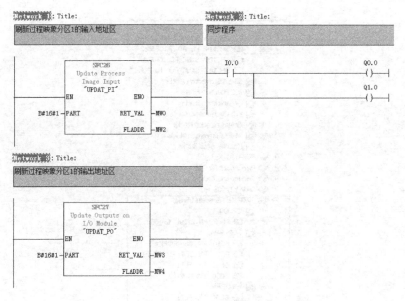

图 9-61   用户测试程序

5. 通信测试

当 I0.0 为 1 时，处于两个不同 IO 设备上的 Q0.0 和 Q1.0 同时输出 1，完成等时同步操作。

9.3   PROFINET CBA 通信

9.3.1   PROFINET CBA 的用户程序接口

PROFINET CBA 接口是 PROFINET 组件的接口，每一个 PROFINET 组件都存在一个接口，通过该接口，组件之间以及组件与 HMI 系统之间就可以相互通信。接口类型主要分为两种：一是 PROFINET interface DB；另一个是 HMI interface DB。通过刷新 PROFINET interface DB，S7 控制器就可以读到 CBA 的数据，而刷新 PROFINET interface DB 的方式分为两种，一是自动刷新，二是通过用户程序接口刷新。与自动刷新相比，用户程序接口刷新的方式在处理 CBA RT 通信更能满足用户的要求。

STEP 7 软件提供一系列功能块来执行 CBA 的接口刷新，如图 9-62 中有红色方框的标示。

表 9-5 列出了用于刷新 CBA 的系统功能块与标准功能块。

表 9-5   刷新 CBA 的系统功能与标准功能块

系统功能/功能块	作 用
FB88 "PN_InOut"	CP 和 Interface DB 之间交换数据
FB90 "PN_InOut"	用于 S7 – 400 的 CPU
SFC112 "PN_IN"	刷新 PROFINET 控制器 CBA 接口 DB 的所有 Input 值
SFC113 "PN_OUT"	刷新 PROFINET 控制器 CBA 接口 DB 的所有 Output 值
SFC114 "PN_DP"	在 PROFINET 控制器作为 CBA 代理组件时，刷新所有本地与远程的组件互连
FC10 "PN_IN"	智能的 PROFIBUS 从站作为 CBA 组件时，刷新 PROFIBUS 设备接口 DB 的所有 Input 值
FC11 "PN_OUT"	智能的 PROFIBUS 从站作为 CBA 组件时，刷新 PROFIBUS 设备接口 DB 的所有 Output 值

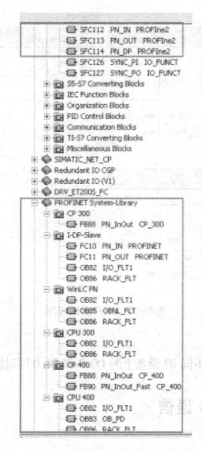

图 9-62　刷新 CBA 接口的功能块

9.3.2　项目介绍

1. 项目说明

本项目通过使用 STEP 7 软件创建 PROFINET 组件，再使用 iMAP 图形化软件连接组件的接口完成组件之间的数据交换任务，如图 9-63 所示。

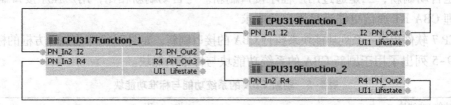

图 9-63　通信任务

项目主要硬件组成见表 9-6。

表 9-6　硬件列表

模块名称	订货号	数量	模块名称	订货号	数量
SCALANCE X208	6GK5 208 - 0BA00 - 2AA3	1	CPU319 - 3PN/DP v2. 4	6ES7 318 - 3EL00 - 0AB0	1
PG/PC + 普通网卡		1	CPU317 - 2PN/DP v2. 2	6ES7 317 - 2EJ10 - 0AB0	1

项目主要软件组成见表9-7。

表9-7 软件列表

软 件 名 称	版　本	软 件 名 称	版　本
STEP 7	V5. 5 SP2	iMAP	V3. 0
SIMATIC_iMap_STEP7_AddOn	V3. 0		

2. 系统组成

CPU319-3PN/DP 作为一个独立体组件，提供 2 个工艺功能与其他组件通信，通过 PN 接口连接到 PROFINET 网络上。带有 STEP 7 与 iMap 软件的 PG/PC 通过普通网卡连接到 PROFINET 网络上。CPU317 - 2PN/DP 作为一个具有代理功能的标准组件，通过 PN 接口连接到 PROFINET 网络上。整个网络配置如图 9-64 所示。

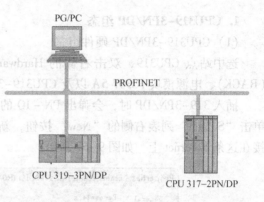

图9-64　项目网络配置

9.3.3　STEP 7 项目组态

首先设置 PG/PC 的网卡 IP 地址为 192.168.0.100，打开 PC 的网络连接，在本地连接属性中双击 TCP/IPv4 项，打开 TCP/IPv4 属性，按图9-65 所示来设置 IP 地址。

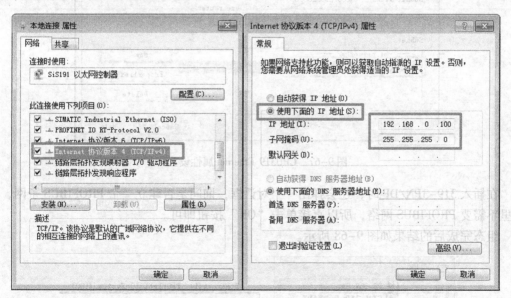

图9-65　PC 的 IP 地址设置

然后在 STEP 7 中选择"Options"菜单下的 Set PG/PC interface，设置 PG/PC 的接口为 TCP/IP（Auto） ->SiS191 以太网。

在 STEP 7 中新建一个项目"NET_CBA"。在该项目中插入 2 个 S7 - 300 站，分别重新命名为 CPU319、CPU317，如图 9-66 所示。

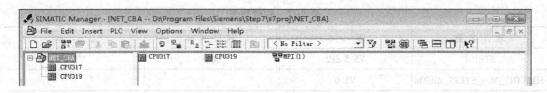

图 9-66　新建项目并插入站点

1. CPU319-3PN/DP 组态

（1）CPU319-3PN/DP 硬件组态

选中站点 CPU319，双击右侧的 Hardware 图标，打开硬件组态界面。依次插入机架（RACK）、电源模块 PS307 5A 以及 CPU319-3PN/DP。

插入 319-3PN/DP 时，会弹出 PN－IO 的属性对话框，设置 IP 地址为 192.168.0.1，并单击"Subnet"列表右侧的"New"按钮，新建一条工业以太网 Ethernet(1)，并将 CPU 挂接在这条 Ethernet 上，如图 9-67 所示。

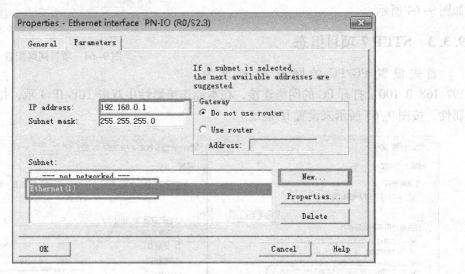

图 9-67　CPU319 Ethernet 属性设置

在插入 319-3PN/DP 时，还会弹出一个对话框，询问是否建立一个 PROFIBUS 子网，在这里不需要 PROFIBUS 网络，所以直接单击"OK"按钮即可。

组态完成后的结果如图 9-68 所示。

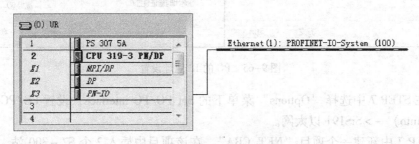

图 9-68　CPU319 硬件组态图

（2）CPU319-3PN/DP 程序编译

打开 CPU319-3PN/DP 站的主程序块 OB1，在 Libraries 中找到 SFC112 和 SFC113。SFC112 要放在程序开头，如 Network1 中；SFC113 要放在程序结尾，如 Network3 中；而其他数据处理可以放在它们之间，这里没有编写程序。SFC112 和 SFC113 的输入变量 DBNO 写入 W#16#0，意味着 SFC112 和 SFC113 刷新 PN 的所有接口。程序如图 9-69 所示。

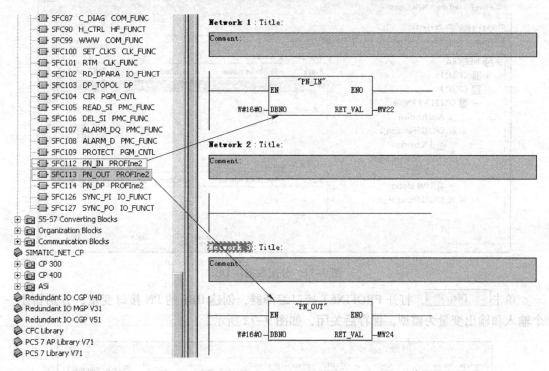

图 9-69　CPU319 站程序设计

（3）创建 PROFINET 组件接口

右键单击 CPU319-3PN/DP 站，在下拉菜单中选择"Create PROFINET Interface"项，弹出 PROFINET 接口编译器，找到并单击 Add function ，添加 2 个功能，并修改默认名称为 CPU319Function_1、CPU319Function_2。同一项目中 CBA 组件功能名必须不同。结果如图 9-70 所示。

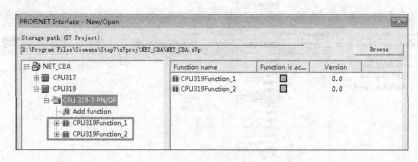

图 9-70　添加功能

213

在 CPU319Function_1 下 📄 PN blocks 中单击 🖪 Add PN block ，弹出一个对话框，直接单击 "OK" 按钮选择默认状态添加 PN 接口数据块 DB1。若 DB1 不在 Assigned PN blocks 列表中，而是位于右下方的 Available blocks 列表中，则单击 ⌷_____ ▲ ⌷ 将 DB1 移到 Assigned PN blocks 列表内。如图 9-71 所示。

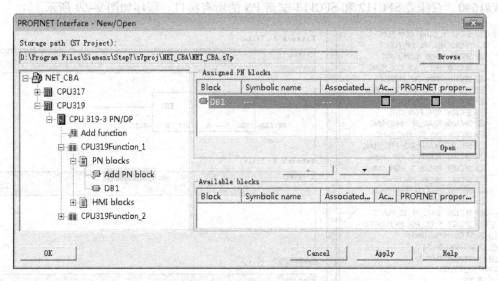

图 9-71　分配数据块 DB1

单击 ⌷ Open ⌷，打开 PROFINET 接口编译器，创建 DB1 的 PN 接口变量，分别新建一个输入和输出变量为整型，保存后关闭，如图 9-72 所示。

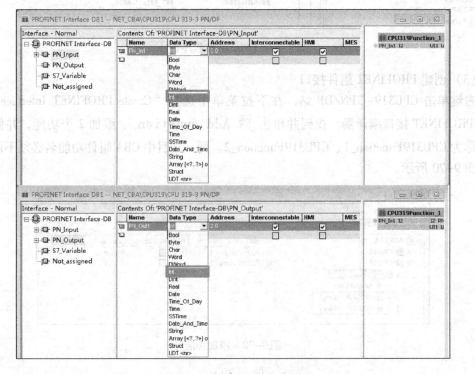

图 9-72　创建 PN 接口变量

在 CPU319Function_2 下 ▤ PN blocks 中单击 ⟿ Add PN block，弹出一个对话框，直接单击"OK"按钮选择默认状态添加 PN 接口数据块 DB2。DB2 的 PN 接口变量均使用实型，配置方法和 DB1 完全一致，此处不再赘述。

（4）创建 PROFINET 组件

右键单击 CPU319 站，在下拉菜单中选择"Create PROFINET Component"项。弹出创建组件对话框，在"Component Type"选项卡下，组件类型中选择"Singleton component"，在刷新 PN 接口选择"via user program（copy blocks）"，如图 9-73 所示。单击"OK"按钮，开始创建组件。

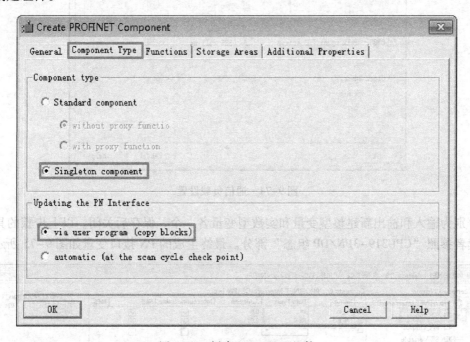

图 9-73　创建 PROFINET 组件

2. CPU317 – 2PN/DP 组态

（1）CPU317 – 2PN/DP 硬件组态

采用同组态 CPU319-3PN/DP 一样的方法，进行 CPU317 – 2PN/DP 的组态。将 CPU317 挂接到之前生成的 Ethernet(1)上，IP 地址设置为 192.168.0.2，子网掩码为 255.255.255.0。双击机架上的 2 号 CPU 插槽，即 ▨ CPU 317-2 PN/DP ，打开 CPU 属性设置对话框。在"Cycle/clock memory"选项卡中，设置通信负载占用扫描循环为 50%。如图 9-72 所示。

单击"OK"按钮，关闭对话框，保存并编译硬件组态。

（2）创建 PROFINET 组件接口

采用与创建 CPU319 的 PROFINET 组件接口相同的方法，创建 CPU317 的 PROFINET 组件接口。

在 CPU317 – 2PN/DP 站下添加一个新的功能，将默认名称修改为 CPU317Function_1，并在 CPU317Function_1 下添加 PN 接口数据块 DB1。当 DB1 出现在"Assigned PN blocks"列表内时，单击 ▨▨▨ Open ▨▨▨，打开 PROFINET 接口编译器，创建 DB1 的 PN 接口变

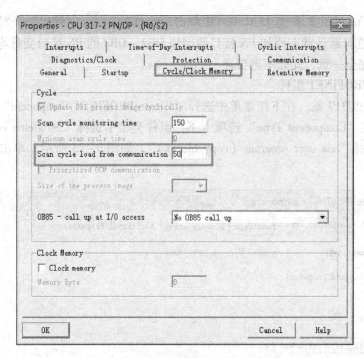

图 9-74　通信负载设置

量，分别为输入和输出新建整型变量和实数型变量各一个，保存后关闭。以上步骤的具体介绍请读者参照 "CPU319-3PN/DP 组态" 部分。最终生成的 PN 接口变量如图 9-75 所示。

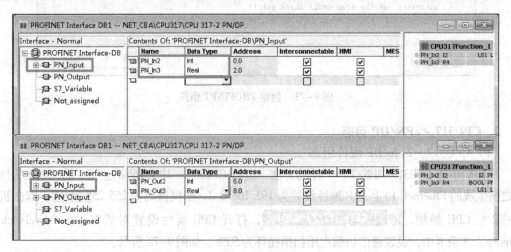

图 9-75　创建的 PN 接口变量

（3）创建 PROFINET 组件

　　右键单击 CPU317 站，在下拉菜单中选择 "Create PROFINET Component" 项，弹出如图 9-76 所示的创建组件对话框，在 "Component Type" 选项卡下，在组件类型中选择 "Singleton component"，在刷新 PN 接口选择 "automatic（at the scan cycle check point）"，单击 "OK" 按钮，开始创建组件。

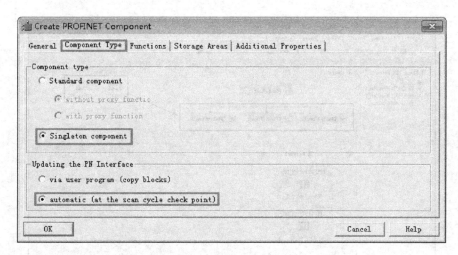

图 9-76 创建 CPU317 的 PROFINET 组件

9.3.4 用 iMap 组态和下载组件

1. 导入组件

打开 iMap V3.0 软件，在界面右侧 Project Library 栏中右击，弹出菜单，选择 "Import Components" 导入已生成的组件，如图 9-77 所示。

图 9-77 导入组件

找到相应的文件夹，将 XML 文件导入到 "Project Library" 中，在 Preview 栏中可以看到预览的组件图形。将组件从 Project Library 栏中拖到 Plant chart 栏中。如图 9-78 所示。

2. 用 iMap 进行组件互连

在 Working range 中，单击进入 Network view。在 iMap 的网络拓扑图中，CPU319-3PN/DP 和 CPU317 -2PN/DP 均是 singleton component，IP 地址自动产生，与 STEP 7 里的设置保持一致。Network view 如图 9-79 所示。

在 iMap 中选择 "Project" 菜单中的 "Properties"，弹出属性对话框，选择 "Interconnections" 选项卡，可以根据需要设置循环时间和非循环时间。在本示例中，选中 cyclical，等级选 fast，并且调整 RT 传输周期为 16 ms。设置界面如图 9-80 所示。

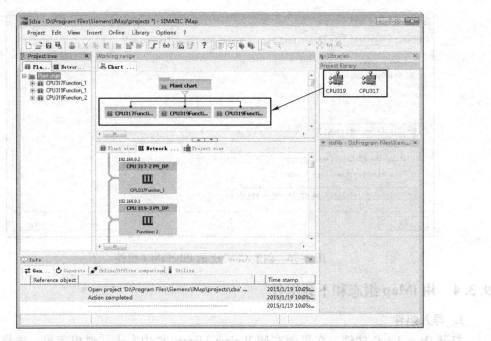

图 9-78　插入组件

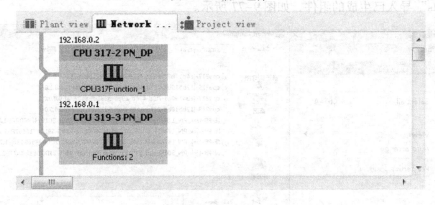

图 9-79　组态完成的 Network View

回到 Plant view 栏，根据工艺要求连接组件。可以采用以下方法进行组件连接：用鼠标单击 CPU317Function_1 的输出接口变量 PN_Out2，出现连线图标，再单击 CPU319Function_1 的输入接口变量 PN_In1，这样两个变量将连在一起。采用同样的方法连接其他变量。可以用工具栏的 ♪ 按钮切换变量连接关系的显示方式。连接完成的 Plant View 如图 9-81 所示。

3. 组件编译与下载

单击 ❖ 保存和编译 iMap 项目，编译后可以在 Generate 栏内判断编译是否正确。用鼠标右键单击 Project tree 窗口中的某个组件，执行快捷菜单中的 "Download selected instances" 的 "All" 命令，下载该组件的全部程序和互连信息。采用相同的方法下载其他组件即可。

4. 通信测试

单击工具栏图标 ⚮ 用于在线监视 PN 设备。可以在诊断信息栏 Functions 中看至目前没有功能错误和设备故障，而 CPU 图标显示绿色，无故障。切换到变量表选项，在列表下拉框中选择要在线监视的变量。在工具栏上单击图标 ⚏，在线观察变量值。这时可以单击在

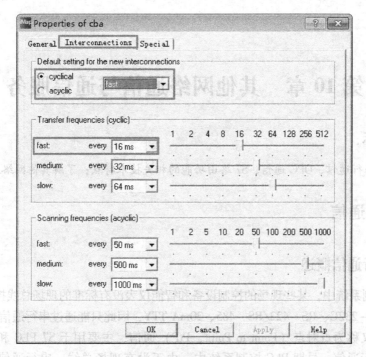

图 9-80　传输属性设置

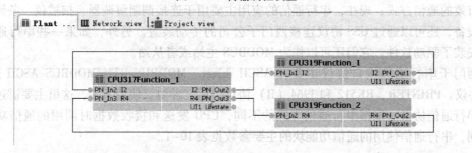

图 9-81　变量连接完毕的 Plant View

线显示值，进行在线修改所需要的值，单击键盘回车。随意设定几个值，在线观察结果。

9.4　习题

1. PROFINET 的特点及优势是什么？
2. PROFINET 的实时通信与等时实时通信各有哪些特点？
3. PROFINET IO 控制器和 IO 设备各有哪些？
4. 代理服务器的作用是什么，有哪些代理服务器？
5. 什么是 PROFINET CBA，它的优势在哪里？
6. 简要说明 FC11 和 FC12 以及 SFC112 和 SFC113 在 PROFINET 通信中的作用？
7. 组态一个 PROFINET IO 项目。CPU315 – 2PN/DP 作为 IO 控制器，ET200S 作为 PROFINET IO 设备，LE/PB Link 作为代理服务器，DP 网络上连接一个 ET200M 从站。
8. 组态一个 PROFINET CBA 项目。将 CPU319–3PN/DP 和 CPU317 – 2PN/DP 作为 CBA 组件，创建必要的组件接口并在 iMap 软件中进行连接，组态必要的 OB 块和功能块。

第 10 章 其他网络通信与通信服务

本章学习目标：

学习掌握串行通信、OPC 通信、S7 路由功能的相关技术特点；了解其他网络及通信服务。

10.1 串行通信

10.1.1 串行通信概述

在工业控制系统中，某些现场的控制设备和智能仪表没有标准的现场总线接口，只有串行通信接口如 RS‑232C、RS‑422/RS‑485、20mA TTY，因此只能通过串行通信模块通信。

串行通信又称为点对点（Point to Point，PtP）通信，主要用于 S7 PLC 和带有串行通信接口的设备进行通信。早期 PLC 控制系统中，由于没有现场总线，串行通信就成为一种经济、有效的通信方式；现在，串行通信的应用主要用于连接调制解调器、扫描仪、条码阅读器等设备，还可以通过 USS 协议连接西门子公司的传动装置。另外，如果一些串行通信处理器安装了驱动软件，它们还可以作为 MODBUS 主站或者从站。

西门子串行通信接口协议主要有 ASCII driver、MODBUS RTU/MODBUS ASCII 通信、USS 协议、PRINTER、RK512 和 3964（R）协议，后三种协议使用不多，这里主要讲述前面三种串行通信协议。根据串行通信方式的不同，CPU 发送和接收数据时调用的通信功能块也不同，串行通信使用的通信功能块的主要参数见表 10‑1。

表 10‑1 通信功能块主要参数

功能块	LAD	参 数	数据类型	说 明
FB7	"P_RCV_RK" EN　　ENO EN_R　　L_TYP R　　L_NO LADDR　　L_OFFSET DB_NO　　L_CF_BYT DBB_NO　　L_CF_BIT 　　NDR 　　ERROR 　　LEN 　　STATUS	EN_R	BOOL	接收使能
		R	BOOL	中断请求，禁止接收
		LADDR	INT	CP341 的地址
		DB_NO	INT	指定接收 DB 号，不能为 0（仅在 SEND 命令中指定通信伙伴接收数据类为‘X’时有效）
		DBB_NO	INT	指定接收 DB 中的起始字节（取值范围为 0～8190，仅在 SEND 命令中指定通信伙伴接收数据类型为‘X’时有效）
		L_TYP	CHAR	本地 CPU 上的数据区类型，'D'：Data block；'M'：Memory bit；'I'：Inputs；'Q'：Outputs；'C'：Counters；'T'：Timers
		L_NO	INT	本地 CPU 上的数据块号

功能块	LAD	参数	数据类型	说明
FB7	"P_RCV_RK" EN　ENO EN_R　L_TYP R　L_NO LADDR　L_OFFSET DB_NO　L_CF_BYT DBB_NO　L_CF_BIT 　NDR 　ERROR 　LEN 　STATUS	L_OFFSET	INT	本地 CPU 上的数据字节号
		L_CF_BYT	INT	本地 CPU 上的通信标志字节号
		L_CF_BIT	INT	本地 CPU 上的通信标志位号
		NDR	BOOL	接收数据成功，STATUS 为 16#00
		ERROR	BOOL	接收数据失败，STATUS 包含错误信息
		LEN	INT	接收到的数据长度
		STATUS	WORD	状态字
FB8	"P_SND_RK" EN　ENO SF　DONE REQ　ERROR R　STATUS LADDR DB_NO DBB_NO LEN R_CPU_NO R_TYP R_NO R_OFFSET R_CF_BYT R_CF_BIT	SF	CHAR	命令类型，S 表示 SEND 命令，F 表示 FETCH 命令
		REQ	BOOL	发送请求，上升沿触发
		R	BOOL	中断请求，禁止发送
		LADDR	INT	CP341 的地址
		DB_NO	INT	指定要发送的 DB 块号
		DBB_NO	INT	指定待发送数据在 DB 中的起始地址
		LEN	INT	发送字节的长度
		R_CPU_NO	INT	指定通信伙伴的 CPU 号，仅用于多处理器模式，默认为 1
		R_TYP	CHAR	获取通信伙伴数据的类型，'D'：Data block；'X'：Expanded data block；'M'：Memory bit；'I'：Inputs；'Q'：Outputs；'C'：Counters；'T'：Timers
		R_NO	INT	要获取数据的数据块号
		R_OFFSET	INT	通信伙伴的数据字节号
		R_CF_BYT	INT	通信伙伴通信标志的字节号（M区）默认为 255，表示没有通信标志
		R_CF_BIT	INT	通信伙伴通信标志的位号
		DONE	BOOL	发送数据成功，STATUS 为 16#00
		ERROR	BOOL	发送数据失败，STATUS 包含错误信息
		STATUS	WORD	状态字

10.1.2　ASCII driver 协议

1. ASCII driver 协议概述

ASCII driver 用于控制 CPU 和一个通信伙伴之间串行连接的数据传输，仅包含物理层。

大多数的应用均使用 ASCII driver 协议，如连接驱动装置和条码阅读器等。ASCII driver 可以发送和接收开放式的数据（所有可以打印的 ASCII 字符），8 个数据位的字符可以发送和接收 00 ~ FFH 之间的所有字符，7 个数据位的字符可以发送和接收 00 ~ 7FH 之间的所有字符，提供一种开放式的报文帧结构。

ASCII driver 协议可以用字符延迟时间、帧的长度或结束字符作为报文帧结束的判据，接收方必须在组态时设置报文帧的结束判据。

其各判据的含义如下：

1）用字节延迟时间作为报文帧结束的判据。报文帧没有设置固定的长度和结束符，接收方在约定的字符延迟时间内未收到新的字符则认为报文帧结束，如图 10-1 所示。

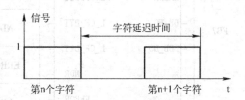

图 10-1　字符延迟时间

2）用固定的字节长度（1 ~ 1024 B）作为报文帧结束的判据。如果在完成接收设置的字符之前字符延迟时间到，那么将停止接收，同时生成一个出错报文；如果接收到的字符长度大于设置的固定长度，多余的字符将被删除；如果接收到的字符长度小于设定的固定长度，那么该报文将被删除。

3）用结束字符作为报文帧结束的判据。用一个或两个用户定义的结束字符表示报文帧的结束，应保证在用户数据中不包括结束字符。

2. ASCII driver 通信功能块概述

通信处理器不同，CPU 发送和接收数据时调用的通信功能块也不同，常用通信功能块见表 10-2。

表 10-2　ASCII driver 协议通信所需功能块

CP 类型 \ 功能块	发送	接收	有效接口
CP340	FB3	FB2	20mA TTY、RS-232C、RS-422/485
CP341	FB8	FB7	20mA TTY、RS-232C、RS-422/485
S7-300C PtP	SFB60	SFB61	RS-422/485
ET200S Serial	FB3	FB2	RS-232C、RS-422/485

3. ASCII driver 应用实例

（1）项目说明

上面说明了 ASCII 驱动通信方式的原理，下面以 CP341-RS232C 接口与 PC 的串口调试工具通信为例，介绍通信处理器 CP341 使用 ASCII driver 协议的接收数据和发送数据。

（2）系统组成

本项目的连接配置如图 10-2 所示，所需硬件和软件见表 10-3。

CP341-RS232C接口　　标准RS-232C电缆　　RS-232C接口

图 10-2　RS-232C 系统配置

表 10-3　所需硬件和软件

硬件列表		
模块名称	订货号	数量
PG/PC + RS −232C 接口		1
CPU 315 − 2PN/DP　V2. 6	6ES7 315 − 2EH13 − 0AB0	1
CP 341 − RS232C	6ES7 341 − 1AH00 − 0AE0	1
软件列表		
STEP 7 V5. 5 SP2		
PtP Param V5. 1 SP14		
串口调试软件		

（3）组态和配置

首先需要在计算机上安装 STEP 7 软件和 CP340/CP341 模块的软件驱动程序（SIMATIC S7 − CP PtP Param V5. 1）。

然后进行硬件组态，在硬件组态窗口中双击 CP 模块，打开 CP 模块的属性窗口，如图 10-3所示，单击 Addresses 选项卡即可看到该 CP 模块的硬件地址（在编写通信程序时，需要使用该地址参数）。

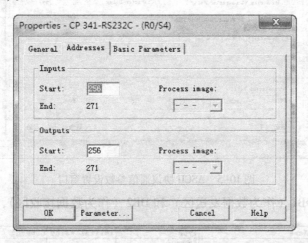

图 10-3　CP341 属性窗口

单击属性窗口底部的"Parameter…"按钮，选择通信协议 Protocol 为 ASCII，如图 10-4 所示，然后双击 Protocol 图标▩，弹出 ASCII 协议的通信参数设置窗口，如图 10-5 所示。在该窗口中设置通信参数，如报文帧结束标志、通信速率、数据位数、奇偶校验等，此处使用默认值。设置完成后对硬件组态进行保存并编译，将硬件组态下载到 PLC，如果此时 SF 灯亮，则将通信电缆与其通信伙伴连接，SF 灯熄灭说明硬件组态正确。

（4）程序设计

双击 OB1，打开 OB1 编程画面，从库"Libraries −> CP PtP −> CP341"中调用发送功能块 FB8 P_SND_RK 和接收功能块 FB7 P_RCV_RK，为其分配背景数据块 DB8 和 DB7。将参数 LADDR 设为硬件组态中 CP341 的起始逻辑地址 256，LADDR 的值应与图 10-3 的地址相

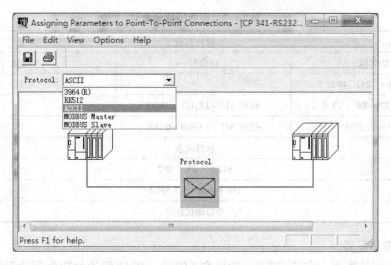

图 10-4 ASCII driver 协议选择

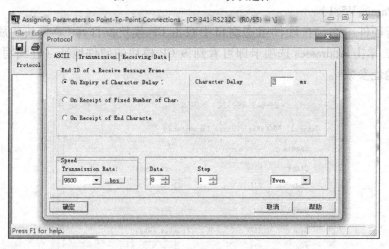

图 10-5 ASCII 协议通信参数设置窗口

同。在程序中插入 DB1（作为数据发送区）和 DB2（作为数据接收区），如图 10-6 所示。

Address	Name	Type	Initial value	Comment
0.0		STRUCT		
+0.0	SEND_Data	ARRAY[1..50]		Temporary placeholder
*1.0		BYTE		
=50.0		END_STRUCT		

发送数据块DB1

Address	Name	Type	Initial value	Comment
0.0		STRUCT		
+0.0	RECEIVE_Data	ARRAY[1..50]		Temporary placeholder
*1.0		BYTE		
=50.0		END_STRUCT		

接收数据块DB2

图 10-6 发送和接收数据块

在 OB1 中，CP341 的发送功能块 FB8 的参数设置和接收功能块 FB7 的参数设置见表 10-4 和 10-5 所示。OB1 中的程序如图 10-7 所示。发送和接收模块参数见表 10-4、表 10-5。

表 10-4　发送模块参数

LADDR	硬件组态中的 CP 模块起始逻辑地址，本例中为 256
DB_NO	发送数据块号，本例中为 1（DB1）
DBB_NO	发送数据的起始地址，本例中为 0（DB1.DBB0）
LEN	发送数据的长度，本例中为 8
REQ	发送数据触发位，上升沿触发，本例中为 M30.0
R	取消通信，本例中为 M30.1
DONE	发送完成位，发送完成并没有错误为 TRUE，本例中为 M31.0
ERROR	错误位，为 TRUE 说明有错误，本例中为 M31.1
STATUS	状态字，标识错误代码，查看 CP341 手册获得相应的说明，本例中为 MW32
其他参数	与 ASCII 通信协议无关，本例中不用

表 10-5　接收模块参数

LADDR	硬件组态中的起始逻辑地址，本例中为 256
DB_NO	发送数据块号，本例中为 2（DB2）
DBB_NO	发送数据的起始地址，本例中为 0（DB2.DBB0）
LEN	接收数据的长度，本例中为 MW22，只有在接收到数据的当前周期，此值不为 0，可以查看 MW22 的值来确认接收到数据的长度
EN_R	使能接收位，本例中为 M20.0
R	取消通信，本例中为 M20.1
NDR	接收完成位，接收完成并没有错误时为 TRUE，本例中为 M21.0
ERROR	错误位，为 TRUE 时说明有错误，本例中为 M21.1
STATUS	状态字，标识错误代码，查看 CP341 手册获得相应的说明，本例中为 MW24
其他参数	与 ASCII 通信协议无关，本例中不用

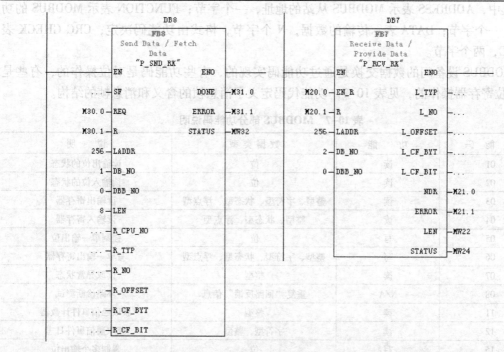

图 10-7　OB1 程序

（5）通信调试

将 CP341 的通信口与 PC 的串口相连，可在上位机使用串口调试软件进行调试。注意：需将 M20.0 和 M30.0 置 1 使能发送和接收。

10.1.3　MODBUS RTU 协议

1. MODBUS 概述

MODBUS 是 Modicon 公司提出的一种通信协议，经过各大公司的实际应用，逐渐被认可，成为一种标准的通信协议。该协议支持 RS－232C、RS－422、RS－485、20mA TTY 及以太网等接口。MODBUS 是以主从方式进行数据传输，在传输过程中主站发送数据请求报文到从站，从站返回响应报文，该协议只允许在主站和从站之间通信，从站与从站之间不能直接通信。主站还能以广播的方式和所有从设备通信，但从站不返回响应报文。

常用的 MODBUS 协议有 MODBUS ASCII 和 MODBUS RTU 两种，MODBUS ASCII 协议以 ASCII 形式传输数据，每 8 位作为两个 ASCII 码传输，且有开始和结束标记，适用于通信数据较少的场合；而 MODBUS RTU 传输时每 8 位包含两个 4 位的十六进制数据，没有开始和结束标记，适用于通信数据较多的场合。

在本节主要介绍 MODBUS RTU 协议，其可与 DCS 系统中的一些过程仪表通信，应用比较广泛。在 MODBUS RTU 格式的通信协议中，通信双方是通过报文以主从方式进行数据传输的，报文格式见表 10-6。

表 10-6　MODBUS RTU 报文格式

ADDRESS	FUNCTION	DATA	CRC CHECK

其中，ADDRESS 表示 MODBUS 从站的地址，一个字节；FUNCTION 表示 MODBUS 的功能码，一个字节；DATA 表示传输的数据，N 个字节，格式由功能码决定；CRC CHECK 表示 CRC，两个字节。

MODBUS 设备间的数据交换是通过功能码实现的，有些功能码是对位操作的，有些是对 16 位寄存器操作的，见表 10-7。功能代码定义了消息帧的含义和消息帧的结构。

表 10-7　MODBUS 部分功能码说明

功　能　码	功　　能	数据类型	说　　明
01	读	位	读输出位的状态
02	读	位	读输入位的状态
03	读	整型、字符型、状态型、浮点型	读输出寄存器
04	读	整型、状态型、浮点型	读输入寄存器
05	写	位	强制单一输出位
06	写	整型、字符型、状态型、浮点型	写单一输出寄存器
07	读	整型	读取异常状态
08	N/A	重复"回路反馈"信息	环路诊断测试
11	读	整型	获取通信事件计数器
12	读	字符型、整型	获取通信事件日志
15	写	位	强制多个输出位
16	写	整型、字符型、状态型、浮点型	写多个输出寄存器

主站通信协议支持的功能码有 FC01、FC02、FC03、FC04、FC05、FC06、FC07、FC08、FC11、FC12、FC15 和 FC16。从站通信协议支持的功能码有 FC01、FC02、FC03、FC04、FC05、FC06、FC08、FC15 和 FC16。例如主站发送数据请求报文及各字节的含义见表 10-8。

表 10-8   主站发送数据请求报文及各字节的含义

05H	从站地址	00H	寄存器总数"高字节"
03H	功能代码	02H	寄存器总数"低字节"
00H	寄存器起始地址"高字节"	xxH	CRC 校验代码"低字节"
40H	寄存器起始地址"低字节"	xxH	CRC 校验代码"高字节"

从站回复的响应报文见表 10-9。

表 10-9   从站回复的响应报文

05H	从站地址	25H	寄存器地址 41H 数据"高字节"
03H	功能代码	27H	寄存器地址 41H 数据"低字节"
04H	字节计数器	xxH	CRC 校验代码"低字节"
21H	寄存器地址 40H 数据"高字节"	xxH	CRC 校验代码"高字节"
23H	寄存器地址 40H 数据"低字节"		

在西门子 PLC 通信中，表 10-7 功能码访问的数据类型相对于不同的数据区，如 I 区、Q 区及输入/出寄存器，对 I 区只读，对 Q 区可读写，对输入寄存器只读，对输出寄存器可读写，见表 10-10。用户层级的地址表示是按十进制排列的，以 1 为起始地址，如第 22 个输入位表示为 10022，在 MODBUS 通信中通过功能码 02 读取。对于每一个数据区的传送信息是以 0 为起始地址的，如第 22 个输出位的传送信息表示为 21，在 MODBUS 通信中通过功能码 01、05、15 传送，传送信息在组态 MODBUS 从站时会使用。

表 10-10   不同数据区的用户层级表示

功能代码	数据类型	用户层级的地址表示（十进制）
01、05、15	输出位	0xxxx
02	输入位	1xxxx
04	输入寄存器	3xxxx
03、06、16	保持寄存器	4xxxx

2. MODBUS 主站协议应用实例

（1）项目说明

本项目以 CP341 读取仪表设备数据为例介绍 MODBUS RTU 主站通信的过程。要求 S7 - 300 PLC 可以读取仪表的数据，并且仪表每次只返回一个数据。

（2）系统组成

CP341 与仪表通过 RS - 232C 线缆连接如图 10-8 所示，所需硬件和软件见表 10-11。

图 10-8   MODBUS 主站读取仪表数据硬件连接

CP341-RS232C接口   标准RS-232C电缆   RS-232C接口   过程仪表

227

表 10-11 所需硬件和软件

硬件列表		
模块名称	订货号	数量
PG/PC + RS-232C 接口		1
CPU 315-2PN/DP V2.6	6ES7 315-2EH13-0AB0	1
CP 341-RS232C	6ES7 341-1AH01-0AE0	1
软件列表		
STEP7 V5.5 SP2		
PtP Param V5.1 SP14		
Modbus Master V3.1 SP7		

（3）组态和配置

首先查看仪表提供的接口信息：RS-232C 或 RS-485 可选；通信速率 19.2 Kbit/s；数据格式为 8-N-1（即 8 个数据位、无奇偶校验，1 个停止位）。仪表提供的数据查询报文和响应报文格式分别见表 10-12 和表 10-13。根据仪表的报文可知：利用 FC03 可以读取仪表的数据，并且仪表只返回一个数据。

表 10-12 数据查询报文格式

字 节	MODBUS	范 围	字 节	MODBUS	范 围
1	从站地址	1~247（DEC）	5	寄存器数量高字节	00
2	功能码	03	6	寄存器数量低字节	01
3	开始地址高字节	00	7	CRC 校验高字节	00~FF（HEX）
4	开始地址低字节	00~FF（HEX）	8	CRC 校验低字节	00~FF（HEX）

表 10-13 数据响应报文格式

字 节	MODBUS	范 围	字 节	MODBUS	范 围
1	从站地址	1~247（DEC）	5	响应数据低字节	00~FF（HEX）
2	功能码	03	6	CRC 校验高字节	00~FF（HEX）
3	字节计数	02	7	CRC 校验低字节	00~FF（HEX）
4	响应数据高字节	00~FF（HEX）			

然后在计算机上安装 STEP 7 软件和 CP340/CP341 模块的软件驱动程序（SIMATIC S7-CP PtP Param V5.1）。接着进行硬件组态，在硬件组态窗口中双击 CP 模块，打开 CP 模块的属性窗口，如图 10-9 所示，单击 Addresses 选项卡即可看到该 CP 模块的硬件地址（在编写通信程序时，需要使用该地址参数）。

单击属性窗口底部的"Parameter…"按钮，选择通信协议 Protocol 为 MODBUS Master，如图 10-10 所示，连接 PLC MPI 接口使之成为联机状态，双击"Load Drivers"图标，加载 MODBUS RTU 协议到通信处理器中，CPU 必须处于"STOP"模式，单击"Load Drives"栏，加载过程起动，完成后离线与在线的版本将匹配。然后双击 Protocol 图标█，弹出 MODBUS Master 协议的通信参数设置窗口，如图 10-11 所示。在该窗口中设置通信参数，如通信速率设置为 19.2 Kbit/s、数据位数为 8 位、停止位数为 1 位，无奇偶校验等。

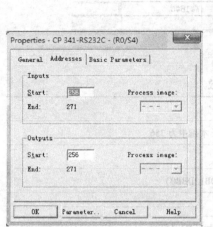

图 10-9　CP341 属性窗口

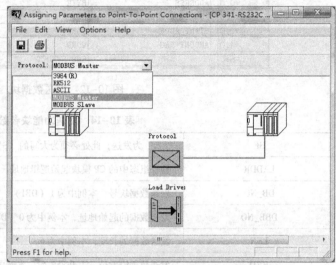

图 10-10　MODBUS Master 协议选择

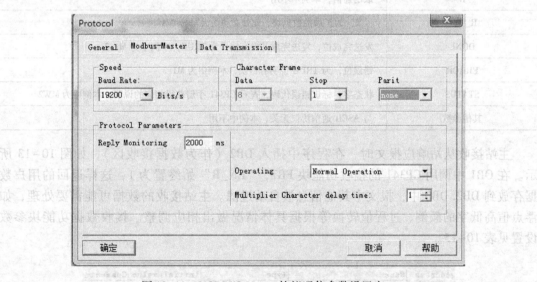

图 10-11　MODBUS Master 协议通信参数设置窗口

　　设置完成后对硬件组态进行保存并编译，将硬件组态下载到 PLC，如果此时 SF 灯亮，则将通信电缆与其通信伙伴连接，SF 灯熄灭说明硬件组态正确。

　　（4）程序设计

　　主站发送数据请求报文时，在程序中插入 DB1（作为数据发送区），如图 10-12 所示。根据仪表提供的信息发送数据请求报文，报文存放在 DB1 中前 6 个字节，M1.1 产生一次上升沿，数据请求报文发送一次。在 OB1 中调用 CP341 的发送功能块 FB8，与 ASIIC 驱动协议通信调用相同。将参数 LADDR 设为硬件组态中 CP341 的起始逻辑地址 256，LADDR 的值应与图 10-9 的地址相同。发送数据功能块参数设置见表 10-14。

Address	Name	Type	Initial value	Comment
0.0		STRUCT		
+0.0	ADDRESS	BYTE	B#16#0	Temporary
+1.0	FUNCTION_CODE	BYTE	B#16#0	
+2.0	START_ADDR	WORD	W#16#0	
+4.0	AMOUNT_REG	WORD	W#16#0	
=6.0		END_STRUCT		

图 10-12　发送数据块

表 10-14　发送功能块参数

SF	'S' 为发送，此处必须为大写的 'S'
LADDR	硬件组态中的 CP 模块起始逻辑地址，本例中为 256
DB_NO	发送数据块号，本例中为 1（DB1）
DBB_NO	发送数据的起始地址，本例中为 0（DB1. DBB0）
LEN	发送数据的长度，本例中为 6
REQ	发送数据触发位，上升沿触发，本例中为 M1.1
R	取消通信，本例中不用
R_TYP	'X' 为扩展的数据块，此处必须为大写的 'X'
DONE	发送完成位，发送完成并没有错误为 TRUE，本例中为 M1.2
ERROR	错误位，为 TRUE 说明有错误，本例中为 M1.3
STATUS	状态字，标识错误代码，查看 CP341 手册获得相应的说明，本例中为 MW2
其他参数	与 ASCII 通信协议无关，本例中不用

主站接收从站响应报文时，在程序中插入 DB2（作为数据接收区），如图 10-13 所示。在 OB1 中调用 CP341 的接收功能块 FB7，"EN_R" 始终置为 1，这样返回的用户数据存放到 DB2. DB0 中，报文中其他信息被自动过滤。主站接收的数据可能需要处理，如浮点值高低字的颠倒、过程值转换等根据具体情况做出相应调整。接收数据功能块参数设置见表 10-15。

Address	Name	Type	Initial value	Comment
0.0		STRUCT		
+0.0	RECEIVE_Data	ARRAY[1..50]		Temporary
*1.0		BYTE		
=50.0		END_STRUCT		

图 10-13　接收数据块

表10-15　接收功能块参数

LADDR	硬件组态中的起始逻辑地址，本例中为256
DB_NO	发送数据块号，本例中为2（DB2）
DBB_NO	发送数据的起始地址，本例中为0（DB2.DBB0）
LEN	接收数据的长度，本例中为MW6，只有在接收到数据的当前周期，此值不为0，可以查看MW6的值来确认接收到数据的长度
EN_R	使能接收位，本例中为M0.1
R	取消通信，本例中不用
NDR	接收完成位，接收完成并没有错误时为TRUE，本例中为M4.1
ERROR	错误位，为TRUE时说明有错误，本例中为M4.2
STATUS	状态字，标识错误代码，查看CP341手册获得相应的说明，本例中为MW8
其他参数	与ASCII通信协议无关，本例中不用

最后，OB1中的程序如图10-14所示。

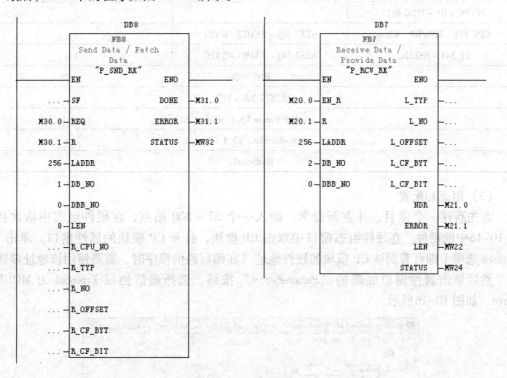

图10-14　OB1程序

（5）通信调试

将所有组态配置和程序下载到PLC然后运行。主站与过程仪表通信，主站先向从站发送数据请求报文，得到仪表响应报文，然后再发送下一帧数据请求报文，再得到响应报文，依次循环，请求报文不能同时发送。

3. MODBUS从站协议应用实例

（1）项目说明

本项目以CP341采用MODBUS从站通信协议接收和发送数据为例介绍MODBUS从站与

231

MODBUS 主站仿真软件 Modscan32 的通信过程。

（2）系统组成

CP341 与带有 MODBUS 主站仿真软件 Modscan32 的计算机通过 RS－232C 线缆连接，如图 10-15 所示，所需硬件和软件见表 10－16。

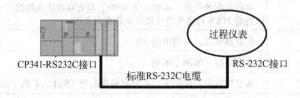

图 10-15　MODBUS 从站硬件连接

表 10－16　所需硬件和软件

硬件列表		
模块名称	订货号	数量
PG/PC＋RS－232C 接口		1
CPU 315－2PN/DP　V2.6	6ES7 315－2EH13－0AB0	1
CP 341－RS232C	6ES7 341－1AH01－0AE0	1
软件列表		
STEP7 V5.5 SP2		
PtP Param V5.1 SP14		
ModbusSlave V3.1 SP9		
ModScan32		

（3）组态和配置

首先新建一个项目，并重新命名。插入一个 S7－300 站点，在硬件组态中依次插入表 10-16 中的硬件。在硬件组态窗口中双击 CP 模块，打开 CP 模块的属性窗口，单击 Addresses 选项卡即可看到该 CP 模块的硬件地址（在编写通信程序时，需要使用该地址参数）。

然后单击属性窗口底部的"Parameter…"按钮，选择通信协议 Protocol 为 MODBUS Slave，如图 10-16 所示。

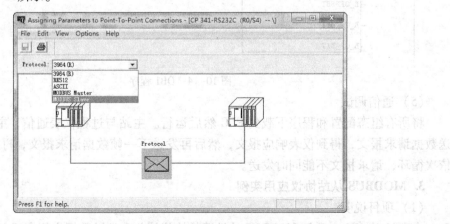

图 10-16　MODBUS Slave 协议选择

双击 Protocol 图标▓，弹出 MODBUS Slave 协议的通信参数设置窗口，如图 10-17 所示。在该窗口中"MODBUS Slave"设置通信参数，如通信速率设置为 9600 bit/s、数据位数为 8 位、停止位数为 1 位，无奇偶校验，MODBUS 从站地址为 2 等。

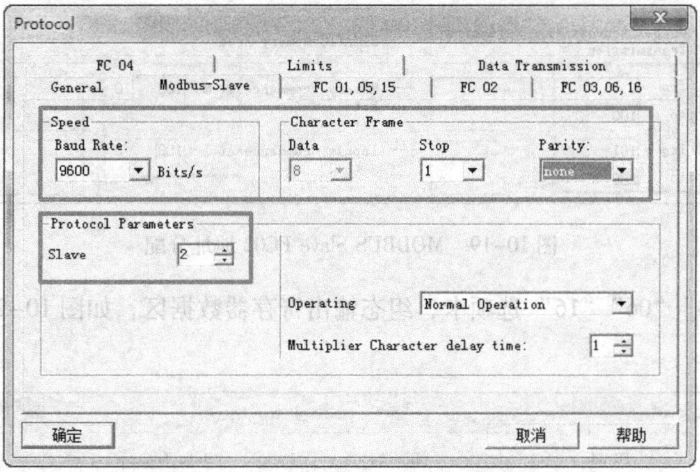

图 10-17　MODBUS Slave 通信参数设置

单击"FC01""05""15"选项卡，读取强制输出位的状态，如图 10-18 所示。左边的地址为信息传送地址，右边对应西门子的 PLC 地址区，即左边地址 0~100 对应 MODBUS 地址区为 00001~00101，对应西门子数据区为 M0.0~M12.4；101~200 对应 MODBUS 地址区为 00102~00201，对应西门子数据区为 Q0.0~Q12.3；201~300 和 301~400 对应 Modbus 地址区为 00202~00301 和 00302~00401，对应西门子数据区为 Timer 和 Counter。

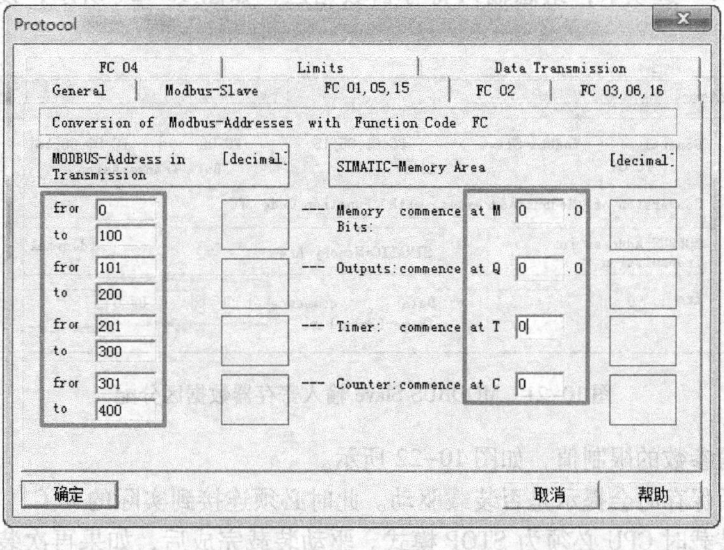

图 10-18　MODBUS Slave FC01, 05, 15 地址分配

单击 FC02 选项卡，读取输入数据位的状态，如图 10-19 所示，地址对应关系如上面所述。

233

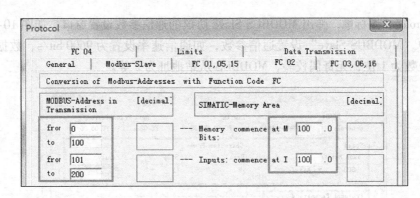

图 10-19　MODBUS Slave FC02 地址分配

单击"FC03""06""16"选项卡，组态输出寄存器数据区，如图 10-20 所示，设置对应数据区 DB 块。

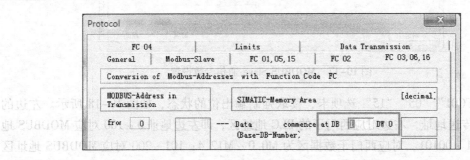

图 10-20　MODBUS Slave 输出寄存器数据区分配

单击"FC04"选项卡，组态输入寄存器数据区，如图 10-21 所示，设置对应数据区 DB 块。

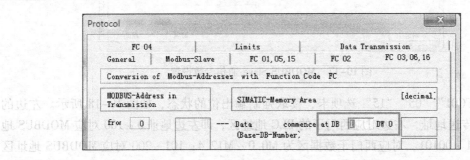

图 10-21　MODBUS Slave 输入寄存器数据区分配

最后设置写参数的限制值，如图 10-22 所示。

配置完成后保存时会提示是否装载驱动。此时必须连接到实际的 PLC，单击"Yes"按钮装载驱动，装载时 CPU 必须为 STOP 模式。驱动装载完成后，如果再次装载，STEP 7 会提示 Driver already exists，配置完成后保存编译硬件组态，并确认没有错误。

（4）程序设计

1）双击 OB1，打开 OB1 编程画面，从库"Libraries"－>"CP PtP"－>"CP341"中调用发送程序块 FB8 和接收程序块 FB7，然后再从 OB1 中删除。因为 MODBUS 从站通信要

234

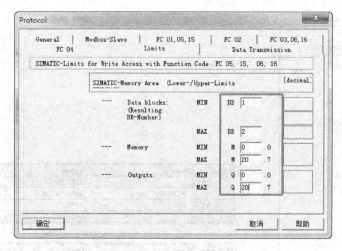

图 10-22　MODBUS Slave 写参数限制值

用到这两个功能块。

2）调用 MODBUS 从站功能块 FB80，位置在 "Libraries" -> "Modbus" -> "Modbus " -> "FB80"。分配背景数据块 DB80，将参数 LADDR 设为硬件组态中的起始逻辑地址 256，其他参数见表 10-17 和图 10-23。

表 10-17　MODBUS 从站功能块参数

LADDR	硬件组态中的 CP 模块起始逻辑地址，本例中为 256
START_TIME	超时初始化定时器，本例中为 T1
START_TIME	超时初始化时间值，本例中为 1s
OB_MASK	外设访问错误屏蔽位，本例中为 M100.0
CP_START	FB 初始化始能位，本例中为 M100.1
CP_START_FM	CP_START 初始化的上升沿位，本例中为 M100.2
CP_START_NDR	从 CP 写操作位，本例中为 M100.3
CP_START_OK	初始化成功标志，本例中为 M100.4
CP_START_ERROR	初始化失败标志，本例中为 M100.5
ERROR_NR	错误号，本例中为 MW102
ERROR_INFO	错误信息，本例中为 MW104，相关信息可以查看 Modbus Slave 手册

3）创建 FC03、06、16 功能代码通信数据块 DB1 和 FC04 功能代码通信数据块 DB2，如图 10-24 所示。

（5）通信测试

将所有组态配置和程序下载到 PLC 并运行程序，然后在计算机上打开 MODBUS 主站仿真软件 Modscan32 进行 MODBUS 从站协议通信测试。Modscan32 软件具体使用方法参照相关说明，这里不予叙述。Modscan32 显示界面数据显示区的 10 个字对应 S7 - 300 CPU 中 DB1 的前 10 个字的数值（DBW0 - DBW9）。如果两者数值相同，那么通信成功。

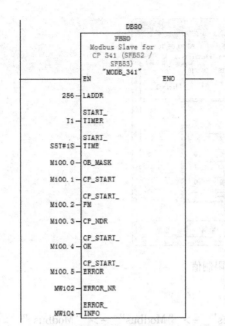

图 10-23 在 OB1 中调用 FB80

Address	Name	Type	Initial value	Comment
0.0		STRUCT		
+0.0	FC050616_Data	ARRAY[1..50]		Temporary
*1.0		BYTE		
=50.0		END_STRUCT		

DB1

Address	Name	Type	Initial value	Comment
0.0		STRUCT		
+0.0	FC04_Data	ARRAY[1..50]		Temporary
*1.0		BYTE		
=50.0		END_STRUCT		

DB2

图 10-24 通信数据块

10.1.4 USS 协议

USS 协议（Universal Serial Interface Protocol，通用串行接口协议）是 SIEMENS 公司所有传动产品的通用通信协议。它是一种基于串行口总线进行数据通信的协议，提供了一种低成本的、比较简易的通信控制途径，但不能用在对通信速率和数据传输量有较高要求的场合。当应用在对通信要求较高的场合时，应选择实时性更好的通信方式，如 PROFIBUS – DP。

USS 协议是主 – 从结构的协议，规定了在 USS 总线上可以有一个主站和最多 31 个从站；总线上的每个从站都有一个站地址（在从站参数中设置），主站依靠它识别每个从站；每个从站也只对主站发来的报文做出响应并回送报文，从站之间不能直接进行数据通信。此外，还有一种广播通信方式，主站同时给所有的从站发送报文，从站接收到广播报文后做出相应的响应，可不回送报文。

具体的通信过程如下：主站发送数据请求报文，从站发回响应报文；主站接收到从站发回的响应报文后才能再次发送数据请求报文。USS 报文格式见表 10-18。

表 10-18 USS 报文格式

STX	LGE	ADR	Data Area		BCC
			PKW	PZD	

具体说明如下：

STX：报文开始标志（一个字节），总为 02（HEX）。

LGE：报文长度标识（一个字节）。

ADR：地址标识（一个字节），包括从站地址和报文形式，其中 Bit0 ~ 4（即第 0 ~ 4 位）表示从站地址；Bit5 = 1 时表示广播方式，Bit5 = 0 时表示轮询方式；Bit6 = 1 时为镜像报文，Bit6 = 0 时为无镜像报文；Bit7 = 1 时为特殊报文，Bit7 = 0 时为标准报文。

Data Area：有效数据区，由 PKW 区和 PZD 区组成，见表 10-19。

表 10-19　PKW 区和 PZD 区组成

PKW 区						PZD 区			
PKE	IND	PWE1	PWE2	...	PWEm	PZD1	PZD2	PZD1	PZDn

BCC：字节异或校验标识。

10.2　OPC 通信

10.2.1　OPC 概述

随着过程自动化的发展，自动化系统设备厂商希望能够集成不同厂商的不同硬件设备和软件产品，各厂商设备之间能实现互操作，把工业现场数据从车间级汇入到整个企业信息系统中。因此这就需要一种能够有效进行数据存取和管理的开放标准，能在工业控制环境中各个数据源之间灵活地进行通信。OPC 就是在这样的背景下产生的。

OPC 是 Object Linking and Embedding（OLE）for Process Control 的缩写，即用于过程控制的对象链接与嵌入技术。它包括一整套接口、属性和方法的标准集，是微软公司的对象链接和嵌入技术在过程控制方面的应用，它的出现为基于 Windows 的应用程序和现场过程控制应用建立了桥梁。OPC 以 OLE/COM/DCOM 技术为基础，采用客户/服务器模式，为工业自动化面向对象的开发提供统一标准，这个标准定义了应用 Microsoft 操作系统在基于 PC 的客户机之间交换自动化实时数据的方法。采用这项标准后，硬件开发商将取代软件开发商为自己的硬件产品开发统一的 OPC 接口程序，而软件开发者可以免除开发驱动程序的工作，从而提高了系统的开放性和互操作性。OPC 可以作为整个网络的一种数据接口规范，所以它可以提升控制系统的功能，增强网络的兼容性。采用 OPC 技术，便于系统的组态，将系统复杂性大大简化，可以大大缩短软件开发周期，提高软件运行的可靠性和稳定性，便于系统升级与维护。

OPC 服务器是数据的供应方，负责为客户端提供所需的数据；OPC 客户端是数据的使用方，对 OPC 服务器提供的数据进行处理。OPC 服务器一般并不知道它的客户端来源，由 OPC 客户端根据需要，接通或断开与 OPC 服务器的链接。

10.2.2　OPC 通信实例

SIMATIC NET 是西门子在工业控制层面上提供的一个开放的、多元的通信系统。它能将工业现场的 PLC、主机、工作站和个人电脑联网通信，为了适应自动化工程中通信网络种类的多样性，SIMATIC NET 推出了多种不同的通信网络，包括：工业以太网、AS – I、PRO-FIBUS、PROFIBUS – PA。

下面以两个实例对 OPC 的应用进行介绍。

1. 通过 PROFIBUS 建立 SIMATIC NET OPC 服务器与 PLC 的连接

（1）项目说明

通过 PROFIBUS 建立 OPC 服务器与 S7 – 300 PLC 的 S7 连接。

（2）系统组成

S7 - 300 PLC 与 OPC 服务器通过 PROFIBUS 总线连接，如图 10-25 所示，所需硬件和软件见表 10-20。

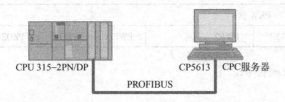

CPU 315–2PN/DP   CP5613   CPC服务器

PROFIBUS

图 10-25   PLC 与 OPC 服务器连接

表 10-20   所需硬件和软件

硬件列表		
模 块 名 称	订 货 号	数 量
PG/PC		1
CPU 315 – 2PN/DP V2. 6	6ES7 315 – 2EH13 – 0AB0	1
CP5613	6GK1 561 – 3AA00	1
软件列表		
STEP7 V5. 5 SP2		
SIMATIC NET PC SOFTWARE V6. 2 SP1		

（3）组态和配置

1）配置 PC 站的硬件机架。当 SIMATIC NET 软件成功安装后，在 PC 桌面上可看到 Station Configurator 的快捷图标，同时在任务栏（Taskbar）中也会有 Station Configuration Editor 的图标。

① 通过单击图标打开 Station Configuration Editor 配置窗口。

② 在一号插槽添加 OPC Server。

③ 在三号插槽添加 CP5613 – 2A，并分配 CP5613 PROFIBUS 参数，如地址、波特率等。这里我们将 CP5613 PROFIBUS 地址设为 2，波特率为 1. 5 Mbit/s，实际参数设定以用户应用为准。单击"OK"按钮确认每一步设定后，完成 CP5613 – 2A 的添加。

④ 单击"Station Name"按钮，指定 PC 站的名称，这里命名为 profibusOPC。单击"OK"按钮确认即完成了 PC 站的硬件组态，如图 10-26 所示，Station Name 并不是特指 PC 本机的名称。

2）配置控制台（Configuration Console）的使用与设置。

① 配置控制台（Configuration Console）是组态设置和诊断的核心工具，用于 PC 硬件组件和 PC 应用程序的组态和诊断。

② 正确完成 PC 站的硬件组态后，打开配置控制台（"Start"→"SIMATIC"→"SI-MATIC NET"→"Configuration console"），可以看到 CP5613 的模式已从 PG mode 切换到 Configuration mode，插槽号（Index）也自动指向 3，如图 10-27 所示。

③ 在 Access Points 设定窗口中，将 S7ONLINE 指向 PC internal（local）。此设定是为 PC

238

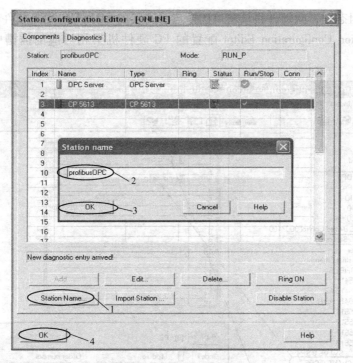

图 10-26 命名 PC 站名称

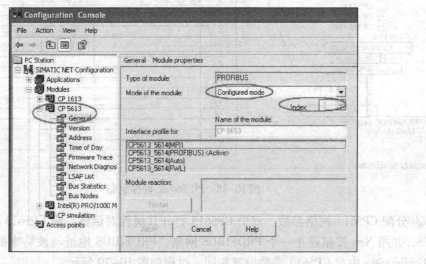

图 10-27 配置控制台（Configuration Console）

站组态的下载做准备。

3）在 STEP 7 中组态 PC Station。

① 打开 SIMATIC Manager，通过"File"→"New"创建一个新项目，如"profibusOPC-DEMO"。通过"Insert"→"Station"→"Simatic Pc Station"插入一个 PC 站。特别注意的是，要将 PC Station 默认名称"SIMATIC PC Station(1)"改为与 Station Configuration Editor 中所命名的 Station Name 名称相同，所以这里改名为"profibusOPC"。双击 Configuration 进入 PC Station 组态界面。

② 在硬件组态中，从硬件目录窗口选择与已安装的 SIMATIC NET 软件版本相符的硬件插入到与在 Station Configuration Editor 配置的 PC 硬件机架相对应的插槽中，如图 10-28 所示。

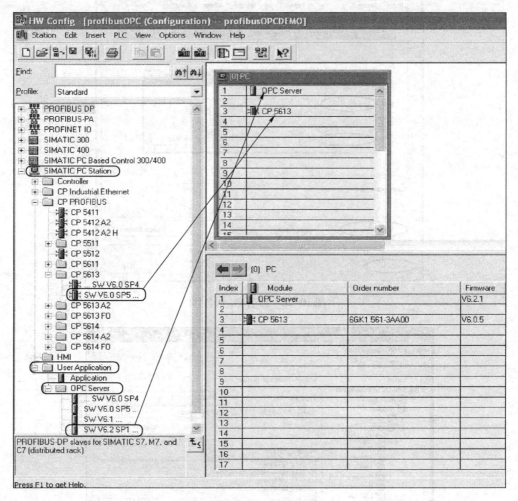

图 10-28　PC Station 硬件组态

③ 分配 CP5613 网络参数。双击 CP5613 打开其属性对话框，将 CP5613 接口设为 PRO-FIBUS，并用 New 按钮建立一个 PROFIBUS 网络，PROFIBUS 地址与波特率的设置要与 Station Configurator 中对 CP5613 参数设置相同，过程如图 10-29 所示。

④ 完成 PC 站组件设置后，按下编译存盘按钮确定且存储当前组态配置

⑤ 编译无误后，单击 "Configure Network" 按钮，进入 NetPro 配置窗口。

⑥ 在 NetPro 网络配置中，用鼠标选择 OPC Server 后在连接表第一行鼠标右键插入一个新的连接或通过 "Insert New Connection" 也可建立一个新连接，如图 10-30 所示。

⑦ 如果在同一 STEP 7 项目中，所要连接的 PLC 站已经组态完成（OPC Server 所要连接的 DP 端口在同一 Profibus 总线上已使能），在选择 "Insert New Connection" 后，连接会自动创建，不需以下步骤的设置，仅需确认连接属性即可。如果在项目中没有所要连接的对象（如本例），必须在 Insert New Connection 对话框中，选择 "Unspecified" 作为连接对象，并

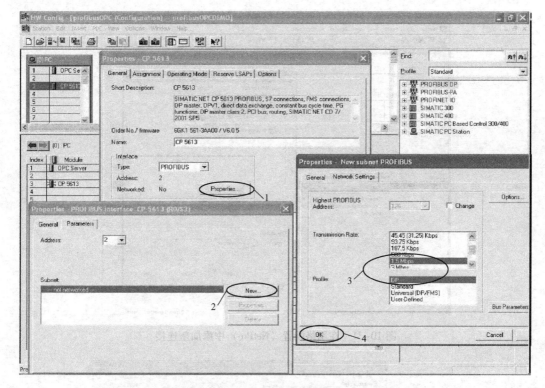

图 10-29　CP5613 参数设置

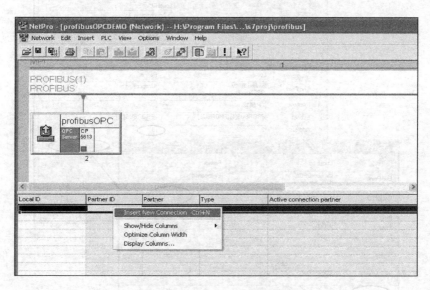

图 10-30　插入一个新的连接

在连接属性中选择 S7 connection，如图 10-31 所示。

⑧ 在 S7 连接属性对话框中，将所要连接对象的 Profibus 地址填入到图 10-32 标注的 Partner、Address 对应空白框中。然后选择 "Address Details" 按钮，对地址进行进一步设置。所要设置的参数是机架和插槽号（Rock/Slot）。如果连接对象是 S7 - 300 PLC，则机架和插槽号分别为 0、2。Slot 是指 CPU 所在插槽号。

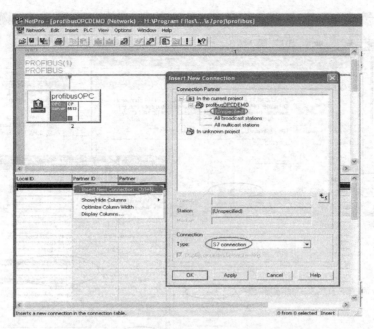

图 10-31　在网络配置（NetPro）中添加新连接

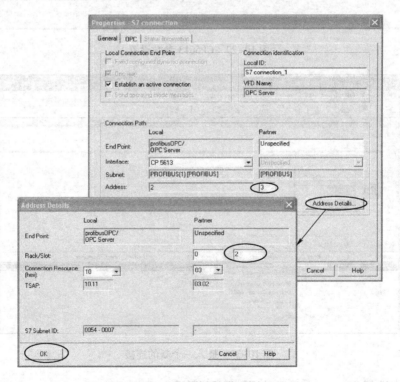

图 10-32　S7 连接属性与连接地址

⑨ 确认所有配置后，已建好的 S7 连接就会显示在连接列表中。单击编译存盘按钮或选择 "Network" → "Save and Compile"，如得到 No error 的编译结果，则正确组态完成。这里编译结果信息非常重要，如果有警告信息（Warning）显示在编译结果对话框中，这

仅仅是一条信息。但如果有错误信息（error Message），说明组态不正确，是不能下载到 PC Station 中的。

4）组态下载。完成 PC 站组态后，即可在 NetPro 窗口单击功能按钮栏中下载按钮将组态下载到 PC 站中。需注意的是，下载过程中会删除已有相关组件的数据，新的组态数据将被下载到 PC。

下载完成后，可以打开"Station Configuration Editor"窗口检查组件状态。图 10-33 所示为正确状态显示画面。OPC Server 插槽 Conn 一栏一定要有连接图标，此项说明连接激活。（SIMATIC NET 软件版本 V6.1 或 V6.0 版本无此状态栏）

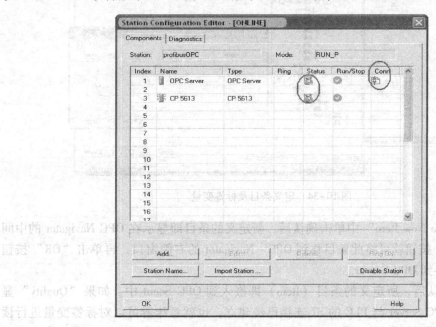

图 10-33　PC Station 运行状态

（4）通信测试

OPC Scout 工具随 SIMATIC NET 软件一起提供，当完成 PC Station 组态下载后，可用此工具进行 OPC Server 和 PLC 的数据通信测试。

1）打开 OPC Scout（"Start"→"SIMATIC"→"SIMATICNet"→"OPC Scout"），双击"OPC SimaticNet"，在随之弹出的"ADD Group"对话框中输入组名，本例命名为"OPC_PROFIBUS"。单击"OK"按钮确认。

2）双击已添加的连接组（OPC_PROFIBUS），即弹出"OPC Navigator"对话框，此窗口中显示所有的连接协议。双击"S7"，在 PC Station 组态 NetPro 中所建的连接名会被显示（S7 connection_1）。双击此连接，即可出现有可能被访问的对象树（objects tree），在 PLC CPU 中已存在的 DB 块也会出现。

3）双击任意所需访问的 PLC 数据区都可建立标签变量。这里以 DB 区为例。

双击 DB，如果所显示的 DB 块有红叉标记，这并无问题。只要再次双击"New Definition"，"Define New Item"对话框即被打开。可在此定义标签变量与数据类型。注：Datatype、Address、No. Value 参数必须定义，No. Value 是指数据长度。定义完成后，单击

"OK" 按钮确认，如图 10-34 所示。

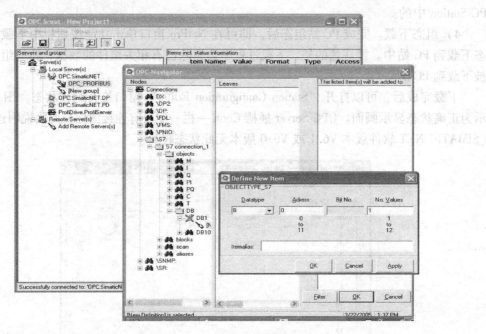

图 10-34　定义条目及标签变量

4）在"Define New Item"中单击确认后，新定义的条目即显示在 OPC Navigator 的中间窗口。单击"→"按钮就可将此条目移到 OPC – Navigator 的右侧窗口，再单击"OK"按钮就可将此条目连接到 OPC Server。

5）上一步确认后，所定义的条目（Item）即嵌入到 OPC Scout 中。如果"Quality"显示"good"，则 OPC Server 与 PLC 的 S7 连接已经建立，也就意味着可以对标签变量进行读写操作。双击条目的"Value"栏，即可在"Write Value(s) to the Item(s)"窗口中对有关条目进行写操作，如图 10-35 所示。

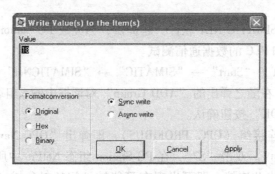

图 10-35　写操作

2. 通过 ETHERNET 建立 SIMATIC NET OPC 服务器与 PLC 的 S7 连接

（1）项目说明

本项目利用计算机上普通的以太网卡与 PLC 的 S7 连接进行 OPC 通信。

（2）系统组成

S7-300PLC 与 OPC 服务器通过以太网连接如图 10-36 所示，所需硬件和软件见表 10-21。

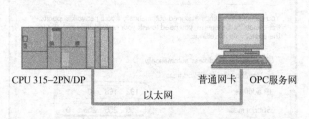

CPU 315-2PN/DP　普通网卡　OPC服务网
以太网

图 10-36　PLC 与 OPC 服务器连接

表 10-21　所需硬件和软件

硬件列表		
模块名称	订货号	数量
PG/PC + 普通以太网卡		1
CPU 315-2PN/DP　V2.6	6ES7 315-2EH13-0AB0	1
软件列表		
STEP 7 V5.5 SP2		
SIMATIC NET PC SOFTWARE V6.2 SP1		

（3）组态和配置

1）配置 PC 站的硬件机架。

① 打开"Station Configuration Editor"配置窗口。

② 选择一号插槽，单击"Add"按钮或鼠标右键选择添加，在添加组件窗口中选择 OPC Server 单击"OK"按钮即完成。

③ 同样方法选择三号插槽添加 IE General，插入 IE General 后，即弹出其属性对话框。单击"Network Properties"按钮，进行网卡参数配置，如图 10-37 所示。

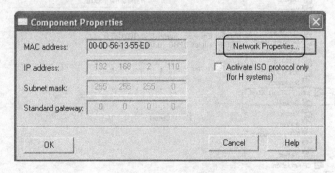

图 10-37　网卡属性

④ 网卡的配置。单击"Network Properties"后，Windows 网络配置窗口即打开，选择本地连接属性菜单设置网卡参数，如 IP 地址、子网掩码等，如图 10-38 所示。

⑤ 分配 PC Station 名称。单击"Station Name"按钮，指定 PC 站的名称，这里命名为 ethernetopc。单击"OK"按钮确认即完成了 PC 站的硬件组态。

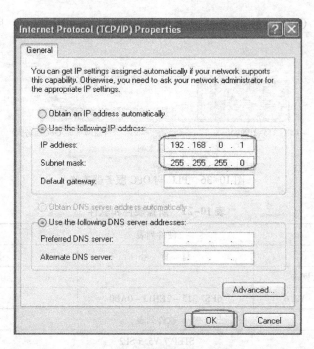

图 10-38　分配普通网卡参数

2）配置控制台（Configuration Console）的使用与设置。

① 正确完成 PC 站的硬件组态后，打开配置控制台"Configuration console"，可以看到所用以太网卡的模式已从 PG mode 切换到 Configurred mode，插槽号（Index）也自动指向 3，如图 10-39 所示。

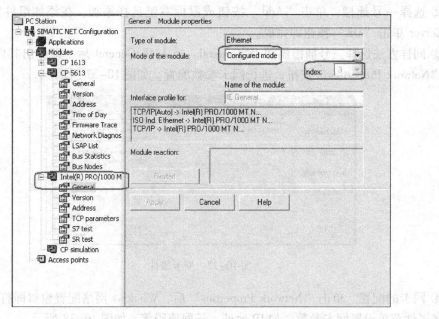

图 10-39　配置控制台（Configuration Console）

② 在 Access Points 设定窗口中，将 S7ONLINE 指向 PC internal（local）。此设定是为 PC 站组态的下载做准备。

3）在 STEP 7 中组态 PC Station。

① 打 开 SIMATIC Manager，通 过 "File" - > "New" 创 建 一 个 新 项 目，如 "s7ethernetopc"。通过 "Insert" → "Station" → "SIMATIC PC Station" 插入一个 PC 站。特别注意的是，要将 PC Station 默认名称 "SIMATIC PC Station(1)" 改为与 Station Configuration Editor 中所命名的 Station Name 名称相同，所以这里改名为 "ethernetopc"。双击 Configuration 即可进入 PC Station 组态界面。

② 在硬件组态中，从硬件目录窗口选择与已安装的 SIMATIC NET 软件版本相符的硬件插入到与在 Station Configuration Editor 配置的 PC 硬件机架相对应的插槽中，如图 10-40 所示。

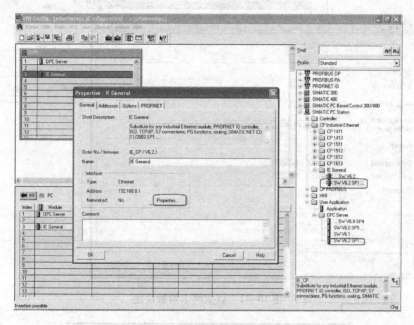

图 10-40　PC Station 硬件组态

③ 分配普通以太网络参数。单击 IE General 属性对话框中 Properties 按钮，打开以太网接口参数设置对话框，如图 10-41 所示，按要求设置以太网卡的 IP 地址和相应的子网掩码。IP 地址应与实际硬件所设以太网卡 IP 地址一致。（与图 10-38 中 IP 地址相同）并用 "New" 按钮建立一个 ethernet 网络。确认所有组态参数，完成网卡设置。

④ 完成 PC 站组件设置后，按下编译存盘按钮确定且存储当前组态配置。

⑤ 编译无误后，单击 "Configure Network" 按钮，进入 NetPro 配置窗口。

⑥ 在 NetPro 网络配置中，用鼠标选择 OPC Server 后在连接表第一行鼠标右键插入一个新的连接或通过 "Insert" → "New Connection" 也可建立一个新连接，如图 10-42 所示。

⑦ 如果在同一 STEP 7 项目中，所要连接的 PLC 站已经组态完成，即 PLC 以太网通信处理器（CP343 - 1 or CP443 - 1）网络已经使能，在选择 "Insert New Connection" 后，连接会自动创建，不需以下步骤的设置，仅需确认连接属性即可。如果在项目中没有所要连接的对象（如本例），必须在 "Insert New Connection" 对话框中，选择 "Unspecified" 作为连接对象，并在连接属性中选择 S7 connection。单击 "OK" 按钮确认。

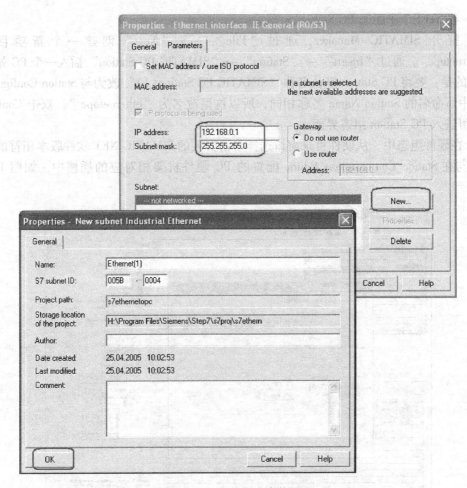

图 10-41　以太网卡参数设置

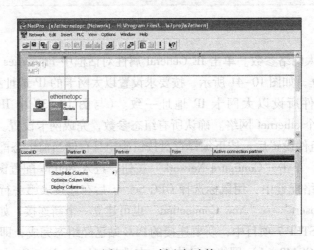

图 10-42　插入新连接

⑧ 在 S7 连接属性对话框中，将所要连接 PLC 以太网通信处理器（CP343 - 1 or CP443 - 1）IP 地址填入到图 10-43 标注的 Partner、Address 对应空白框中。然后选择 "Address

Details"按钮，对地址进行进一步设置。所要设置的参数是机架和插槽号（Rock/Slot）。如果连接对象是 S7 – 300 PLC，则机架和插槽号分别为 0、2。设置完成后单击"OK"按钮确认。

图 10-43 S7 连接属性与连接地址

注：Slot 是指 CPU 所在插槽号。

⑨ 确认所有配置后，已建好的 S7 连接就会显示在连接列表中。单击编译存盘按钮或选择"Network"→"Save and Compile"。

4）组态下载。

① 完成 PC 站组态后，即可在 NetPro 窗口单击功能按钮栏中下载按钮将组态下载到 PC站中。

② 下载完成后，可以打开 Station Configuration Editor 窗口检查组件状态。图 10-44 所示为正确状态显示画面。OPC Server 插槽 Conn 一栏一定要有连接图标，此项说明连接激活。

（4）通信测试

1）打开 OPC Scout（"Start"→"SIMATIC"→"SIMATICNET"→"OPC Scout"），双击"OPC SimaticNet"，在随之弹出的"ADD Group"对话框中输入组名，如图 10-45 所示，本例命名为"OPC_ETHERNET"。单击"OK"按钮确认。

2）双击已添加的连接组（OPC_ETHERNET），即弹出"OPC Navigator"对话框，此窗口中显示在 Configuration Console 所激活的连接协议。双击"S7"，在 PC Station 组态 NetPro中所建的连接名会被显示（S7 connection_1）。双击此连接，即可出现有可能被访问的对象树（objects tree），在 PLC CPU 中已存在的 DB 块也会出现。

3）双击任意所需访问的 PLC 数据区都可建立标签变量。这里以 DB 区为例。双击 DB如果所显示的 DB 块有红叉标记，这并无问题。只要再次双击"New Definition"，"Define

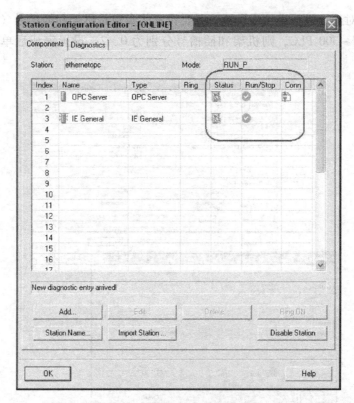

图 10-44　PC Station 运行状态

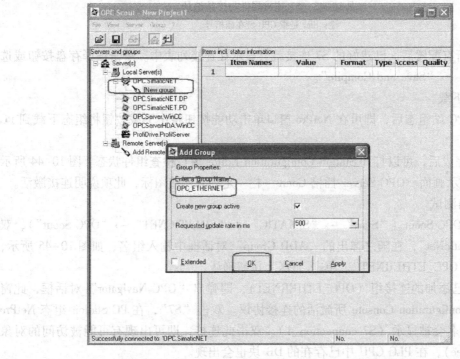

图 10-45　在 OPC Scout 中添加一个组 "OPC_ETHERNET"

New Item"对话框即被打开。可在此定义标签变量与数据类型。注：Datatype、Address、No. Value 参数必须定义，No. Value 是指数据长度。定义完成后，单击"OK"按钮确认。

4）在"Define New Item"中单击确认后，新定义的条目即显示在 OPC Navigator 的中间窗口。单击"→"按钮就可将此条目移到 OPC – Navigator 的右侧窗口，再单击"OK"按钮就可将此条目连接到 OPC Server。

5）上一步确认后，所定义的条目（Item）即嵌入到 OPC Scout 中。如果"Quality"显示"good"，则 OPC Server 与 PLC 的 S7 连接已经建立，也就意味着可以对标签变量进行读写操作，如图 10-46 所示。

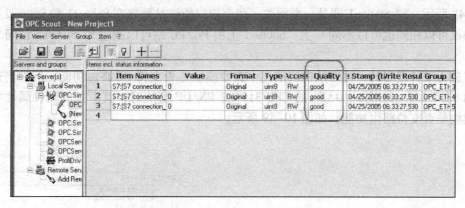

图 10-46　OPC Scout 与 OPC Server 的连接

双击条目的"Value"栏，即可在"Write Value(s) to the Item(s)"窗口中对有关条目进行写操作，如图 10-47 所示。

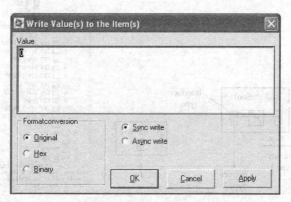

图 10-47　写操作

10.3　S7 路由功能

10.3.1　S7 路由概述

网络路由是指数据终端设备通过不同的网段进行数据交换，而 S7 路由是指在西门子 S7

产品组成的网络中，跨越两个或两个以上子网进行网络访问，例如在 MPI、PROFIBUS、ETHERNET 网络上数据终端设备相互通信。

S7 路由属于 PG/OP（编程设备/操作员面板）通信，通过它可以实现跨网络的 PG/OP 通信，例如利用编程计算机上的普通以太网卡访问 PROFIBUS 网络或 MPI 网络上的设备。PG 可以访问所有在 S7 项目中组态的 S7 站点，下载硬件组态和用户程序，执行测试和诊断功能，还可以实现跨网络的 HMI 与 PLC 通信。

凡是涉及路由功能，都需要一个或多个网关（网关是跨接在两个网段上并且可以提供两个网段的数据进行交换的设备）。在 S7 路由中，网关有多个接口连接到不同的子网，如图 10-48 所示，S7 Station1 即是一个网关，两个接口使该站跨接在 Subnet1 和 Subnet2（两个子网协议可以相同也可以不同）上，Subnet1 上的 PG/PC 站可以通过 S7 Station1 访问 S7 Station2。

在进行硬件组态时，可以从模块描述中查看模块是否支持 S7 路由功能，例如当选中订货号为 6ES7 315 -2EH13 -0AB0 的 CPU 315 -2 PN/DP 模块时，其下方的硬件属性中会显示该模块是否支持路由功能，如图 10-49 所示。

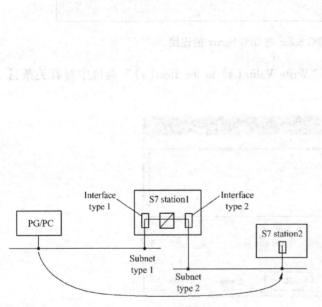

图 10-48　S7 路由示意图

图 10-49　硬件目录窗口

10.3.2　S7 路由实例

1. 项目说明

本项目通过 S7 路由功能来讲解以太网上的 PG/PC 站通过 S7 -300 PLC 的路由功能访问 MPI 网络上的 S7 -400PLC，硬件网络组态如图 10-50 所示。

2. 系统组成

本项目组态所需的硬件和软件见表 10-22。

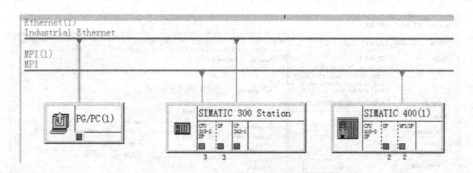

图 10-50　S7 路由实例硬件网络组态

表 10-22　所需硬件和软件

硬件列表		
模块名称	订货号	数量
PG/PC + 普通以太网卡		1
CPU 315 - 2 DP　V1.1	6ES7 315 - 2AF03 - 0AB0	1
CP 343 - 1	6GK7 343 - 1EX10 - 0XE0	1
CPU 416 - 3 DP V1.2	6ES7 416 - 3XL00 - 0AB0	1
软件列表		
STEP7 V5.5 SP2		

3. 组态和配置

在 SIMATIC 管理器中创建一个新项目 S7 - Router，插入两个站 SIMATIC 400 和 SIMATIC 300，然后分别进行硬件组态，如图 10-51 所示。

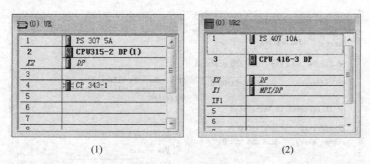

(1)　　　　　　　　　　　　(2)

图 10-51　SIMATIC 300 和 SIMATIC 400 站的硬件组态

（1）SIMATIC 300 站的硬件组态

首先对 SIMATIC 300 站的组态进行介绍，双击图 10-51(1)中的 CP343 - 1，出现"Properties"窗口，然后单击"General"选项卡中的"Properties…"，设置 CP343 - 1 的"IP address"为 192.168.0.1，"Subnet mask（子网掩码）"为 255.255.255.0，选中"Gateway"下的"Use router"，并设置 Address，使其与 CP 343 - 1 的 IP 地址在同一网段内，但不相同，如图 10-52 所示。单击"New…"创建 Ethernet(1)以太网，单击"OK"按钮保存设置。最后设置 CP343 - 1 的 MPI 地址为 4，CPU 315 - 2DP 的 DP 地址和 MPI 地址都为 3。

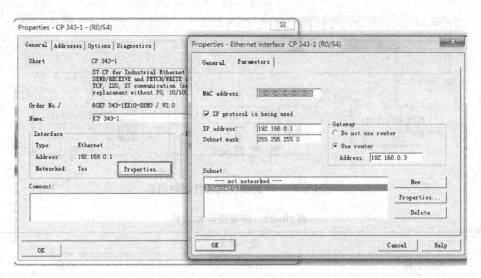

图 10-52　CP343 - 1 以太网接口设置

（2）SIMATIC 400 站的硬件组态

然后对 SIMATIC 400 站进行设置，将 CPU 416 - 3 DP 的 DP 地址和 MPI 地址均设为 2，设置完成后编译并保存组态信息，通过 MPI 分别将硬件组态下载到两个 CPU 中。

在 NetPro 网络组态窗口中，选择"Catalog"→"Stations"→"PG/PC"，双击 PG/PC，在 NetPro 窗口中会出现 PG/PC 站，双击打开属性窗口，在"Interfaces"选项卡中，单击"New…"，选择"Industrial Ethernet"，单击"OK"按钮会弹出 Ethernet 接口的属性窗口，如图 10-53 所示，设置其 MAC address 和 IP address 与编程计算机的相同，设置完成后单击"OK"按钮保存。

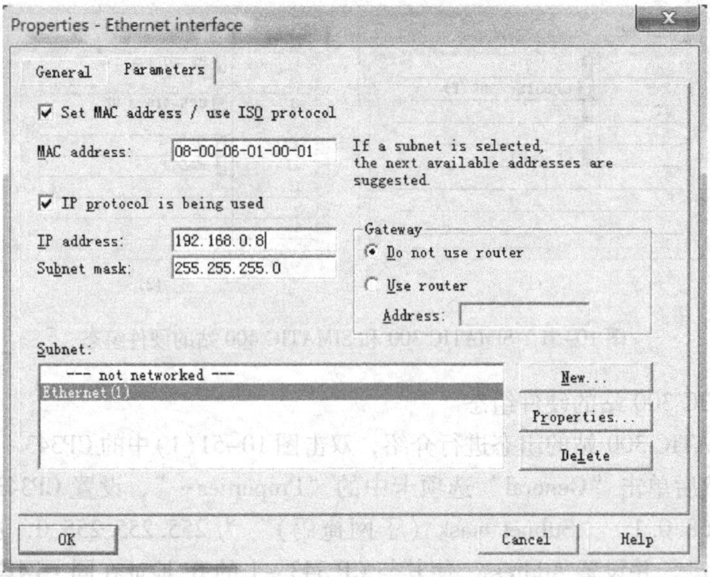

图 10-53　PG/PC 站 Ethernet 接口属性

在 PG/PC 站的属性窗口中，选择"Assignment"选项卡，选中"Interface Parameter Assignments in the PG/PC"的网卡，应与设置 Ethernet 接口时选择的网卡相同，然后单击"As-sign"，单击"OK"按钮保存设置。

打开网络组态工具 NetPro，对整个工程进行网络组态，如图 10-50 所示。组态完成后编译保存，并将组态信息下载到两个 CPU 中。

4. 通信测试

S7 路由功能的验证：将编程计算机与 CP343-1 用以太网电缆连接，将 CPU 315-2DP 与 CPU 413-2DP 用 PROFIBUS 电缆连接，然后将 CPU 和 CP 的模式转换开关打到 RUN 位置。CPU 和 CP 正常运行后，单击 SIMATIC Manager 工具栏上的 Online 按钮▒▥，CPU 和 CP 上出现运行图标表示计算机可以访问以太网和 MPI 网络上的两个站。

在硬件组态窗口中下载 CPU 413-2DP 的组态信息，可以在出现的选择节点地址对话框中看到 CPU 413-2DP（目标站）的 MPI 地址、SIMATIC 300 站（网关）的以太网 MAC 地址。

该实例表明，通过 S7 路由功能可以对以太网和 MPI 网络上的每个站点进行下载、上传和监控操作。

10.4 习题

1. 常用串行通信接口有哪些？它们各有什么特点？
2. 试列举几种西门子串行通信协议，并说明它们应用在什么场合。
3. MODBUS 协议的特点是什么？
4. 试简要说明 ASCII driver 协议报文帧的结束判据。
5. PLC 与驱动装置进行通信有几种方式？它们各有什么特点？
6. 试简要说明 OPC 的产生背景及优点。
7. 试简要说明什么是 S7 路由。

第11章 故障诊断与远程维护

本章学习目标：

　　了解 PLC 控制系统的故障分布与分类；理解远程访问中远程数据监控和远程编程与调试的解决方案。

11.1 故障诊断基础知识

11.1.1 故障分类

　　PLC 控制系统在运行过程中由于各种原因不可避免地要出现各种各样的故障，故障分布如图 11-1 所示。可见，PLC 的故障率仅占系统总故障率的 10%，其可靠性远高于输入输出设备。在 PLC 本身的 20% 的故障中，大多数是由恶劣环境造成的，而 80% 的故障是用户使用不当造成的，也就是说发生在 PLC 内部故障几率很小。I/O 设备的故障率在系统总故障率中占 90%，是 PLC 主要的故障来源。对输入设备，故障主要反映在主令开关、行程开关、接近开关和各种类型的传感器中；对输出设备，故障主要集中在接触器、电磁阀等控制执行器件上。

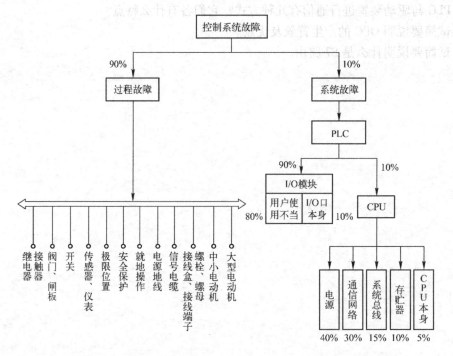

图 11-1 故障分布

控制系统故障通常可分为两类：系统故障和过程故障。

1. 系统故障

系统故障可被 PLC 操作系统识别并使 CPU 进入停机状态，通常的系统故障有电源故障、硬件模块故障、扫描时间超时故障、程序错误故障、通信故障等。

2. 过程故障

过程故障通常指工业过程或被控对象发生的故障，例如传感器和执行器故障、电缆故障、信号电缆及连接故障、运动障碍、连锁故障等。

控制系统故障也可按故障发生的位置分为外部故障和内部错误。

1. 外部故障

外部故障是指由外部传感器或执行机构等故障引发的，使 PLC 工作异常的故障，可能会使整个系统停机，甚至烧坏 PLC。

2. 内部错误

内部错误是 PLC 内部的功能性错误或编程错误造成的，可以使系统停机。被 S7 CPU 检测到并且用户可以通过组织块对其进行处理的错误分为异步错误和同步错误两类。

系统程序可以检测到的常见错误有不正确的 CPU 功能、系统程序执行中的错误、用户程序中的错误、I/O 中的错误等。根据错误类型的不同，CPU 将设置为进入 STOP 模式或调用一个错误处理 OB。

11.1.2　故障诊断机理

PLC 的诊断指的是 CPU 内部集成的识别和记录功能。由系统诊断查询的诊断数据不用编程，它集成在 CPU 的操作系统和其他有诊断能力的模块中并自动运行。

记录错误信息的区称为诊断缓冲区，这个区的大小与 CPU 型号有关（例如 CPU 314 有100 个信息）。CPU 在诊断缓冲区存储（暂时地）出现的错误使维修人员能够迅速和有目的地诊断错误，甚至包括偶尔出现的错误。

故障诊断机理如图 11-2 所示。当操作系统识别出一个错误时，操作系统将做出如下处理：

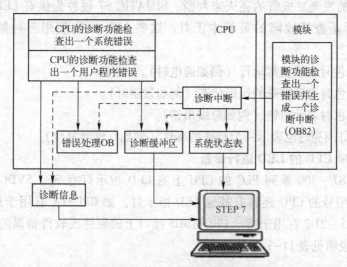

图 11-2　故障诊断机理

1）操作系统将引起错误的原因和错误信息记录到诊断缓冲区中，并带有日期和时间标签。最近的信息保存在诊断缓冲区起始位置，如果缓冲区满，最旧的信息将被覆盖。

2）操作系统将事件记入到系统的状态表中，给出系统状态的信息。

3）如果必要，PLC 操作系统将激活一个与错误相关的中断 OB，供用户编写相应的错误中断服务程序，如果用户程序中没有插入激活的与错误相关中断 OB，PLC 操作系统将使PLC 进入 STOP 模式。

11.1.3 故障诊断方法

一个系统或机器的运行阶段诊断是非常重要的。当故障（干扰）导致一个系统或机器停机或功能不正确时通常诊断亦发生。由于费用及停机时间和故障功能相关，有关干扰的原因必须迅速发现并评估，并借助相关诊断工具来发现故障并排除。

PLC 常见的故障检测途径有以下几种：

1）LED 灯诊断故障。

2）使用专用硬件诊断网络故障。

3）诊断软件检查故障。

4）STEP 7 检查故障。

5）OB、SFC（或 SFB）检查故障。

11.2 基于 PROFIBUS/PROFINET 通信故障诊断

11.2.1 LED 灯故障诊断

PLC 有很强的自诊断能力，当 PLC 自身故障或外围设备发生故障，都可用 PLC 上具有诊断指示功能的发光二极管的亮灭来判断。SIMATIC S7 硬件提供有 LED 诊断功能，使用 LED 进行诊断是查找故障的最基本工具。这些 LED 往往使用三种颜色来提示相关状态：

① LED 灯绿色时表示正常运行（例如通电时）。

② LED 灯黄色时表示特殊的运行状态（例如强制时）。

③ LED 灯红色时表示出错（例如总线出错）。

另外，LED 灯闪亮时也表示一个特殊的事件（例如存储器复位）。

1. 用 S7 - 300 CPU 的 LED 进行诊断

通常西门子 S7 - 300 系列 PLC 的 CPU 上的 LED 指示灯有 SF、5VDC、FRCE、RUN、STOP，对于不同型号的 CPU 还具有其他 LED 指示灯，如 CPU31X 有用于指示电池出错的BATF 灯，CPU315 - 2DP 有用于指示 PROFIBUS 接口上的硬件或软件错误的 BUSF 灯等。状态与故障指示灯说明见表 11-1。

表 11-1　S7-300 状态与故障指示灯说明

CPU	指 示 灯	颜　色	意　　义
all	SF	红色	硬件或软件出错
	DC5V	绿色	CPU 和 S7-300 总线的 5V 电源
	FRCE	黄色	灯亮：强制功能激活 灯以 2Hz 频率闪烁：功能点闪烁测试（仅 CPU 固化程序为 V2.2.0 版本或更高版本有此功能）
	RUN	绿色	CPU 在运行中。起动时灯以 2Hz 频率闪烁，暂停时以 0.5Hz 频率闪烁
	STOP	黄色	CPU 停止、暂停或起动模式。指示灯在执行重启请求时以 0.5Hz 频率闪烁，在重启过程中以 2Hz 频率闪烁
CPU313C-2DP CPU314C-2DP CPU 315-2DP	BF	红色	DP-接口（X2）处总线出错
CPU 317-2 DP CPU 31x-2 PN/DP	BF1	红色	第一接口（X1）处总线出错
	BF2	红色	第二接口（X2）处总线出错
CPU 31x-2 PN/DP CPU 319-3 PN/DP	LINK	绿色	到 2nd 接口（X2）的连接有效
	RX/TX	黄色	接收/传输数据

在带有 DP 口的 CPU 上还有 BUSF 指示灯，其状态和故障显示见表 11-2。

表 11-2　BUSF、BUS1F 和 BUS2F 状态和故障

LED					说　　明
SF	5VDC	BUSF	BUS1F	BUS2F	
亮	亮	亮/闪烁	—	—	PROFIBUS-DP 接口故障
亮	亮	—	亮/闪烁	X	CPU318-2DP 的第一个 PROFIBUS 接口故障
亮	亮	—	X	亮/闪烁	CPU318-2DP 的第二个 PROFIBUS 接口故障

注：状态 X 表示 LED 的状态可以为"亮"或"灭"。但是，该状态与当前 CPU 的功能无关。例如强制状态打开或关闭不会影响 CPU 的"STOP"状态。

具体排除方法见表 11-3。

表 11-3　BUSF 故障评价

可　能　错　误	CPU 的响应	排　　除
BUSF LED 亮		
总线故障（硬件故障） DP 接口故障 多 DP 主站模式有不同的波特率 如果激活所有的 DP 从站接口或主站上有总线短路 对于从站 DP 接口：搜寻波特率，例如总线上当前没有激活的从站	调用 OB86（CPU 在"RUN"模式时）。如果没有装入 OB86，CPU 进入"STOP"状态	检查总线电缆是否短路或开路 评估诊断数据。再重新组态或修改组态数据

可 能 错 误	CPU 的响应	排 除
BUSF 闪烁		
CPU 为 DP 主站时 所连接的故障； 至少有一个被组态的从站不能访问； 组态不正确	调用 OB86（CPU 在"RUN"模式时）。如果没有装入 OB86，CPU 进入"STOP"状态	检查并确认总线电缆是否连接 CPU 或总线是否未断开 等待一直到 CPU 自动。如 LED 没有停止闪烁，则检查 DP 从站或评估对 DP 从站的诊断数据
CPU 为 DP 从站时： 错误的 CPU 31xC 组态或下列情况 响应监视时间到； PROFIBUS – DP 通信中断； PROFIBUS – DP 地址错误； 组态不正确	调用 OB86（CPU 在"RUN"模式时）。如果没有装入 OB86，CPU 进入"STOP"状态	检查 CPU 检查并确认总线连接器已正确插入 检查总线电缆与 DP 主站中是否有中断 检查组态数据和参数

2. 用 S7 – 400 CPU 的 LED 进行诊断

S7 – 400 CPU 上的 LED 指示和 S7 – 300 有些不同。S7 – 400 CPU 有带 DP 接口和不带 DP 接口两种不同版本，如图 11–3 所示。

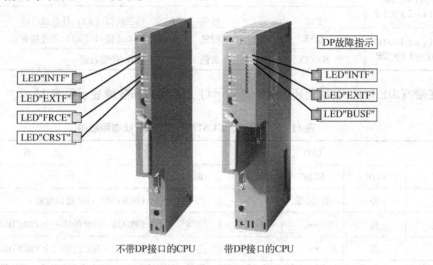

图 11–3 S7 – 400 CPU 模块上的 LED 指示灯

带 DP 接口的 CPU 及 DP 接口上的 LED 指示见表 11–4。

表 11–4 带 DP 接口的 CPU 及 DP 接口上的 LED 指示

S7 – 400		DP 接口	
LED	含 义	LED	含 义
INTF（红色）	内部出错	DP INTF（红色）	在 DP 接口内部出错
EXTF（红色）	外部出错	DP EXTF（红色）	在 DP 接口外部出错
FRCE（黄色）	强制	BUSF	在 DP 接口上的总线出错
CRST（黄色）	完全复位（冷）		
RUN（绿色）	运行状 RUN		
STOP（黄色）	运行状 STOP		

带 DP 接口的 CPU 的状态和故障显示见表 11-5 和 11-6。

表 11-5 带 DP 接口的 CPU 上的状态和故障显示 (1)

LED			说　明
RUN	STOP	FRCE	
LED 亮	LED 灭	LED 灭	CPU 在运行状态 RUN
LED 灭	LED 亮	LED 灭	CPU 在 STOP 状态。用户程序不工作。能预热或热再起动。如果 STOP 状态因出错而产生，则故障 LED（INTF 或 EXTF）也点亮
LED 灭	LED 亮	LED 亮	CPU 在 STOP 状态。仅预热再起动可以作为下一次起动模式
闪烁（0.5 Hz）	LED 亮	LED 灭	通过 PG 测试功能触发 HOLD 状态
闪烁（2 Hz）	LED 亮	LED 亮	执行预热起动
闪烁（2 Hz）	LED 亮	LED 灭	执行热再起动
X	闪烁（0.5 Hz）	X	CPU 请求完全复位（冷）
X	闪烁（2 Hz）	X	完全复位（冷）运行

表 11-6 带 DP 接口的 CPU 上的状态和故障显示 (2)

LED			说　明
INTF	EXTF	FRCE	
LED 亮	X	X	检查出一个内部出错（编程或参数出错）
LED 灭	LED 亮	X	检查出一个外部出错（出错不是由 CPU 模块引起引的）
X	X	LED 亮	在此 CPU 上 PG 正在执行"force"功能。这就是说，用户程序的变量被设置为固定值，且不能被用户程序再改变

带 DP 接口 CPU 的 DP 接口上的状态和故障显示见表 11-7。

表 11-7 带 DP 接口 CPU 的 DP 接口上的状态和故障显示

LED			说　明
DP INTF	DP EXTF	BUSF	
LED 亮	X	X	在 DP 接口上检查出一个内部出错（编程或参数出错）
X	LED 亮	X	检查出一个外部出错（出错不是由 CPU 模块而是由 DP 从站产生的）
X	X	闪烁	在 PROFIBUS 上有一个或多个 DP 从站不响应
X	X	LED 亮	检查出 DP 接口上的一个总线出错（如，电缆断或不同的总线参数）

3. DP 从站的 LED 灯

DP 从站模块上同样配备了一些 LED 用于指示 DP 从站的运行状态和任意故障。LED 的数目和含义取决于所用从站的类型。详细的信息请参考各种 DP 从站的用户手册。

ET200M 的接口模块 IM 153-2 的 LED 的意义见表 11-8 和表 11-9。

表 11-8　IM 153-2 的状态和故障 LED

LED	含义	LED	含义
ON（绿色）	供电电压正常	BF（红色）	PROFIBUS 故障
SF（红色）	组错误	ACT（黄色）	冗余模式中的主动模块

表 11-9　IM 153-2 的 LED 组合意义

SF	BF	ACT	ON	含　义	措　施
熄灭	熄灭	熄灭	熄灭	IM 153-2 没有通电，或模块有硬件故障	接通电源模块或更换 IM 153-2
无关	无关	无关	亮	IM 153-2 通电，运行状态	
亮	熄灭	熄灭	熄灭	模块通电后正在硬件复位	
亮	亮	亮	亮	通电后的硬件测试	
亮	闪烁 0.5Hz	熄灭	熄灭	外部故障，例如使用了不合适的操作系统或微存储卡 MMC	使用合适的用于更新的操作系统，更新期间不要取出 IM 153-2Bx00 的 MMC
亮	闪烁 2Hz	熄灭	熄灭	内部错误，例如在写入更新文件期间的内部错误	重复更新过程。如果 LED 再次指示错误，则内部存储器损坏
无关	闪烁	熄灭	亮	模块未正确组态，DP 主站和模块之间没有数据交换。原因：站地址不正确、总线故障	检查 IM 模块，检查组态和参数，检查 IM 模块和 STEP 7 项目中的站地址。检查电缆长度和终端电阻设置，检查波特率是否匹配
无关	亮	熄灭	亮	与 DP 主站无连接（搜索波特率）。原因：DP 到 IM 153-2 的总线通信已中断	检查是否正确安装了总线连接器、电缆/光缆与 DP 主站的连接是否中断。断开电源模块上的 DC 24V 开关，然后重新接通
亮	闪烁	熄灭	亮	组态的 ET 200M 与 ET 200M 的实际结构不一致	检查 ET 200M 的组态，确定模块是否插入或有故障，是否有未组态的模块
亮	熄灭	熄灭	亮	无效的 PROFIBUS 地址。如果 SM/FM 的 SF LED 同时点亮，S7-300 模块有故障或诊断事件。否则 IM 153-2 有故障	在 IM 153-2 上设置有效的 PROFIBUS 地址（1~125）。通过诊断检查 SM/FM，更换 S7-300 模块或 IM 153-2
无关	熄灭	亮	亮	IM 153-2 正在与 DP 主站和 ET 200M 的 I/O 模块交换数据。在冗余模式，IM 153-2 是 ET 200M 中的主动的模块	
无关	熄灭	熄灭	亮	电压已供给 IM 153-2。IM 153-2 是冗余模式的被动的模块，它与 I/O 模块没有交换数据	
闪烁 0.5Hz	熄灭	熄灭	亮	在冗余模式，IM 153-2 是被动的模块，未做好无扰动切换的准备	将容错系统切换到冗余状态
闪烁	闪烁	闪烁	闪烁	当前运行模式的 IM 153-2 与冗余 IM 153-2 不兼容	

4. PROFINET 接口故障

PROFINET 设备及通信接口的状态可用 PROFINET IO 设备的前端 LED 显示元件确定。LED 能对故障事件进行初步的诊断，见表 11-10。

表 11-10　PROFINET IO 控制器 PN 接口故障

BUSF（BF2/BF3）	可能的原因	排除方法
	IO 控制器	
常亮	总线故障（IO 控制器与交换机或子网的物理连接断开）	检查总线电缆是否开路或短路
	传输速率不正确	检查模块是否连接到交换机而不是集线器
	未设置全双工模式	检查传输方式是不是全双工 100Mbit/s
闪烁	连接 IO 设备的故障	检查以太网电缆是否接到了失效的 IO 设备上，或者检查连接到 IO 设备的通信链路是否中断
	至少有一个上层 IO 设备的地址找不到	CPU 的起动时，如果 LED 不停止闪烁则检查 IO 设备或者评估其诊断信息
	组态不正确	检查 IO 设备的组态名称是否和它实际的设备名称一致
	IO 设备	
闪烁	响应监控时间过期	检查模块
	PROFINET 总线通信中断	检查连接到 IO 设备的以太网电缆是否断开
	IP 地址设置不正确、组态不正确或者参数化不正确	检查组态的数据和参数
	IO 控制器找不到但连接存在	打开 IO 控制器，检查连接到控制器的以太网电缆是否断开
	设备名字不正确或不存在	检查期望的组态与实际是否匹配，检查 IO 设备的组态名称是否和实际名称一致

注：如果 IO 控制器处于 RUN 状态，则调用 OB86，如果 OB 没有加载，CPU 将进入 STOP 状态。

通常，RX/TX LED 可以显示数据是否正在通过以太网进行传输。如果以太网连接存在，则该 LED 闪烁的速度和通信负载相关。如果 LED 一直处于熄灭状态，则表明以太网连接中断了。

11.2.2　使用 STEP 7 工具进行故障诊断

标准的 STEP 7 编程工具提供了用于诊断的强大的在线功能，本小节将详细介绍怎样用这些诊断功能来诊断 PROFIBUS – DP，这些诊断功能也可以用于 PROFINET。

1. 诊断符号

在 SIMATIC 管理器中，打开在线窗口，能查看所有模块和 DP 从站上的诊断符号。诊断符号用来形象直观地表示模块的运行模式和模块的故障状态，见表 11-11。可以通过观察诊断符号来判断一个模块是否有诊断信息。

表 11-11　诊断符号

符　号	模　式
	模块的诊断符号（例：FM / CPU）
	预置组态与实际组态不匹配：被组态的模块不存在，或者插入了不同类型的模块
	故障：模块出现故障 可能的原因：诊断中断，I/O 访问错误，或检查到故障 LED

符　号	模　式
	不能进行诊断 原因：无在线连接或该模块不支持模块诊断功能（如电源或子模块）
操作模式的诊断符号（例如：CPU）	
	起动（STARTUP）
	停机（STOP）
	停机（STOP） 在多 CPU 操作模式下由另一个 CPU 触发的停机
	运行（RUN）
	保持（HOLD）
强制的诊断符号	
	在该模块上有变量被强制，即在模块的用户程序中有变量被赋予一个固定值，该数据值不能被程序改变 强制符号还可以与其他符号组合在一起显示（这里是与运行（RUN）模式符号一起显示）

诊断符号可显示在项目在线窗口中，以及当调用"Diagnose Hardware（诊断硬件）"功能时显示在快速视窗（默认设置）或诊断视窗中。更详细的诊断信息显示在"Module Information（模块信息）"应用程序中，可以通过双击快速视窗或诊断视窗中的诊断符号起动该应用程序。

2. 故障诊断过程

故障诊断过程如图 11-4 所示。主要包括如下步骤：

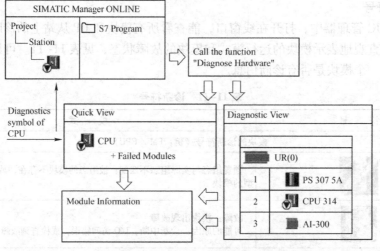

图 11-4　使用 STEP7 故障诊断过程

1）用菜单命令"View"→"Online"，打开项目的在线窗口。

2）打开所有的站，以便看到其中组态的可编程模块。

3）查看哪个 CPU 显示指示错误或故障诊断符号。可以使用〈F1〉键调用对诊断符号进行解释的在线帮助。

4）选择要检查的站。

5）选择菜单命令"PLC"→"Diagnostics/Settings"→"Module Information"，显示该站中 CPU 的模块信息。

6）选择菜单命令"PLC"→"Diagnostics/Settings"→"Diagnose Hardware"，显示 CPU 的"quick view（快速视窗）"及本站中有故障的模块。快速视窗的显示被设作默认设置（菜单命令"Option"→"Customize"，"View"标签）。

7）在快速视窗中选择故障模块。

8）单击"Module Information（模块信息）"按钮，以获得该模块的诊断信息。

9）单击快速视窗中的"Open Station Online"按钮可显示诊断视窗。诊断视窗中包含了该站中按插槽顺序排列的所有模块。

10）双击诊断视窗中的模块以显示其模块信息。用这种方式，还可以得到那些没有故障因而没有显示在快速视窗中的模块信息。

没有必要执行上述全部的步骤，当得到所需的诊断信息后就可以停止诊断工作。

3. 使用 SIMATIC Manager 可访问节点和在线功能进行诊断

为了检查 DP 从站的 PROFIBUS 地址（或者 IO 设备的 PROFINET 地址）是否有重叠，或者怀疑网络中的电缆连接有故障，可以使用"可访问节点"功能。

在使用在线诊断之前，应让 PG/PC（编程器/计算机）接口设置的波特率与网络的波特率一致。当此功能起动时，PG/PC 的在线接口成为总线中的被动站点，并检查通信接口的波特率设置与网络的波特率设置是否一致，总线的地址是否被重复使用。满足上述条件后，PG/PC 才可以作为主动的总线站点被包含在令牌环中。

将计算机的 CP 卡设置（如 CP5611）为 PROBUS（或者 PROFINET）方式，用 DP 电缆（或者 PROFINET 电缆）连接通信卡上的 DP/MPI 接口（或者 PN 接口）和 CPU 的 DP（或 PN）接口。

在 SIMATIC Manager 中起动诊断功能。选择菜单栏的"PLC"→"Display Accessible Nodes"。弹出的对话框显示了网络中能够寻址的所有可编程模块（例如 CPU、FM 和 CP 等），显示内容包括站地址、站点类型（主动或者被动）、状态等。

同样，用通信硬件和电缆连接计算机和 PLC 建立通信后，单击 SIMATIC Manager 工具栏上的 ONLINE 图标，将打开在线视图。展开列表后可以从诊断符号看出设备是否存在故障。

4. 硬件诊断

硬件诊断可以在线访问硬件站并且给出关于模块的状态或操作模式的信息，不仅可以看到模块的诊断信息，而且可以看到诊断符号指示模块的状态或 CPU 的操作模式。双击该符号时，进一步信息的窗口会弹出。在使用硬件诊断功能之前，先要定义该功能的显示方式。单击 SIMATIC Manager 的"Options"菜单，选中"Customize"，弹出 Customize 界面，选中"View"菜单，点选"Display quick view during hardware diagnostics"选项，它表示替代完全"Diagnosing Hardware"显示而只显示有故障的模块，如图 11-5 所示。然后调用硬件诊断功能，在 SIMATIC Manager 界面中，选择菜单"PLC"→"Diagnostic/Setting"→"Hardware Diagnostics"，或者在 Block 编辑界面中，单击鼠标右键选择"PLC"→"Module Information"，如图 11-6 所示。

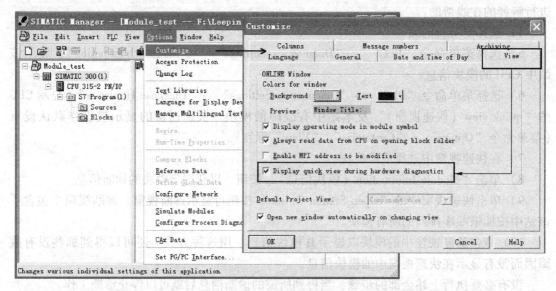

图 11-5 硬件诊断的设置

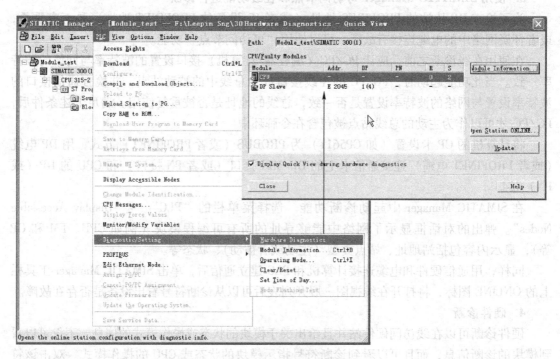

图 11-6 硬件诊断界面

5. 模块信息

西门子 S7-300CPU 的模块信息包括诊断缓冲区、中断堆栈、块堆栈、局域堆栈等资源。在 STEP 7 中打开模块信息有三种方法。

1）通过 SIMATIC Manager 打开。在 SIMATIC Manager 界面中，选择菜单"PLC"→"Diagnostic/Setting"→"Module Information"或在 Block 编辑界面中单击鼠标右键选择"PLC"→"Module Information"即可打开模块信息。

2）通过 STL/LAD/FBD 编辑器打开。在 STL/LAD/FBD 编辑器界面中，选择菜单"PLC"→"Module Information"即可打开模块信息。

3）通过 HW Config 打开。在 HW Config 界面中，选中 CPU 项，再选择菜单"PLC"→"Module Information"即可打开模块信息。

一般地，通过模块信息能诊断出的常见故障见表 11-12。

表 11-12　通过模块信息诊断出的常见故障表

序　　号	故　　障	显 示 信 息
1	被调用的程序块未下载	FC 不存在
2	访问了不存在的 I/O 地址	地址访问错误
3	输入了非 BCD 码值	BCD 码转化错误
4	访问了不存在的数据块	DB 不存在
5	访问了不存在的数据块地址	访问地址长度出错

通过诊断缓冲区和堆栈这两个功能可得到相关的诊断信息。

（1）诊断缓冲区

诊断缓冲区（Diagnostic Buffer）是一个 FIFO（先入先出）缓冲器，它是 CPU 中一个用电池支持的区域。诊断缓冲区中按先后顺序存储着所有可用于系统诊断的事件，存储器复位时也不会被删除。所有的事件可在编程装置上按它们发生的顺序以文本形式显示。选中一个事件后，在"Details on Event"信息框中可以看到关于该事件的详细说明：

1）事件 ID（代号）和事件号。

2）块类型和号码。

3）其他信息，如导致该事件的指令的相对 STL 行地址。

4）事件帮助，单击"Help on Event"按钮，可打开事件帮助信息窗口，并提示排除方法。

5）打开错误块，单击"Open Block"按钮，即可打开错误所在的块。

（2）堆栈

读取堆栈（I Stack、B Stack、L Stack）的内容可以获得关于错误位置的附加信息。通过它可以知道 CPU 停机前累加器中的内容。下面分析 CPU 停机前具体包含的信息。

块堆栈（B Stack）中包含了在停机之前执行过的所有块的清单；中断堆栈（I Stack）中包含了在中断发生时刻寄存器中的内容，例如累加器和地址寄存器的内容、哪些数据块被打开、状态字的内容、程序执行的级别（例如循环程序）、发生中断的块及具体的指令位置、将要执行的下一个块等；局域堆栈（L Stack）中包含了临时变量的值，分析这些数据需要有一定的经验。

在进行故障诊断时，单击模块信息上的"Stack"，打开堆栈诊断信息界面，如图 11-7 所示，首先看到的是块堆栈的诊断信息，块堆栈（B Stack）用图解方式表明了程序调用的层次，即在中断时刻被调用块的顺序和嵌套情况。块堆栈中包含了所有的过程中断 OB 和错误处理 OB 以及打开的数据块。

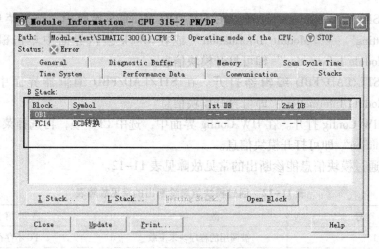

图 11-7 块堆栈诊断信息

图 11-7 中黑色框内提示的是块堆栈 (B Stack) 诊断的信息，从中可以看出在发生错误之前曾执行过的块。最后一次执行的是 FC14，则说明错误出现在 FC14 中。

中断堆栈 (I Stack) 用来指示程序执行的级别。打开中断堆栈之前，必须选中块堆栈中相关的组织块。然后通过单击"I Stack"中断堆栈，查看中断堆栈中的累加器、寄存器的信息，及打开出现错误的块。

局域堆栈 (L Stack) 诊断中包含临时变量的值，在中断发生的时刻，未结束的块的临时变量被存储在局域堆栈 (L Stack) 中。

除了通过中断堆栈打开含有错误的块之外，还可以通过在块堆栈界面打开错误的块。选中最后一次执行的块 FC14，然后单击"Open Block"即可。定位错误之后对其进行改正即可排除故障。

11.2.3 基于 PROFIBUS 通信故障诊断

1. 使用用户程序进行诊断

SIMATIC S7 可编程序控制器提供了许多可以在用户程序中执行的诊断功能。如果对这些诊断功能系统地加以应用，用户程序就可以确定出系统故障的准确原因并做出相应的反应。

（1）错误处理组织块

当一个故障发生时，SIMATIC S7 CPU 中的错误处理组织块 OB 会被调用。如果错误处理组织块 OB 未编程，CPU 进入"STOP"模式。这个调用会在 CPU 的诊断缓冲区中显示出来。用户可以在错误处理 OB 中编写如何处理这种错误的程序，当操作系统调用了故障组织块 OB 时，CPU 根据是否有故障处理程序进行相应的反应。

根据是否被 S7 CPU 检测到并且用户可以通过组织块对其进行处理的错误分为同步错误和异步错误两种。与程序的运行有关的为同步错误，与程序运行无关的为异步错误。CPU 根据检测到的错误，调用适当的错误处理组织块，见表 11-13。注意在 S7-400H 中，有三个附加的异步错误处理组织块 OB，它们是 OB70（I/O 冗余错误处理组织块）、OB71（CPU 冗余错误处理组织块）、OB72（通信冗余错误处理组织块）。

表 11-13　错误处理组织块

错 误 级 别	OB 号	错 误 类 型	优 先 级
冗余错误	OB70	I/O 冗余错误（仅 H 系列 CPU）	25
	OB71	CPU 冗余错误（仅 H 系列 CPU）	28
	OB72	通信冗余错误（仅 H 系列 CPU）	35
异步错误	OB80	时间错误	26
	OB81	电源错误	
	OB82	诊断中断	
	OB83	插入/取出模块中断	
	OB84	CPU 硬件故障	26/28
	OB85	优先级错误	
	OB86	机架故障或分布式 I/O 的站故障	
	OB87	通信错误	
同步错误	OB121	编程错误	引起错误的 OB 的优先级
	OB122	I/O 访问错误	

1）同步错误处理组织块。当错误的发生与程序扫描有关时，CPU 的操作系统会产生一个同步故障。同步错误是与执行用户程序有关的错误，程序中如果有不正确的地址区、错误的编号和错误的地址，都会出现同步错误，操作系统将调用同步错误 OB。如果未将同步故障 OB 加载到 CPU 中，则当发生同步故障时 CPU 切换到 STOP 模式。

同步错误组织块包括 OB121 用于对程序错误的处理和 OB122 用于处理模块访问错误。同步错误 OB 的优先级与检测到出错的块的优先级一致。因此 OB121 和 OB122 可以访问中断发生时累加器和其他寄存器中的内容，用户程序可以用它们来处理错误。

① OB121：当有关程序处理的错误事件发生时 CPU 操作系统调用 OB121，此错误包括寻址的定时器不存在、调用的块未下载等，但不包括用户程序的逻辑错误和功能错误等。例如当 CPU 调用一个未下载到 CPU 中的程序块，CPU 会调用 OB121。

② OB122：当 I/O 访问错误出现时，操作系统激活 OB122 中断，执行 OB122 中断服务程序。当 STEP 7 指令访问一个信号模块的输入或输出时，而在最近的一次暖起动中没有分配这样的模块，CPU 的操作系统会调用 OB122，例如直接访问 I/O 出错（模块损坏或找不到）、访问一个 CPU 不能识别的 I/O 地址等。

2）异步错误处理组织块。异步错误是与 PLC 的硬件或操作系统密切相关的错误，与程序执行无关。异步错误没有独立的处理程序，这意味着它与程序异步执行，其后果一般都比较严重，其对应的组织块为 OB70 ~ OB73 和 OB80 ~ OB87，有最高的优先级。

① OB80：在执行程序过程中，若出现下列错误时，CPU 的操作系统都会调用 OB80：周期监视时间溢出、OB 请求错误（所请求的 OB 仍在执行或在给定优先级内的 OB 调用过于频繁）或实时时钟被拨快而跃过了 OB 的起动时间。例如 OB35 中的程序循环执行就会出现周期监视时间溢出错误。

② OB81：在执行程序过程中，若出现下列错误时，CPU 的操作系统都会调用 OB81：后备电池失效或未安装、在 CPU 或扩展单元中没有电池电压、在 CPU 或扩展单元中 24V 的

电源故障。

③ OB82：如果模块具有诊断能力又使能了诊断中断，当它检测到故障时，它输出一个诊断中断请求给 CPU，该中断请求可以是即将到来或即将过去的事件，操作系统中断用户程序的扫描并调用组织块 OB82。当一个诊断中断被触发时，有问题的模块自动地在诊断中断 OB 的起动信息和诊断缓冲区中存入 4 个字节的诊断数据和模块的起始地址。

④ OB83：操作系统每秒钟对模块组态进行一次检测。在"RUN""STOP"和"START-UP"状态时每次组态的模块插入或拔出，就产生一个插入/拔出中断（电源模块、CPU、适配模块和 IM 模块不能在这种状态下移出）。该中断都将在 CPU 的诊断缓冲区和系统状态表中留下一个记录。

⑤ OB84：当检测到接口故障（MPI 网络的接口故障、PROFIBUS DP 的接口故障）或分布式 I/O 网卡的接口故障发生或消失时，操作系统调用组织块 OB84。

⑥ OB85：在执行程序过程中，若出现下列错误时，CPU 的操作系统都会调用 OB85：产生了一个中断事件，但是对应的 OB 块没有下载到 CPU（OB81 除外）、访问一个系统功能块的背景数据块时出错或该块不存在、刷新过程映像表时 I/O 访问出错，模块不存在或有故障（如果 OB85 调用没有在组态中禁止）。

⑦ OB86：出现下列故障或故障消失时，都会触发机架故障中断 OB86，操作系统将调用OB86：扩展机架故障（不包括 CPU318），DP 主站系统故障或分布式 I/O 故障。

⑧ OB87：当发生通信错误时，操作系统调用通信错误组织块 OB87。常见通信错误举例如下：接收全局数据时，检测到不正确的帧标识符（ID）、全局数据通信的状态信息数据块不存在或太短、接收到非法的全局数据包编号。

（2）组织块的变量声明表

操作系统为所有的 OB 块声明了一个包含 OB 的起动信息的 20B 的变量声明表（见表 11-14），声明表中变量的具体内容与组织块的类型有关，其中，当组织块的类型为错误组织块时，字节地址为 1 的数据表示故障代码。用户可以通过 OB 的声明变量表获得与起动 OB 的原因有关的信息。

表 11-14　OB 的变量声明表

字节地址	内　　容	字节地址	内　　容
0	事件级别与标识符	3	OB 块的编号
1	用代码表示与起动 OB 的事件有关的信息	4~11	附加信息
2	OB 的优先级	12~19	OB 被起动的日期和时间（年、月、日、时、分、秒、毫秒与星期）

处理故障的中断组织块的局部变量中包含了大量的故障信息，如果 DP 从站发生故障，可以通过查看这些局部变量确定故障的原因。本节用 OB82 和 OB86 为例，介绍使用中断组织块的局部变量来诊断 DP 从站。

1）OB82 局部变量。如果模块具有诊断能力又使能了诊断中断，当它检测到故障时，操作系统中断用户程序的扫描并调用组织块 OB82。有问题的模块自动地在诊断中断 OB 的起动信息和诊断缓冲区中存入 4 个字节的诊断数据和模块的起始地址。

OB82 的局部变量的意义见表 11-15，其中最主要的部分是逻辑基地址和 4 个字节的故障模块的诊断数据。

表 11-15 OB82 的局部变量表

变　量	类　型	描　述
OB82_EV_CLASS	BYTE	事件级别和标识: B#16#38, 离去事件; B#16#39, 到来事件
OB82_FLT_ID	BYTE	故障代码
OB82_PRIORITY	BYTE	优先级: 可通过 SETP 7 选择 (硬件组态)
OB82_OB_NUMBR	BYTE	OB 号 (81)
OB82_RESERVED_1	BYTE	保留
OB82_IO_FLAG	BYTE	输入模块: B#16#54; 输出模块: B#16#55
OB82_MDL_ADDR	WORD	发生故障的模块的逻辑基地址
OB82_MDL_DEFECT	BOOL	模块故障
OB82_INT_FAULT	BOOL	内部故障
OB82_EXT_FAULT	BOOL	外部故障
OB82_PNT_INFO	BOOL	通道故障
OB82_EXT_VOLTAGE	BOOL	外部电压故障
OB82_FLD_CONNCTR	BOOL	前连接器未插入
OB82_NO_CONFIG	BOOL	模块未组态
OB82_CONFIG_ERR	BOOL	模块参数不正确
OB82_MDL_TYPE	BYTE	位 0~3: 模块级别; 位 4: 通道信息存在; 位 5: 用户信息存在; 位 6: 来自替代的诊断中断; 位 7: 备用
OB82_SUB_MDL_ERR	BOOL	子模块丢失或有故障
OB82_COMM_FAULT	BOOL	通信问题
OB82_MDL_STOP	BOOL	操作方式 (0: RUN, 1: STOP)
OB82_WTCH_DOG_FLT	BOOL	看门狗定时器响应
OB82_INT_PS_FLT	BOOL	内部电源故障
OB82_PRIM_BATT_FLT	BOOL	电池故障
OB82_BCKUP_BATT_FLT	BOOL	全部后备电池故障
OB82_RESERVED_2	BOOL	备用
OB82_RACK_FLT	BOOL	扩展机架故障
OB82_PROC_FLT	BOOL	处理器故障
OB82_EPROM_FLT	BOOL	EPROM 故障
OB82_RAM_FLT	BOOL	RAM 故障
OB82_ADU_FLT	BOOL	ADC/DAC 故障
OB82_FUSE_FLT	BOOL	熔断器熔断
OB82_HW_INTR_FLT	BOOL	硬件中断丢失
OB82_RESERVED_3	BOOL	备用
OB82_DATE_TIME	DATE_AND_TIME	OB 被调用时的日期和时间

2）OB86 局部变量。表 11–16 描述了机架故障 OB86 的局部变量。

表 11–16　OB86 的局部变量表

变　　量	类　　型	描　　述
OB86_EV_CLASS	BYTE	事件级别和标识：B#16#38，离去事件；B#16#39，到来事件
OB86_FLT_ID	BYTE	故障代码
OB86_PRIORITY	BYTE	优先级，可通过 STEP 7 选择（硬件组态）
OB86_OB_NUMBR	BYTE	OB 号
OB86_RESERVED_1	BYTE	备用
OB86_RESERVED_2	BYTE	备用
OB86_MDL_ADDR	WORD	根据故障代码
OB86_RACKS_FLTD	ARRAY[0..31]	根据故障代码
OB86_DATE_TIME	DATE_AND_TIME	OB 被调用时的日期和时间

如果扩展机架、DP 主站系统或分布式 I/O 发生故障，在故障发生和消失时，CPU 都会自动调用 OB86。

① OB86_ EV_ CLASS 为 B#16#39 时表示故障刚出现，为 B#16#38 时表示故障刚消失。

② OB86_FLT_ID 为故障代码，不同的故障对应不同的故障代码。

③ OB86_MDL_ADDR 为 DP 主站的逻辑基地址，它是 HW Config 中主站的 DP 接口的诊断地址，CPU 的操作系统使用该地址来报告该接口的故障。

④ OB86_RACKS_FLTD 是数据类型为 32 个位元素的数组，若 DP 从站出现故障，则此数组包含从站诊断地址，DP 主站系统编号以及从站地址的信息。

⑤ OB86_DATE_TIME 为事件发生的时间。

（3）使用 SFC13 进行 DP 从站的诊断

1）SFC 13 介绍。通过调用系统功能 SFC 13 "DPNRM_DG"，可以查看遵循 EN 50 170 标准的 DP 从站的诊断信息。SFC 13 可以读取的最大报文长度为 240B。表 11–17 描述了 SFC 13 的输入参数和输出参数。

表 11–17　SFC13 DPNRM_DG 的参数

参　　数	声　　明	数据类型	描　　述
REQ	INPUT	BOOL	请求读取
LADDR	INPUT	WORD	组态的 DP 从站的诊断地址（十六进制格式）
RET_VAL	OUTPUT	INT	SFC 的返回值（所读取诊断数据中的错误信息或数据字节数）
RECORD	OUTPUT	ANY	所读取诊断数据的目标区域
BUSY	OUTPUT	BOOL	值为 1 时表示读取过程结束

对 SFC 13 处理是异步进行的，这意味着它的执行需要经历若干 SFC 调用，从而也需要经历若干 CPU 循环。

2）DP 从站诊断数据的主要结构。表 11–18 是标准 EN 50 170 Volume 2（PROFIBUS）对 DP 从站诊断数据的主要结构描述。

272

表 11-18　DP 从站诊断数据的主要结构

字 节 号	意 义	字 节 号	意 义
0 ~ 2	站状态 1 ~ 3	4 ~ 5	厂商标识符
3	PROFIBUS 主站地址	≥6	附加的从站相关的诊断数据

IM 153 - x 提供了符合标准的从站诊断。与从站相关的诊断数据取决于所使用的 IM 153 - x 版本。

3）在 OB82 中调用 SFC 13。

① 新建一个项目，插入 300 的站，进行硬件组态，插入电源、CPU 和输入输出模块，新建 DP 网络，DP 主站使用 CPU315 - 2PN/DP，站地址为 2；标准从站使用 ET200M，站地址为 3。硬件组态如图 11-8 所示。

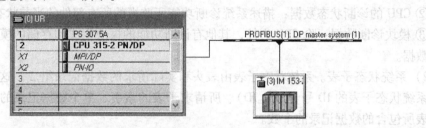

图 11-8　硬件组态图

选中图 11-8 中的 3 号从站 ET200M，在下面的窗口中双击输入输出模块，在它的属性对话框中，使能诊断中断。

② 打开 CPU315 - 2PN/DP 的 Block 文件夹，插入错误处理组织块 OB82，双击打开 OB82，在其中编写如图 11-9 所示调用 SFC 13 的程序并保存。

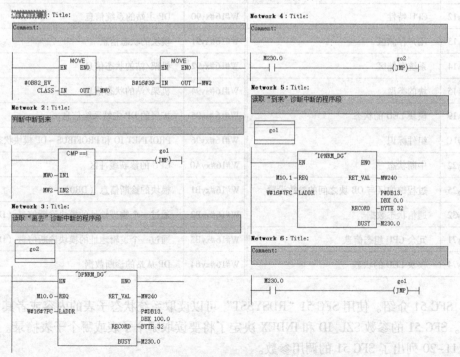

图 11-9　在 OB82 中调用 SFC 13 的程序

③ 将组态和程序下载到 PLC 并运行，可以任选从站 ET200M 的一个输入输出模块，将其一个通道组的负载电压和 DC 24V 电源断开，此时产生诊断中断，CPU 调用一次 OB82，在 OB82 中调用 SFC13 来读取诊断信息。

（4）使用 SFC51 进行 DP 从站的诊断

1）系统状态表 SZL。系统状态表描述了自动化系统的当前状态。系统状态列表只能使用 SFC 51 读取，不能进行修改。DP 相关的系统状态子表是虚拟列表。这意味着它们只有在被请求时才由操作系统产生。

系统状态列表包含下列信息：

① 系统数据：包含某个 CPU 固定的或可调节的特性数据。描述了 CPU 的硬件组态，优先权等级和通信状态。

② CPU 的诊断状态数据：描述系统诊断功能所监视的所有部件的当前状态。

③ 模块诊断数据：除 CPU 之外，其他有诊断功能的模块生成和存储的模块诊断信息和诊断数据。

2）系统状态子表。系统状态子表由表头和实际请求的数据记录组成。这种子表的表头包含系统状态子表的 ID 号（SZL_ID）、所请求子表的索引、单个数据记录的字节数以及这个子表所包含的数据记录的个数。

表 11-19 列出了部分系统状态子表。

表 11-19 SFC 51 RDSYSST 的参数

SZL_ID	系统状态子表	SZL_ID	系统状态子表
W#16#xy11	模块标识	W#16#xy75	在冗余系统中切换的 DP 从站
W#16#xy12	CPU 特性	W#16#xy90	DP 主站的系统信息
W#16#xy13	用户存储区	W#16#xy91	模块的状态信息
W#16#xy14	系统存储区	W#16#xy92	机架/站的状态信息
W#16#xy15	块的类型	W#16#xy94	机架/站的状态信息
W#16#xy19	模块 LED 的状态	W#16#xy95	扩展的 DP 主站系统信息
W#16#xy1C	组件标识	W#16#xy96	PROFINET IO 和 PROFIBUS - DP 模块状态信息
W#16#xy22	中断状态	W#16#xyA0	CPU 的诊断缓冲区
W#16#xy25	过程映像区与 OB 块之间的参数设置	W#16#xyB1	模块的诊断信息（DR0）
W#16#xy32	通信状态数据	W#16#xyB2	通过一个物理地址的模块诊断信息（DR1）
W#16#xy71	冗余 CPU 组态信息	W#16#xyB3	通过一个逻辑地址的模块诊断信息（DR1）
W#16#xy74	模块 LED 的状态	W#16#xyB4	DP 从站的诊断数据

3）SFC 51 介绍。使用 SFC 51 "RDSYSST" 可以读取系统状态子表的内容或者其中的一个摘录。SFC 51 的参数 SZL_ID 和 INDEX 决定了将要读取哪个子表或哪个子表摘录。

表 11-20 列出了 SFC 51 的调用参数。

表 11-20   SFC 51 RDSYSST 的参数

参　数	声　明	数据类型	描　述
REQ	INPUT	BOOL	值为 1 时触发处理
SZL_ID	INPUT	WORD	子表或子表摘录的 SZL_ID
INDEX	INPUT	WORD	子表中某一对象的类型或序号
RET_VAL	OUTPUT	INT	SFC 的返回值
BUSY	OUTPUT	BOOL	值为 1 时读过程尚未结束
SZL_HEADER	OUTPUT	STRUCT	
DR	OUTPUT	ANY	可读数据记录的区域

参数描述：

① SZL_ID：系统状态子表的 ID 号（SZL_ID）占一个字，如图 11-10 所示。它由子表序号、子表摘录序号和模块类型组成。

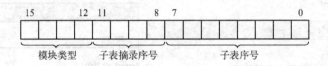

图 11-10   SSL_ID 的结构

识别码包含 4 个附加位用于识别模块类型。这些位指定了将要读取的子表或子表摘录所在模块的类型。CPU、IM、FM 和 CP 的模块类型分别为二进制数 0000、0100、1000 和 1100。

② INDEX：某些子表或子表摘录需要一个对象类型标识符或一个对象标号。这种情况下必须使用 INDEX 参数。在不需要这个参数的情况下，可以忽略它的内容。

③ RET_VAL：描述了参数发送错误代码。

④ SZL_HEADER：参数类型为 STRUCT，结构元素为 WORD 型数据 LENGTHDR 和 N_DR，在读操作完成之后，LENGTHDR 元素包含了所读数据记录的字节数，而 N_DR 元素则包含了所读数据记录区域中数据记录的个数。

4）在 OB82 中调用 SFC 51。可以按照调用 SFC 13 的示例来组态和触发诊断中断，这里主要介绍调用 SFC 51 的程序设计。

在 OB82 中调用 SFC 51 需要结构变量 SZL_HEADER，因此在 OB82 的局部变量最下面的空白行生成临时变量 SZL_HEADER，数据类型为 STRUCT。双击打开后，输入该结构的元素LENTHDR 和 N_DR，如图 11-11 所示。

	Name	Data Type	Address	Comment
OB82_HW_INTR	LENTHDR	Word	0.0	
OB82_RESERVE	N_DR	Word	2.0	
OB82_DATE_TI				
SZL_HEADER				

图 11-11   局部变量表中的结构

275

OB82 的局部变量 OB82_MDL_ADDR 是要读取的有故障模块的地址，局部变量 OB82_IO_FLAG 为 B#16#54 时，为输入模块；为 B#16#55 时，为输出模块。根据 OB82_IO_FLAG 的值，判断出故障模块的类型，如果是输出模块，则将地址 OB82_MDL_ADDR 的最高位置 1。

打开 CPU315 - 2PN/DP 的 Block 文件夹，插入错误处理组织块 OB82，双击打开 OB82，在其中编写如图 11-12 所示调用 SFC 51 的程序并保存。

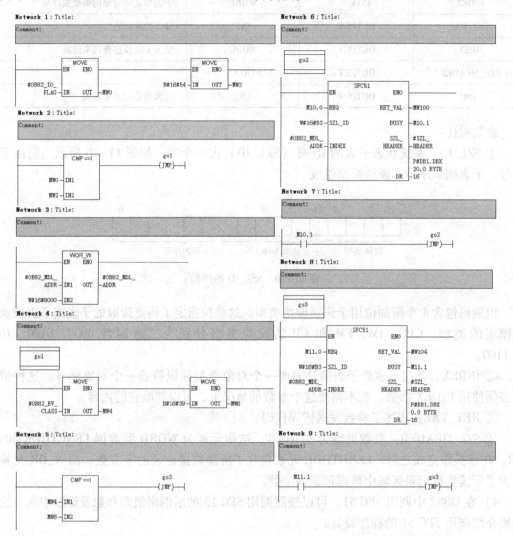

图 11-12　在 OB82 中调用 SFC 51 的程序

（5）使用 SFB54 进行诊断

DP 从站或 DP 从站中的模块根据它们所具有的功能特性可以产生不同的中断。用这种方式所发送的诊断数据已经部分地提供在所调用的中断 OB 的局部数据中。在相关中断 OB 中调用 SFB54 RALRM 可以读取完整的诊断信息。

可以采取不同的模式调用 SFB54。SFB54 的相关输入参数对模式进行了指定：

在模式 0 中，ID 参数用于输出那个产生中断的 DP 从站或其模块，输出参数 NEW 被赋值为 TRUE。其他所有输出参数不重写。

在模式 1 中，无论产生中断的模块是哪个，SFB54 的所有输出参数都将用相关的诊断数据进行重写。

在模式 2 中，SFB54 将查看由输入参数 F_ID 所指定的模块是否已产生了中断。如果是，那么输出参数 NEW 将重写为 TRUE，并用相关数据重写其他所有输出参数。如果 F_ID 与产生中断的模块不同，NEW 将赋值为 FALSE。

表 11-21 描述了 SFB 54 的输入参数和输出参数。

表 11-21　SFB 54 "RALRM" 的参数

参数	声明	数据类型	描　述
MODE	INPUT	INT	工作模式
F_ID	INPUT	DWORD	组件（模块）的逻辑起始地址，从此处开始接收中断 位 15 0：输入/混合模块 1：输出模块 如果是混合模块，则必须确定两个地址中小一点的那个
MLEN	INPUT	INT	要接收的中断信息的最大长度（字节数）
NEW	OUTPUT	BOOL	1：已收到新的中断
STATUS	OUTPUT	DWORD	SFB、PROFIBUS DP 主站或者 PROFINET IO 控制器的错误代码
ID	OUTPUT	DWORD	DP 从站/ IO 设备（模块）的逻辑地址 位 15 0：输入地址 1：输出地址
LEN	OUTPUT	INT	收到的中断信息的长度（字节数）
TINFO	IN_OUT	ANY	任务信息 OB 起动信息以及管理信息的目标区段
AINFO	IN_OUT	ANY	中断信息 首部信息以及附加中断信息的目标区段

（6）使用 FB125 进行诊断

FB125 是中断驱动的功能块，可以检测到那些已经故障或失效并由此引发了中断的 DP 从站，它可以提供故障从站的详细诊断信息，例如插槽号或模块号、模块状态、通道号和通道故障等。表 11-22 和表 11-23 分别为 FB125 的输入参数和输出参数。

表 11-22　FB 125 的输入参数

参　数	数 据 类 型	描　述
DP_MASTERSYSTEM	INT	DP 主站系统号
EXTERNAL_DP_INTERFACE	BOOL	外部 DP 接口（CP/IM）
MANUAL_MODE	BOOL	各诊断的手动模式
SINGLE_STEP_SLAVE	BOOL	逐一选择所有 DP 从站
SINGLE_STEP_ERROR	BOOL	逐一选择 DP 从站的错误
RESET	BOOL	重置评估
SINGLE_DIAG	BOOL	各 DP 主站的诊断
SINGLE_DIAG_ADR	BYTE	各个诊断的 DP 从站地址

表 11-23　FB 125 的输入参数

参　数	数据类型	描　　述
ALL_DP_SLAVES_OK	BOOL	所有 DP 从站正常
SUM_SLAVES_DIAG	BYTE	相关从站的数目
SLAVE_ADR	BYTE	DP 从站地址
SLAVE_STATE	BYTE	0：正常；1：失效；2：故障；3：未组态/无法评价
SLAVE_IDENT_NO	WORD	DP 从站的 ID 号
ERROR_NO	BYTE	错误号
ERROR_TYP	BYTE	1：槽诊断；2：模块状态；3：通道诊断；4：S7 诊断
MODULE_NO	BYTE	模块号
MODULE_STATE	BYTE	模块状态
CHANNEL_NO	BYTE	通道号
CHANNEL_ERROR_INFO	DWORD	通道错误信息（对于标准从站和 S7 从站）
SPECIAL_ERROR_INFO	DWORD	特殊错误信息（S7 从站的附加信息）
DIAG_OVERFLOW	BOOL	诊断溢出
BUSY	BOOL	评价正在进行中

2. 使用 CP 342 - 5 的程序进行诊断

对 CP 342 - 5 的 DP 从站进行诊断，只能采用 CP 的诊断功能和调用 FC3 "DP_DIAG"
来实现。通过 CP 342 - 5 读、写 DP 从站和诊断 DP 从站故障的程序均在 OBI 中编写。在程
序编辑器左边窗口的 "Libraries" → "SIMATIC_NET_CP" → "CP300" 中可以调用 FC3。

（1）调用 FC2

使用 FC3 对 CP 342 - 5 的 DP 从站进行诊断，首先要调用 FC2 "DP_RECV"，读取 DP
从站的输入值和 DP 状态信息，查询 DP_RECV 返回的 DP 状态字节 DPSTATUS 中的状
态位。

（2）读取站列表

FC2 "DP_RECV" 的 DP 状态字节 DPSTATUS 的第一位为 0 时，表示所有的 DP 从站
都处于正常的数据传送状态；若该位为 1，则表示至少有一个已组态的 DP 从站没有处于
正常的数据传送状态。此时需要调用 FC3，读取站列表，了解哪些从站工作不正常。FC3
所有参数意义的说明见表 11-24。FC3 的输入参数 DTYPE（诊断类型）意义的说明见
表 11-25。

表 11-24　FC3 "DP_DIAG" 参数说明

参数	声明	数据类型	可能的数值	描　　述
CPLADDR	INPUT	WORD		模块起始地址 当组态 CP 时，在组态表中显示模块的起始地址，在此指定该地址
DTYPE	INPUT	BYTE	0 ~ 10	诊断类型
STATION	INPUT	BYTE		DP 从站的站地址

参数	声明	数据类型	可能的数值	描 述
DIAG	INPUT	ANY （仅下列类型允许作为 VARTYPE：BYTE、WORD 和 DWORD）	长度必须设置在 1 至 240 之间	指定地址和长度数据区地址。引用下列选项： ● PI 区 ● 存储器位区 ● 数据块区 注意：如果存在的诊断数据多于可以在 DIAG 区域中输入的数据量，则只能传送在 DIAG 长度中指定的数据量。在 DIAGLNF 中指示实际长度
NDR	OUTPUT	BOOL	0：- 1：新数据	该参数指示是否已接收新数据
ERROR	OUTPUT	BOOL	0：- 1：错误	故障代码
STATUS	OUTPUT	WORD		状态代码
DIAGLNG	OUTPUT	BYTE		这包含通过 PROFIBUS CP 可以使用的数据的实际长度（单位为字节），与在 DIAG 参数中指定的缓冲区大小无关

表 11-25　诊断类型 DTYPE 的说明

DTYPE	功　能	DTYPE	功　能
0	读取 DP 站列表	5	读取 CPU STOP 模式的 DP 状态
1	读取 DP 诊断列表	6	读取 CP STOP 模式的 DP 状态
2	读取单个 DP 站的当前诊断信息	7	读输入数据
3	读取单个 DP 站较早的诊断信息	8	读输出数据
4	读取 DP 的运行状态	10	读取 DP 从站的当前状态

　　组态期间分配给 DP 主站的所有 DP 从站的状态和可用的信息都在 DP 站列表中给出。站列表保存在 PROFIBUS CP 中，并在 DP 轮询周期内持续更新。读入的站列表与通过 FC2 读取的最新输入数据匹配。

　　DP 站列表的地址区用 FC3 的输入参数 DIAG 设置，长度为 16 B（128 bit），每一个位表示一个 DP 从站的地址，地址的对应如图 11-13 所示。若某个状态位的代码为 1，则表示对应的从站没有处于周期性数据传输的状态，可能的原因有：

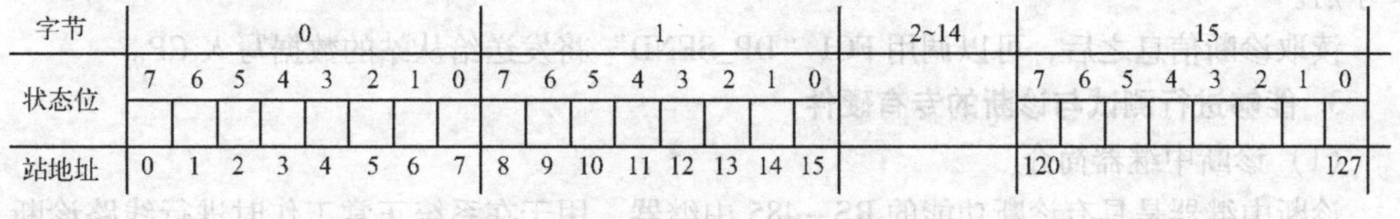

图 11-13　DP 站列表中从站状态位

　　1）组态的从站不在总线上，或在总线上但是没有响应。
　　2）从站的组态不正确。
　　3）组态的从站没有准备好与 DP 主站进行数据传输，仍然处于起动阶段。
　　每次成功地调用 FC2 后，无论其状态字节怎样，都可以读取 DP 站列表。站列表被读入FC3 指定的地址区。

（3）读取诊断列表

DPSTATUS 的第 2 位为 0 时，表示没有新的诊断数据；若该位为 1，则表示至少一个站有新的诊断数据，此时必须调用 FC3，读取诊断列表，判别哪些从站有新的诊断数据。

DP 诊断列表提供哪些 DP 从站已修改了诊断数据，必须通过单个 DP 站诊断功能获取诊断数据。单个站的历史数据存储在 PROFIBUS CP 中，并根据环形缓冲区的"后进先出"的原则读取。诊断列表也保存在 PROFIBUS CP 中，并在 DP 轮询周期内持续更新。每次用户程序读出诊断列表后，诊断列表被禁止。只有出现至少一个新条目时，才启用诊断列表，可以随时读取单个 DP 站的诊断信息。

DP 诊断列表的地址区用 FC3 的输入参数 DIAG 设置，长度为 16 B（128 bit），每一个位表示一个 DP 从站的地址，诊断位与 DP 站地址的关系与 DP 站列表的相同，如图 11-14 所示。若 DP 诊断列表的某位代码为 1，则表示组态的 DP 从站具有新的诊断数据，此时可用 FC3 读取 DP 诊断列表，并保存在调用 FC3 时指定的地址区。

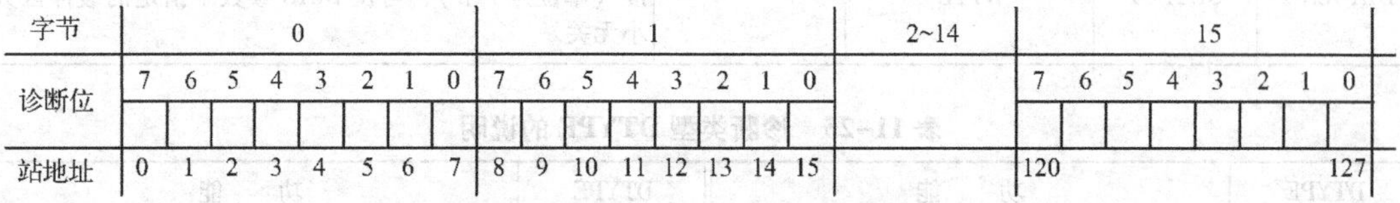

字节	0								1								2~14	15							
诊断位	7	6	5	4	3	2	1	0	7	6	5	4	3	2	1	0		7	6	5	4	3	2	1	0
站地址	0	1	2	3	4	5	6	7	8	9	10	11	12	13	14	15		120							127

图 11-14　DP 站列表中从站诊断位

在主站的初始化阶段（参数分配与组态），会忽略诊断列表中的诊断消息，用 0 初始化诊断位，如果在初始化阶段 DP 从站发生错误，则会将该站的诊断位设置为 1。读取诊断列表后，FC2 的输出参数 DPSTATUS 中的第 2 位（"诊断列表有效"状态位）被复位。读出了某个从站的诊断信息之后，用户程序将诊断列表中该站对应的位复位。

（4）读取单个 DP 站诊断信息

诊断列表的某一位为 1 时，可以调用 FC3 读取该从站的详细的诊断信息。

DP 从站的诊断信息的第 1~3 个字节是站状态字节，第 4 个字节是已将参数分配给 DP 从站的 DP 主站的 PROFIBUS 地址，16#FF 表示没有参数，16#FE 表示不能通过 PROFIBUS 获得。第 5、第 6 个字节是制造商标识号。第 7 个字节开始，是与设备、标识号和通道有关的诊断数据。诊断数据的字节数和各字节的意义与 DP 从站的型号有关，可以查阅相关的用户手册。

读取诊断信息之后，可以调用 FC1 "DP_SEND" 将发送给从站的数据写入 CP。

3. 能够进行测试与诊断的专有硬件

（1）诊断中继器简介

诊断中继器是具有诊断功能的 RS-485 中继器，用于在系统正常工作时进行线路诊断。它以 DP 从站模式运行，作为一个 RS-485 中继器集成在 PROFIBUS-DP 网络中，传输速率为 9.6 kbit/s~12 Mbit/s。

当 PROFIBUS 网络物理介质出错时，它可以快速地定位故障发生的地点，找出引发故障的原因。它可以诊断以下错误：

1）PROFIBUS 总线中 A 线或 B 线断路。

2）PROFIBUS 总线中 A 线或 B 线与屏蔽层之间短路。

3）终端电阻缺失。

4）无效的级联深度。

5）在一个网段中出现一个或者更多的测量电路。

6）在一个网段中出现的节点过多。

7）节点离中继器距离超出通信范围。

8）报文错误。

需要注意的是，PROFIBUS 总线中 A 线和 B 线之间的短路、多余的终端电阻或没有站点而仅有终端电阻等故障中继器是无法诊断出来的。诊断中继器的外形和面板如图 11-15 和图 11-16 所示，面板上各个元件的作用说明见表 11-26。

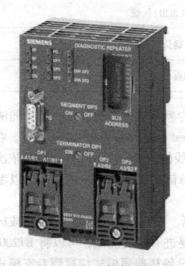

图 11-15　诊断中继器

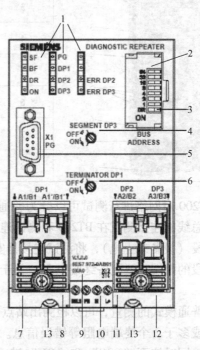

图 11-16　诊断中继器的面板

表 11-26　诊断中继器面板元件说明

序号	功　　能	序号	功　　能
1	LED 指示灯，指示故障信息	8	DP1 网段的出线 A1'/B1'
2	设置中继器站地址的 DIP 开关	9	硬件版本和订货号
3	DR 开关，用于激活中继器的功能	10	电源接口
4	DP3 网段接通和断开开关	11	DP2 网段的进线 A2/B2，带测量回路用于诊断
5	PG 接口，集成终端电阻	12	DP3 网段的进线 A3/B3，带测量回路用于诊断
6	DP1 网段的终端电阻设置开关	13	机架固定螺母
7	DP1 网段的进线 A1/B1		

（2）BT200 总线测试仪简介

在系统安装调试阶段，可以使用 BT200 对 PROFIBUS - DP 网络进行诊断。BT200 是一种对 RS485 物理层检测的工具，操作简单方便，无须借助其他的诊断工具，与常用的相关检测工具相比，它具有更多的高级功能，如可以测量站地址、显示 PROFIBUS 电缆长度等，BT200 外观及各按钮功能见表 11-27。

表 11-27　BT200 外观及各按钮功能说明

图　　示	序　号	说　　明
	1	PROFIBUS - DP 接口（9 针 D 型插座）
	2	液晶显示屏（2X16 字符）
	3	"开/关" 按钮
	4	"TEST（测试）" 键（开始检测）
	5	"光标" 键
	6	"ESC（退出）" 键
	7	"OK（确认）" 键
	8	充电触点

用 BT200 对网络进行测试可以分为普通模式和专家模式。在普通模式下只能测试接线的状态。总线的连接测试在 BT200 和测试连接器（Test plug connector）之间进行。在系统设备安装阶段（设备未上电），将测试连接器安装在总线的一端，用 BT200 对总线依次进行测试。总线段的两端需要配备终端电阻。关于各种故障信息在 BT200 上的显示可以参考产品手册。

通过普通模式的测量，可以检测出站点连接中断、接线反相、短路、AB 相或屏蔽层断路、没有或多于 2 个终端电阻等错误信息。如果需要进一步的测试，可以将 BT200 切换到专家模式。同时按下 "ESC" 和 "OK" 键，可以将设备从普通模式切换到专家模式。专家模式不仅具有普通模式下的所有功能，还具有 RS - 485 接口测试、路径测试、网络距离测量和信号反射测试等功能。

11. 2. 4　基于 PROFINET 通信故障诊断

1. PROFINET IO 诊断的概念

PROFINET IO 支持的诊断概念和 PROFIBUS DP 支持的诊断概念很相似。STEP 7 中那些用来诊断 PROFIBUS DP 组件的工具同样适用与 PROFINET IO。PROFINET IO 的诊断工具见表 11-28。

表 11-28　PROFINET IO 的诊断工具

诊断工具	诊断方法	应　　用
PROFINET 设备	LED 状态显示	检测通信故障和数据传输
STEP 7 或者 NCM - PC	用 PC、PG 或 HMI 设备在线诊断	评估当前的设备状态

诊断工具	诊断方法	应 用
IO 控制器中的用户程序	读系统状态列表	定位故障
	读诊断记录	确定故障的类型和原因
HMI	RSE（报告系统故障）与 FB126	在 STEP 7 或 HMI 上图形化显示模块所产生的故障诊断信息
Web 浏览器	Web 诊断	远程 Web 障诊断

PROFINET IO 设备的诊断信息可以在四个级别进行评估，见表 11-29 和图 11-17 所示。

表 11-29　诊断级别

级　　别	含　　义
1	设备出现故障
2	模块出现故障
3	子模块出现故障
4	通道故障

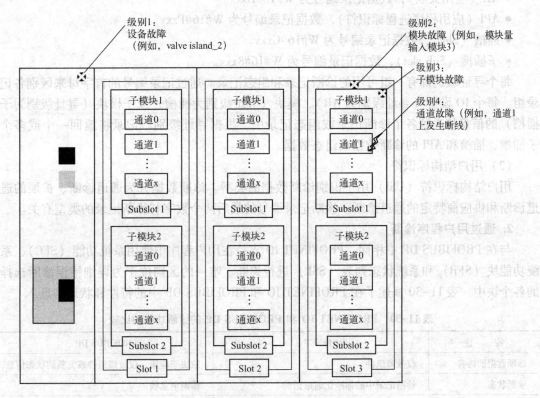

图 11-17　PROFINET IO 的诊断级别

（1）PROFINET IO 设备模型及寻址级别

与 PROFIBUS - DP 从站类似，PROFINET IO 设备同样具有模块化结构。可以将一个插槽分为多个子插槽，模块插入插槽，而子模块插入子插槽。模块/子模块具有用于读取或输出过程信号的通道，有的模块没有子模块。

283

PROFINET IO 设备的诊断分为 4 级，1~4 级分别用于设备诊断、模块诊断、子模块诊断和通道诊断。通过图 11-18 所示寻址级别评估诊断数据和组态数据。

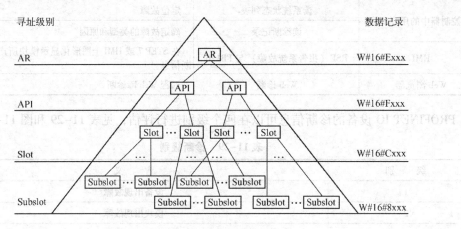

图 11-18　诊断记录的寻址级别

- AR（应用关联），数据记录编号为 W#16#Exxx。
- API（应用程序进程标识符），数据记录编号为 W#16#Fxxx。
- 插槽（Slot），数据记录编号为 W#16#Cxxx。
- 子插槽（Sub slot），数据记录编号为 W#16#8xxx。

每个寻址级别都有一组可用的诊断记录和组态记录。通过记录编号的首字母来区别各记录组。每个 IO 设备（寻址级别为 AR）、模块（寻址级别为插槽）或子模块（寻址级别为子插槽）的信息传送到各个诊断记录或组态记录中。根据寻址级别，记录将返回一个或多个子插槽、插槽和 API 的诊断数据或组态数据。

（2）用户结构标识符

用户结构标识符（USI）用于识别诊断数据的类型。诊断数据分为通道诊断、扩展的通道诊断和供应商特定的通道诊断。诊断记录编号的最后两个数字与诊断记录的类型有关。

2. 通过用户程序诊断

与在 PROFIBUS DP 中相同，PROFINET IO 支持在用户程序中使用系统功能（SFC）、系统功能块（SFB）和系统状态列表（SSL）进行诊断。唯一的区别位于为详细错误诊断选择的各个块中。表 11-30 概述了在 PROFINET IO 和 PROFIBUS DP 中的特性和状态信息。

表 11-30　PROFINET IO 和 PROFIBUS DP 的诊断功能的比较

特　　性	PROFINET IO	PROFIBUS DP
诊断数据的内容	仅故障组件	取决于应用：仅故障组件或完整的状态信息
诊断状态	诊断记录中的标准化通道错误	诊断消息帧
读取诊断状态	在用户程序中使用 SFC51 读取 SSL，并将错误本地化 在用户程序中使用 SFB52 读取 诊断记录并对其进行评估	在用户程序中使用 SFC13 读取诊断消息帧并对其进行评估 在用户程序中使用 SFC51 读取 SSL，并将错误本地化
读取错误 OB 中的错误/中断诊断数据	在用户程序中使用 SFB54 读取并进行评估	

特　　性	PROFINET IO	PROFIBUS DP
SFB54 中的附加中断信息	来自中断触发位置的错误信息。例如：中断触发节点仅 报告故障通道	中断触发节点的完整状态。例如：中断触发站报告 所有通道的状态
记录号的最大值	65535	255

PROFINET 通信的故障诊断需要在 OB1 中调用系统功能块 SFB52，读取用于诊断的数据记录；在 OB82 中调用系统功能块 SFB54 读取组织块起动信息以及中断源（PROFINET IO 设备）的信息。

（1）在 OB1 中调用 SFB52 读取数据记录

调用 SFB52"RDREC"（读取数据记录），可以从 PROFINET IO 设备（模块或子模块）中读取指定编号的数据记录，其参数列表见表 11-31。SFB52 采用异步方式工作，处理过程中需要被多次调用。输入参数 REQ 为 1 时传送数据记录。对于输出模块，应将输入参数 ID 的第 15 位置 1。对于输入/输出组合模块，应采用两个地址中较小的地址。

SFB52 的输入参数 INDEX 用于指定数据记录号，示例程序实现 ET200S PN 的 DO 模块诊断信息的读取，INDEX 编号为 W#16#800A 的数据记录是故障模块的诊断数据。因为诊断的是数字量输出模块，故参数 ID 为 DW#16#8000（第 15 位为 1）。

SFB52 的输入参数 MLEN 用于指定要读取数据记录的最大字节数，地址区 RECORD 的长度至少应等于 MLEN 的长度。若输出参数 VALID 为 1，表示已将数据记录成功传送到了目标地址区 RECORD。此时输出参数 LEN 是读取到的数据记录字节数。

输出参数 ERROR 用来指示数据记录传输是否出错，出错则置 1；且输出参数 STATUS 是错误信息，其 2、3 字节返回请求状态。输出参数 BUSY 为 0 表示数据记录传送已完成。OB1 调用 SFB52 的程序如图 11-19 所示。

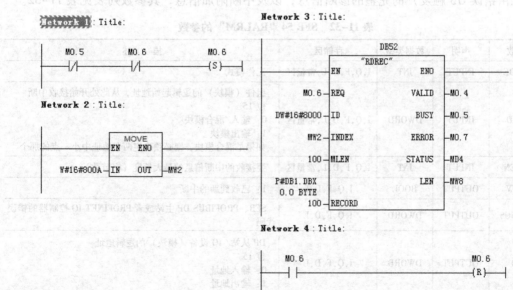

图 11-19　OB1 调用 SFB52 的程序

表 11-31 SFB52 "RDREC" 的参数

参数	声明	数据类型	存储区	描　　述
REQ	INPUT	BOOL	I,Q,F,D,L,常量区	1：触发读取
ID	INPUT	DWORD	I,Q,F,D,L,常量区	PROFIBUS DP 从站/PROFNET IO 设备（模块）的逻辑地址 位 15 0：输入/混合模块 1：输出模块 如果是混合模块，则必须确定两个地址中小一点的那个
INDEX	INPUT	INT	I,Q,F,D,L,常量区	记录号 PROFINET IO：判断为无符号整型（WORD）
MLEN	INPUT	INT	I,Q,F,D,L,常量区	记录需要读取的最大长度（字节数） PROFINE IO：判断为无符号整型（WORD）
VALID	OUTPUT	BOOL	I,Q,F,D,L	记录已读，且是有效的
BUSY	OUTPUT	BOOL	I,Q,F,D,L	0：读完成 1：正在读
ERROR	OUTPUT	BOOL	I,Q,F,D,L	0：未发生错误 1：读时发生错误
STATUS	OUTPUT	DWORD	I,Q,F,D,L	调用 ID（第 2 个字节和第 3 个字节）或错误代码
LEN	OUTPUT	INT	I,Q,F,D,L	读记录信息的长度（字节数） PROFINET IO：判断为无符号整型（WORD）
RECORD	IN_OUT	ANY	I,Q,F,D,L	读记录的目标区段

PROFINET IO 通信的诊断数据记录的详细信息请参考相关通信编程手册。

(2) 在 OB82 中调用 SFB54 进行诊断

一些 PROFINET IO 设备或从站中的模块具有中断功能，中断组织块的局部数据提供了中断时产生的部分诊断信息。在中断组织块中调用 SFB54 "RALRM"，可以读取与事件相关（例如由错误 OB 触发）的完整的诊断信息，以及中断附加信息，其参数列表见表 11-32。

表 11-32 SFB 54 "RALRM" 的参数

参数	声明	数据类型	存储区	描　　述
MODE	INPUT	INT	I,Q,F,D,L,常量区	工作模式
F_ID	INPUT	DWORD	I,Q,F,D,L,常量区	组件（模块）的逻辑起始地址，从此处开始接收中断 位 15 0：输入/混合模块 1：输出模块 如果是混合模块，则必须确定两个地址中小一点的那个
MLEN	INPUT	INT	I,Q,F,D,L,常量区	要接收的中断信息的最大长度（字节数）
NEW	OUTPUT	BOOL	I,Q,F,D,L	1：已收到新的中断
STATUS	OUTPUT	DWORD	I,Q,F,D,L	SFB、PROFIBUS DP 主站或者 PROFINET IO 控制器的错误代码
ID	OUTPUT	DWORD	I,Q,F,D,L	DP 从站/ IO 设备（模块）的逻辑地址 位 15 0：输入地址 1：输出地址
LEN	OUTPUT	INT	I,Q,F,D,L	收到的中断信息的长度（字节数）
TINFO	IN_OUT	ANY	I,Q,F,D,L	任务信息 OB 起动信息以及管理信息的目标区段

参数	声明	数据类型	存储区	描 述
AINFO	IN_OUT	ANY	I,Q,F,D,L	中断信息 首部信息以及附加中断信息的目标区段

SFB54 从支持诊断的模块读取中断数据，不管这些模块是在中央机架还是在 PROFINET IO 设备。SFB54 输出参数中的信息包含调用它的 OB 的起动信息和中断源信息。由于要检查外部设备中断，所以最好在由 CPU 操作系统起动的中断 OB 中调用 SFB54，否则 SFB54 输出参数提供的信息会减少。

SFB54 的附加中断信息仅包含 PROFINET IO 触发中断的站点故障通道的状态，以及 DP 网络触发中断的站点所有通道的状态。

诊断信息写入 SFB54 的输出参数 STATUS、ID、LEN、TINFO 和 AINFO。TINFO 目标区中存放 OB 的起动和管理信息，AINFO 目标区中存放标题信息和附加中断信息。如果 TINFO 和 AINFO 设置的数据区长度不够，则无法写入完整信息。

可以使用 3 种模式进行 SFB54 "RALRM" 的调用：

1）模式 0：输出参数 ID 提供触发中断的 DP 从站或从站中模块的逻辑起始地址，并将输出参数 NEW 置为 1，不改写其他输出参数。

2）模式 1：不论是哪个模块产生的中断，相关的诊断数据将改写 SFB54 的所有输出参数。

3）模式 2：检查是否是输入参数 F_ID 指定的模块触发了中断。若不是，则输出参数 NEW 为 0；否则输出参数 NEW 为 1 状态，相关的诊断数据将改写 SFB54 所有输出参数。

如果具备诊断功能的模块检测到了故障，在进入中断事件或离开中断事件时，将向 CPU 发出诊断中断请求，操作系统将调用 OB82 来响应诊断请求。OB82 的局部变量包含了产生中断的逻辑基地址和与故障模块有关的 4 字节诊断数据。如果未生成和下载 OB82，CPU 将进入 STOP 模式。OB82 调用 SFB54 的程序如图 11-20 所示。

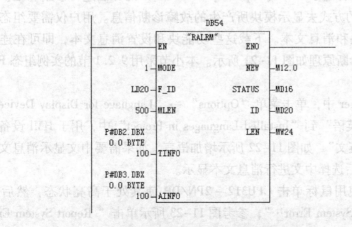

图 11-20 OB82 调用 SFB54 的程序

输出参数 ID 的第 15 位为 1，表示产生中断的是输出模块；如果为 0，则是输入模块。

（3）诊断数据分析

所有设备厂商的 PROFINET IO 的诊断信息数据记录都具有一致的结构，系统状态列表（SSL），SFB 54 和 SFB 52 都进行了扩展，以使 PROFINET IO 系统的状态和诊断信息可以用于 S7 用户程序。要了解为 PROFINET IO 定义了哪些 SSL 和诊断记录、诊断数据记录的结构等信息，请查阅相关的通信手册。SFB52 读取的诊断数据记录的结构和各部分含义，以及通道错误类型的含义见《从 PROFIBUS DP 到 PROFINET IO 编程手册》。

本小节主要对 TINFO 中的起动和管理信息以及 AINFO 中的标题信息和附加中断信息进行简要介绍。

1）TINFO 中的起动和管理信息。TINFO 和 AINFO 的详细信息请参阅文件《用于 S7 的系统软件和标准功能参考手册》，或参阅 SFB54 的在线帮助。下面是目标区域的 TINFO 数据结构：

- 字节 0 ~ 11：当前调用 SFB 54 的 OB82 的起动信息。
- 字节 12 ~ 19：产生中断请求的日期和时间。
- 字节 20 ~ 21：产生中断的从站或模块的地址。
- 字节 22 ~ 31：管理信息。

OB82 调用 SFB54 后，会在用户指定的 DB 块中保存起动与管理信息。DB 块的前 20 个字节与 OB82 的局部变量（即 OB82 的起动信息）相同。

2）AINFO 中的标题信息和附加中断信息。OB82 调用 SFB54 后，保存在用户指定 DB（目标区域 AINFO）中的标题信息和附加中断信息如下：

- 字节 0 ~ 3：标题信息，块类型、中断类型、中断信息的字节长度和插槽号等。
- 字节 4 ~ 199：来自 PROFINET、DP 或集中式 IO 设备的附加的中断信息。

无维护请求的 AINFO 区的数据的意义见《从 PROFIBUS DP 到 PROFINET IO 编程手册》和 SFB54 的在线帮助。

3. 通过 RSE 诊断

（1）RSE 介绍

西门子公司提供一种基于 RSE（Report System Error）的方法进行诊断和维护。RSE 是 STEP 7 提供一个简便的方式去显示模块所产生的故障诊断信息。用户仅需要组态，STEP 7 自动生成必要的功能块和消息文本。下载这些功能块和设置消息文本，即可在连接的 HMI 设备上显示。RES 的诊断原理如图 11-21 所示。本小节采用 9.2.1 节的实例组态 RSE。

（2）RSE 组态

在 SIMATIC Manager 中，单击菜单 "Options" → "Language for Display Devices…"，增加语言 "德语" 和 "英语" 到 "Installed Languages in Project" 中，用于 HMI 设备显示。这里选择默认语言为 "英文"，如图 11-22 所示增加语言。如果需要中文显示消息文本，需要安装中文 STEP 7，然后选择中文进行消息文本显示。

在硬件组态中，使用鼠标单击 CPU312 - 2PN/DP 使其处于高亮状态，然后选择菜单 "Options" → "Report System Error…"，参考图 11-23 所示单击 " Report System Error… "。

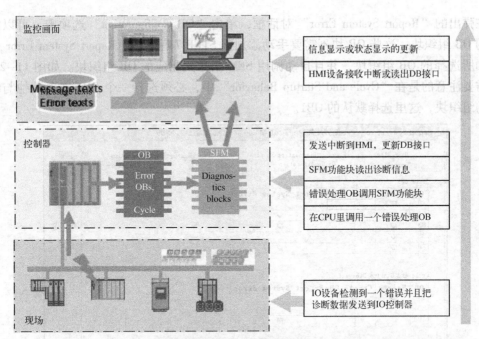

图 11-21　RSE 诊断原理

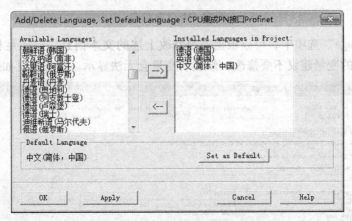

图 11-22　增加语言

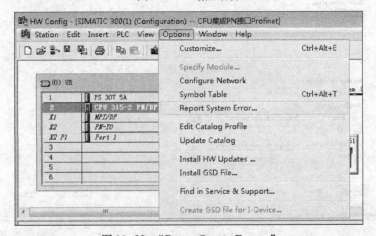

图 11-23　"Report System Error…"

289

在弹出的"Report System Error"对话框，单击"OB Configuration"选项卡，可以定义支持的 OB 组织块。这些 OB 块不需要手动添加到 STEP 7 程序中，Report System Error 会自动添加所选择的 OB 组织块，并且自动调用 SFM 函数到相应的 OB 组织块。如图 11-24 组态。需要注意的是在"Cycle and Startup Behavior"中，必须选择一个 OB1 或者其他与时间循环的组织块，这里选择默认的 OB1。

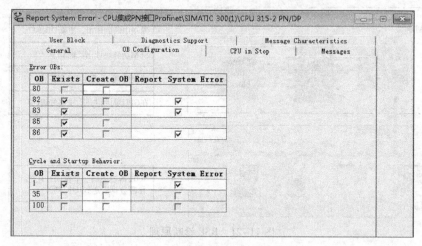

图 11-24　OB 组态

单击"Message"选项卡，可以根据需要修改上述的文本信息，以满足相应的应用。注意蓝色字体标识的变量建议不要修改，修改后变量会无法显示。组态消息如图 11-25 所示。

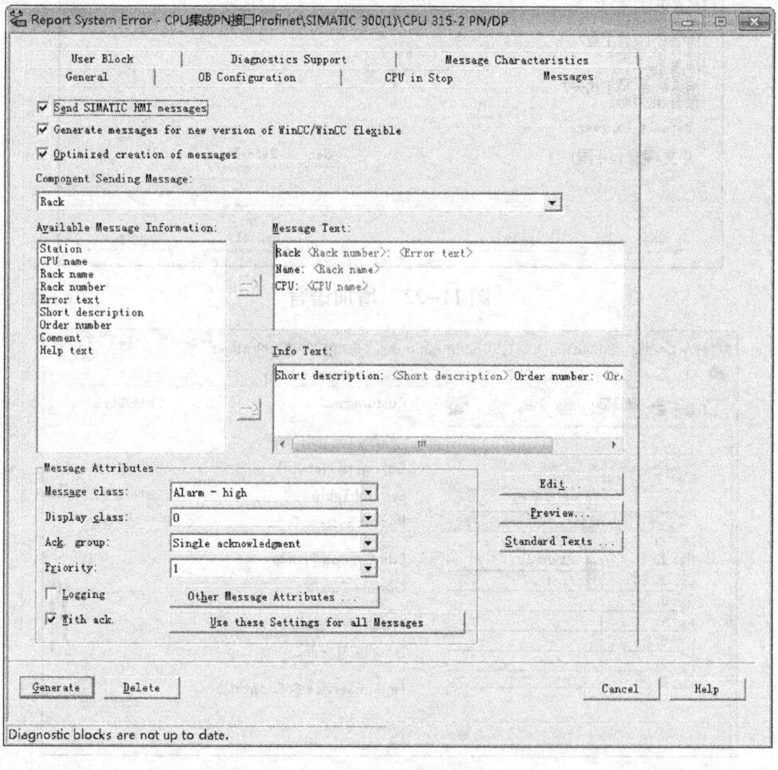

图 11-25　组态消息

单击"Generate"按钮，这样就给该项目创建了消息文本的系统文本库。生成完毕后，在 STEP 7 程序中的"Blocks"文件夹下自动添加了相应的 OB 组织块和 SFM 相关的功能块以及数据块。程序列表如图 11-26 所示。

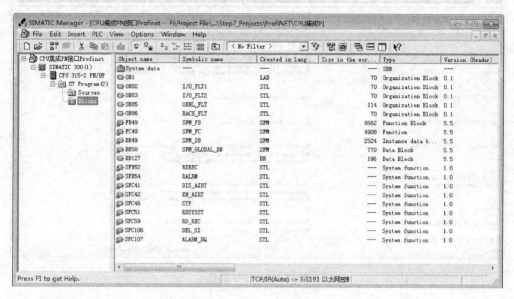

图 11-26　程序列表

打开 OB1，FB49 被自动调用。OB1 程序如图 11-27 所示。需要注意的是，在调用 SFM 函数之前 OB1 中不能存在 BE/BEU 等块结束命令，否则出现的系统故障无法正常显示。

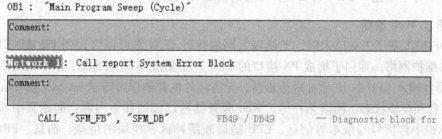

图 11-27　OB1 程序

（3）在 STEP 7 显示 CPU 消息

在 SIMATIC Manager 中，单击 S7-300 站，即 SIMATIC 300（1）使其处于高亮状态，然后单击菜单"PLC"→"CPU Messages"，弹出 CPU 消息对话框，用于测试 CPU 消息。激活"W"和"A"，其中 W 表示激活系统诊断消息，A 表示读和显示来自于 ALARM_S 的消息。参考图 11-28 所示 CPU 消息，其中，ID 表示消息号，Status 的 I 表示事件的到来，O 表示事件的离开。

注意事项：

① 如果重复出现相同的消息，那么在 CPU Messages 界面中重新勾选"A"时，只会出现相同消息的一次。不会显示多次，而且仅显示时间上最新的那一次消息。

② 如果产生的消息被确认，那么在 CPU Messages 界面中重新勾选"A"时，消息将不

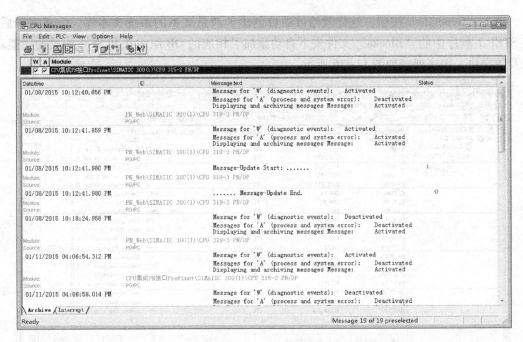

图 11-28　CPU 消息

再显示出来。

③ 当 CPU messages 的界面没有打开时。如果出现重复的消息，而且没有确认，那么再次打开 CPU messages 的界面并激活"A"时，消息会出现"OV"的标记，表示消息重复或溢出。所以为了避免"OV"的出现，应对消息进行确认。

4. 通过 Web 诊断

PROFINET 基于工业以太网，工业以太网的各种 IT 技术可以应用到 PROFINET 中，用于管理和维护网络。西门子集成 PN 接口的 CPU 开始集成 Web 服务器，可以在工厂中通过 IE 浏览器并输入 CPU 的 IP 地址进行诊断，无需额外的开销即可跨越 Internet 或 Intranet 监控 CPU、消息和模块状态、网络拓扑等。Web 服务器可以读到如下内容：起始页中 CPU 基本信息、标识中订货号与版本等信息、CPU 的诊断缓冲区、模块的信息、消息、PROFINET、变量/标签等。这些信息都可视化在 Web 页面上，从而监控整个 PROFINET 系统。

在 STEP 7 硬件组态中，双击 CPU315-2 PN/DP，弹出 CPU 属性对话框，单击"Web"标签，使能"Enable Web Server on this module"，选择"English"语言。激活 10s 自动刷新（如果有这个选项）。保持显示分类默认状态 0~16，然后单击"OK"按钮完成设置。参考图 11-29 设置 CPU Web Server 属性，保存编译并下载硬件到 CPU 中。

打开 IE 浏览器，输入 CPU 的 IP 地址 192.168.0.1，然后单击左侧"Messages"，可见相关的故障消息。Web 诊断显示如图 11-30 所示。

单击图 11-30 所示 Web 页面右上角的语言选择，可以选择其他语言，例如德语。语言显示的种类与 STEP 7 的安装语言种类数量有关，本例 STEP 7 安装了 3 种语言，分别为德语、英语、法语，而对于 Web 所能显示的语言是 CPU 设置 Web 属性中所设置的最多两种语言，只有这两种语言才能正确地显示消息文本。

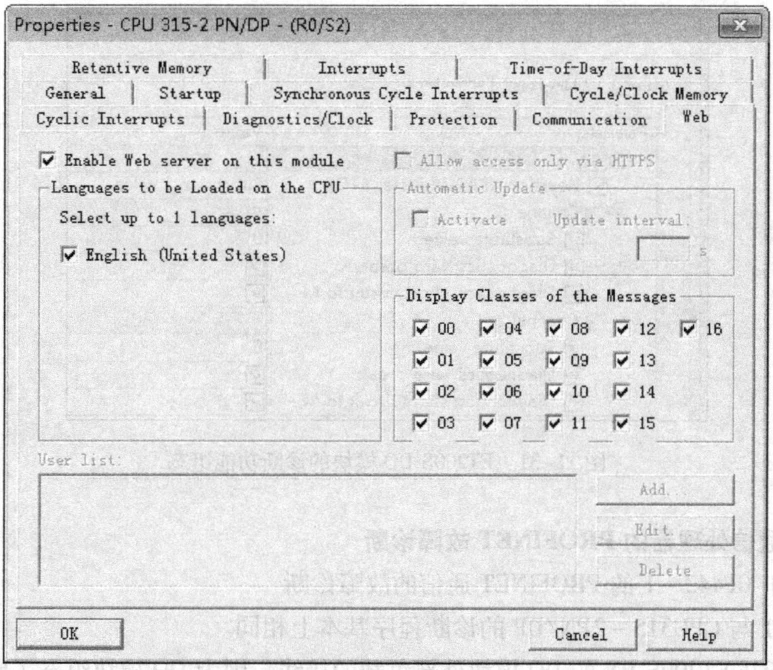

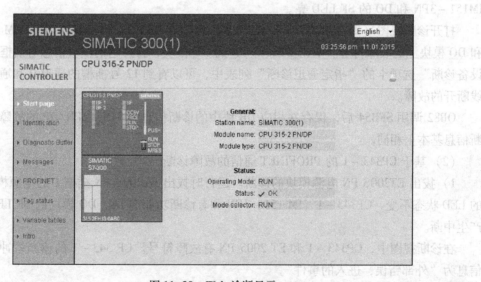

图 11-29 设置 CPU Web Server 属性

图 11-30 Web 诊断显示

5. ET200S PN 的 DO 模块负载断线的诊断

9.2.1 节的示例项目采用 CPU315 −2PN/DP 的集成 PN 接口作为 PROFINET IO 控制器，若将 ET200S PN 的 12 号插槽的 DO 模块组态为具有断线诊断功能的模块（如图 11-31 所示），则运行时断开该模块已通电的外部负载接线，或者向外部负载已经断线了的输出点（Q0.0 或 Q0.1）写入二进制数 1，将会触发诊断中断，CPU 调用 OB82 和 OB86。CPU、IM 151 −3PN 和 DO 模块的 SF LED 亮。

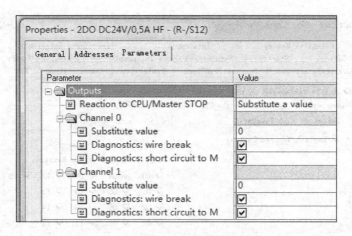

图 11-31　ET200S DO 模块的诊断功能组态

6. 基于通信处理器的 PROFINET 故障诊断

（1）基于 CP443-1 的 PROFINET 通信的故障诊断

CP443-1 与 CPU315-2PN/DP 的诊断程序基本上相同。

运行时断开 ET200S PN 的 DO 模块外部负载的接线，因为 DO 模块组态了断线诊断功能（如图 9-63 所示），触发了诊断中断，CPU 调用 OB82。CPU 和 CP443-1 的 EXTF LED 亮，IM151-3PN 和 DO 的 SF LED 亮。

打开诊断视图（即在线的 HW Config），选中 ET200S PN，可以看到 CPU、IM151-3PN 和 DO 模块上的故障符号。双击 ET200S PN 的 DO 模块，打开它的模块信息对话框，在"IO 设备诊断"选项卡的"指定通道诊断"列表中，可以看到 12 号插槽的通道 0 和通道 1 的引线断开的故障。

OB82 调用 SFB54 后，保存在相应 DB 块中的诊断信息与 315-2PN/DP 的故障读取的诊断信息基本上相同。

（2）基于 CP343-1 的 PROFINET 通信的故障诊断

1）拔出 ET200S PN 电源模块的诊断。运行时拔出 ET200S PN 插槽 1 的电源模块，CPU 的 LED 状态不变，CP343-1、IM151-3PN 和有诊断功能的 DI、DO 模块的 SF LED 亮，未产生中断。

在诊断视图中，CP343-1 和 ET2005 PN 有故障符号。CP343-1 的诊断缓冲区的诊断信息为"外部错误，进入的事件"。

IM151-3PN 的"模块信息"对话框的"常规"选项卡中的信息为"模块可用且正常，外部出错"，"IO 设备诊断"选项卡的诊断信息为"插槽 1 中的模块丢失"。

2）硬件中断。CP343-1 作 PROFINET 控制器时，ET200S PN 的 DI 模块属性视图的"参数"选项卡中的硬件中断复选框为灰色，不能组态硬件中断。

CPU 集成的 PN 接口和 CP443-1 作为 PROFINET 控制器时，ET200S PN 的 DI 模块可以组态和产生硬件中断。

11.3 SIMATIC PLC 远程维护

随着工业工厂全球化分布的趋势日益增加，为控制器、系统甚至整个网络提供灵活、可靠、安全和具有成本优势的访问方法的需求也越来越大，使系统具有远程数据监控、远程编程与调试等功能，从而实现远程诊断、远程维护并远程传输可视化数据。

远程访问可分为远程数据监控和远程编程与调试两类，其中远程数据监控主要是对数据进行远程采集，并且中心站可以对远程站下达控制命令，实现了数据的双向传输，但不能对PLC 远程调试；远程编程与调试主要是使用相应的编程软件对远程的 PLC 进行编程与在线调试，适用于工程人员不方便到现场进行编程调试或维护的场合。

11.3.1 远程数据监控

根据远程站 PLC 型号的不同，需要选择不同的方案实现远程数据监控，下面分别简要介绍 SINAUT Micro 和 SINAUT ST7 两种方案。

1. SINAUT Micro 方案

PLC（S7-200、S7-1200、S7-300）通过 MD720-3（GPRS Modem）与装有 SINAUT Micro SC 软件的计算机（连接至 Internet）通信，实现数据的远程传输，如图 11-32 所示。

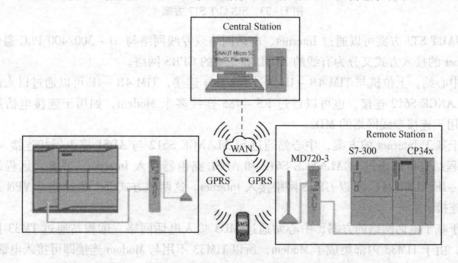

图 11-32　S7-1200 及 S7-300 远程数据访问的 SINAUT Micro 方案

对于 S7-1200，需要扩展一个串口通信模块，连接至调制解调器的串口，CPU 通过调用远程通信功能块，实现 S7-1200 与中心站的数据交换；对于 S7-300，扩展 CP340 或CP341 串口通信模块，与 MD720-3 连接，S7-300 也有相应的功能块用于驱动 MD720，以实现与中心站的数据传输。

2. SINAUT ST7 方案

PLC（S7-300、S7-400）通过 TIM 及各类型的 Modem 相连，监控站也是由 Modem 连接 TIM 至计算机，计算机上需要安装 SINAUT ST7 CC（当上位机监控软件为 WinCC 时）或SINAUT ST7 SC（当上位机监控软件为第三方监控软件时），如图 11-33 所示。

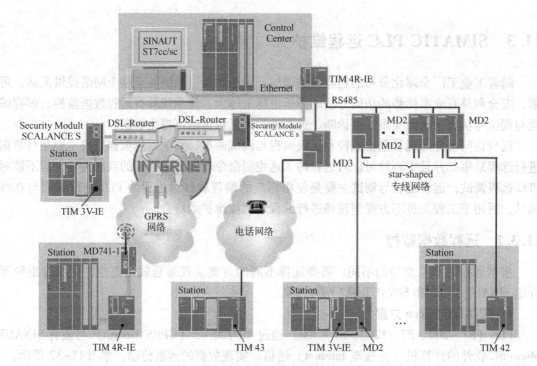

图 11-33　SINAUT ST7 方案

SINAUT ST7 方案可以通过 Internet、电话网络或专线网络与 S7 - 300/400 PLC 通信，其中 Internet 的接入方式又分为有线的 ADSL 和无线的 GPRS 网络。

在中心站，上位机与 TIM 4R - IE 通过 Ethernet 连接，TIM 4R - IE 可以通过以太网接口与 SCALANCE S612 连接，也可以通过 RS - 485 连接多个 Modem，如用于连接电话网络的 MD3 和用于连接专线网络的 MD2。

对于基于 Internet 的方案，中心站通过 SCALANCE S612 与 ADSL 路由器相连接入 Internet，远程站也可以通过 SCALANCE S612 和 ADSL 路由器接入 Internet；或者，远程站通过 TIM 4R - IE 和 MD741 - 1 以 GPRS 网络接入 Internet。这两种方式都要通过建立 VPN 通道实现远程连接。

对于基于电话网络的方案，中心站通过 MD3 接入电话网络，远程站通过 TM33 接入电话网络，由于 TIM33 内部集成了 Modem，所以 TIM33 不用与 Modem 连接即可接入电话网络。

对于基于专线网络的方案，若远程站为 S7 - 400，TIM 不能挂接到背板总线上，只能通过集成 TP 口或以太网口与 TIM42（内部集成 Modem）相连；若远程站为 S7 - 300，可将 TIM 挂载到背板总线，然后通过 MD2 与专线网络连接。

在远程数据监控系统中，两个远程站之间也可以通信，若实现通信，一个远程站须将数据发送到中心站，然后中心站将数据转发到另一个远程站。

11.3.2　远程编程与调试

若 PLC 控制系统不添加远程编程与调试功能（Without Teleservile），控制现场出现故障时，则需要工程师到现场调试或更改程序，即系统出现故障，工程师到现场的概率（Service calls as a percentage）为 100%；若采用远程访问（Control Link），对于比较容易解决的故障，工程师可以远程解决，到现场的概率可以减少 60%；若加上视频传输功能（With video transmission），例如可以看到 PLC 的状态或控制现场的视频，则到现场的概率可以再减少 20%；若在现场再加上一些额外的传感器（With additional sersors）检测一些错误信息，到现场的概率还可以减少 10%，如图 11-34 所示。

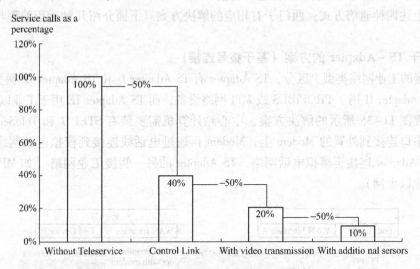

图 11-34　系统出现故障时工程师到现场的概率

在控制系统中添加远程编程与调试功能具有以下优势：

1）缩短服务的响应时间。当用户提出问题后，可以快速连接到远程 PLC，实现在线诊断，并对控制程序进行修改，排除故障。

2）工程师可以处理多个现场的故障。

3）节省去现场的差旅费用……

实现远程编程与调试需要考虑现有的技术条件，从物理连接上看，在 WAN 上存在不同类型的连接设备，它们可能是有线连接也可能是无线连接，这两种连接可以根据现场情况混合在一起使用，也可以单独使用；从传输方式上看，在 WAN 上有两种不同的传输方式，即基于数据包的数据传输（Package - based 或 IP - based）和基于拨号连接的数据传输（Connection - based）（PSTN/ISDN），这两种传输方式不能同时使用。

根据上述技术条件，由表 11-33 可知通过以下四类通信方式可实现远程编程与调试：

表 11-33　实现远程编程与调试的方式

传输方式 ＼ 网络连接	无 线 连 接	有 线 连 接
基于拨号连接的数据传输		
基于数据包的数据传输		

297

1）通过无线方式建立基于拨号连接的数据传输。

2）通过有线方式建立基于拨号连接的数据传输。

3）通过无线方式建立基于数据包的传输。

4）通过有线方式建立基于数据包的传输。

针对上述四种通信方式，西门子有相应的解决方案。下面介绍几种远程编程与调试的实现方案：

1. 基于 TS – Adapter 的方案（基于拨号连接）

从连接的工业网络类型上区分，TS Adapter 有 TS Adapter II 和 TS Adapter IE 两类，它们的区别是 TS Adapter II 用于 PROFIBUS 或 MPI 网络设备，而 TS Adapter IE 用于工业以太网设备。

若实现图 11–35 所示的解决方案，中心站计算机需要装有 STEP 7 和 TeleService 软件，然后通过串口连接到外置的 Modem 上，Modem 再通过电话线连接到模拟电话网络上。远程站通过 TS Adapter 连接至模拟电话网络，TS Adapter 的另一侧接工业网络（如 MPI、PROFIBUS 或工业以太网）。

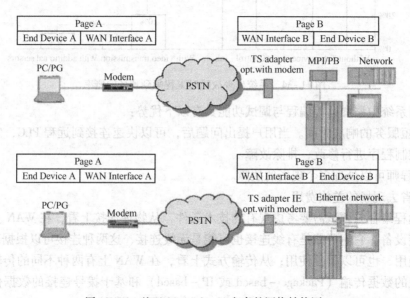

图 11–35 基于 TS – Adapter 方案的网络结构图

此方案的特点是模拟电话网络的两侧都要有固定电话线，在中心站的计算机上需要 TeleService 软件来拨号。在 TeleService 中可以建立多个拨号连接站点，需要维护时就与该站建立拨号连接。TeleService 软件的界面如图 11–36 所示。

2. 基于 VPN 的方案（基于数据包）

下面首先对 VPN（Virtual Private Network，虚拟专用网络）简介。

虚拟专用网络是专用网络的扩展，它能够利用 Internet 或其他公共互联网络的基础设施为用户创建隧道，并提供与专用网络一样的安全和功能保障。虚拟专用网络允许远程通信方使用 Internet 等公共互联网络的路由器基础设施以安全的方式与位于不同地理位置的设备进行通信。虚拟专用网络对用户端透明，用户就像使用一条专用线路在两个不同位置之间建立物理的连接，进行数据的传输。虽然 VPN 通信建立在公共互联网络的基础上，但是用户在使用 VPN 时感觉如同在使用专用网络进行通信。使用 VPN，可以用模拟点对点专用链接的

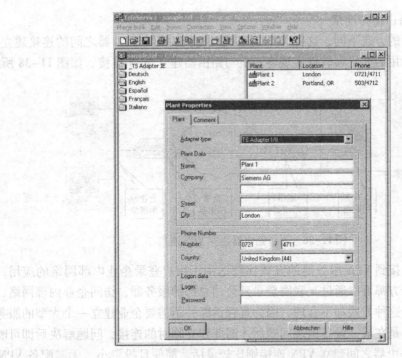

图 11-36　TeleService 软件界面

方式通过共享或公用网络在两台计算机之间传送数据。即将一些相互连接的设备组成一个虚拟的专用网络来管理。这样，对于每一个 PLC 站，我们都可以把它们和工程师站（ES）建立一个 VPN，从而实现对各个 PLC 站进行访问。

VPN 至少应能提供如下功能：

① 加密数据：以保证通过公网传输的信息即使被他人获取也不会泄露。

② 信息认证和身份认证：保证信息的完整性、合法性，并能鉴别用户的身份。

③ 提供访问控制：不同的用户有不同的访问权限。

VPN 网关通过对数据包的加密和数据包目标地址的转换实现远程访问。建立 VPN 连接有两种方式：

（1）远程用户连接

远程用户通过 VPN 客户端软件与 VPN 服务器建立 VPN 连接，通过它可以访问 VPN 服务器及其所连接的整个网络，在连接的时候，客户必须向服务器验证自己的身份，如图 11-37 所示。

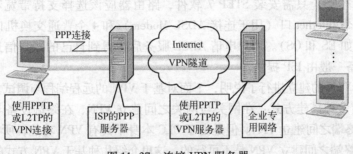

图 11-37　连接 VPN 服务器

（2）路由器到路由器的连接

与远程用户连接的方式不同，这种 VPN 连接是通过路由器与路由器之间的连接建立的，也可以使用路由器专用的客户端软件实现客户机与路由器建立 VPN 连接，如图 11-38 所示。

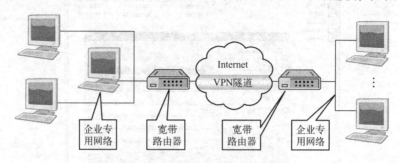

图 11-38　通过路由器建立 VPN 连接

远程用户直接连接到 VPN 服务器的方式比较适用于用户登录企业内部网络的应用，企业员工无论在什么地方都可以通过互联网登录到公司总部的服务器，访问企业内部网络，但对于远程诊断功能，这种方式却不合理，因为远程诊断并不需要企业建立一个大型的服务器来管理这些设备，只是在某一设备出现问题后才需要建立临时的连接，问题解决后即可断开 VPN 连接。因此在路由器之间建立 VPN 连接则比较灵活、简便且投资小，无需配备 VPN 服务器。

至于以太网的接入方式，国内较流行的是 ADSL，用户只需向当地电信部门申请即可，而且费用和带宽可以灵活选择。

下面通过一个实际的例子对建立 VPN 连接进行说明。

VPN 连接的网络结构如图 11-39 所示，所需的硬件包括两根电话线、两个 ADSL modem、两个宽带路由器、一个工程师站（ES）和一个 PLC 站（带以太网 CP 卡）。

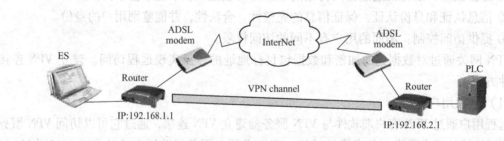

图 11-39　ADSL TeleService 配置图

在工程师站（ES）只需安装 STEP 7 软件，路由器应该选择支持带宽和 VPN 功能的，路由器一般有 1 个 Internet 口（用于连接 ADSL Modem）和 4 个普通交换机口（用于连接本地局域网设备，如 ES 和 OS）。用户申请 ADSL 服务后会得到自己的账户信息，即用户名和密码，ADSL 设备一般由 ISP 提供。

上述简介对 VPN 的建立进行了说明，下面对基于 VPN 的远程编程与调试方案进行介绍。

由于 VPN 有多种搭建方式：在网关与网关之间建立 VPN、在终端设备与网关之间建立 VPN、在终端与终端之间建立 VPN。但是由于 PLC 本身不具有 VPN 功能，所以在远程访问方案中选用终端与终端之间建立 VPN 是不可行的。这里介绍几种基于 VPN 方式的可行方案。

（1）通过两个 ADSL 路由器建立 VPN（即网关与网关之间）

基于 ADSL 的 VPN 解决方案如图 11-40 所示。中心站其他编程器与 ADSL 路由器相连后，也可以访问远程站。

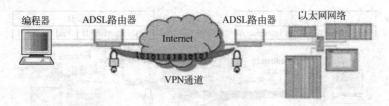

图 11-40　基于两个 ADSL 路由器的解决方案

（2）通过两个无线路由器

在某些控制现场可能无法通过网线连接到 Internet，此时不能利用有线网络建立 VPN 连接，可以采用无线通信的方式建立 VPN，如图 11-41 所示。这种方案需要通过支持无线通信（如 GPRS/CDMA）的宽带路由器来完成，将支持 GPRS 或 CDMA 的 SIM 卡（需向移动通信部门申请开通数据业务）分别插在两个无线路由器中。这样，通过设置无线路由器即可建立 VPN 通道，实现远程连接。

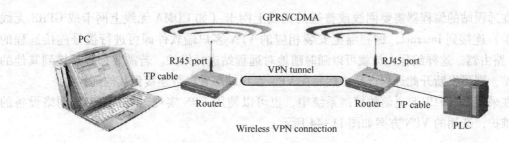

图 11-41　通过无线路由器建立 VPN

（3）通过无线网卡和无线路由器建立 VPN

将上述方案中的无线路由器改为无线网卡，即可实现终端设备与网关之间建立 VPN 连接，如图 11-42 所示。将支持 GPRS 或 CDMA 的 SIM 卡分别插在无线网卡和无线路由器上，然后对无线路由器进行设置，编程器即可通过 VPN 软件连接到无线路由器。

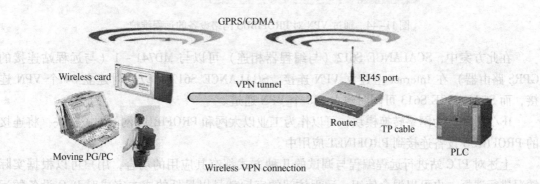

图 11-42　通过无线网卡和无线路由器建立 VPN 连接

（4）通过一个终端设备和 ADSL 路由器

当编程器是一个移动设备（如笔记本）时，工程师在家里可以选用图 11-43 所示的方案，即通过编程器与 ADSL 路由器建立 VPN 连接。

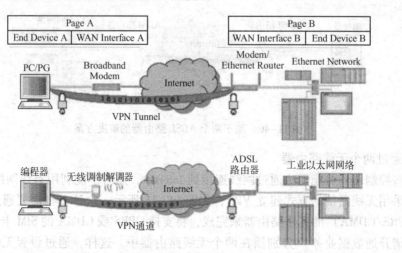

图 11-43　编程器与 ADSL 路由器建立 VPN 连接

在远程站的编程器需要网线或普通的无线上网卡（如 CDMA 无线上网卡或 GPRS 无线上网卡）连接到 Internet，编程器上安装相应的 VPN 客户端软件即可进行拨号连接远程的 ADSL 路由器。这样编程人员就可以随时随地对远程站进行维护。若需要远程连接到其他的远程站，则可以断开此远程连接，然后在 VPN 客户端配置参数连接到其他远程站。

在采用 PROFIBUS 通信的控制系统中，也可以使用 VPN 实现对 PROFIBUS 网络设备的远程维护，选用的 VPN 方案如图 11-44 所示。

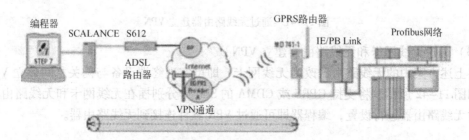

图 11-44　通过 VPN 对 PROFIBUS 网络设备的远程维护

在此方案中，SCALANCE S612（与编程器相连）可以与 MD741-1（与远程站连接的 GPRS 路由器）在 Internet 上建立 VPN 连接。SCALANCE S612 可以同时建立 64 个 VPN 连接，而 SCALANCE S613 可同时建立 128 个 VPN 通道。

IE/PB Link 为网络转换模块，可以作为工业以太网和 PROFIBUS 网的网关模块，将连接的 PROFIBUS 设备连接到 PROFINET 应用中。

上述对 PLC 站进行远程编程与调试的几种方式都有其应用的场合，用户可以根据实际情况进行选择，也可以混合使用。远程访问的宗旨就是以最低的成本完成对 PLC 设备的远程诊断和维护。

11.4 习题

1. PLC 故障类型、诊断途径及其排除工具有哪些?

2. 同步错误组织块和异步错误组织块是怎样进行故障诊断和排除的?

3. PROFINET 的通信故障诊断方式主要有哪几种?

4. PLC 的远程访问主要包括哪几类,它们各自的用途是什么?

5. 可实现远程编程与调试的通信方式有哪些? 并列举一个与它们相对应的方案。

6. 采用 PROFIBUS 网络通信的控制系统能否进行远程编程? 如果能, 试对方案进行简要介绍。

第12章 工业网络通信综合应用实例

本章学习目标：

了解变频器、触摸屏及组态软件 WinCC 相关技术，掌握 PLC 与变频器、PLC 与操作员站的通信方式及其组态与编程。

12.1 S7-300 PLC 与 MM440 变频器的 DP 通信实例

1. 控制任务

S7-300 通过 DP 通信口，操作 MM440，实现电动机的起动、停机、正转、反转、变速，并读取电动机当前电压、电流及频率值。

可以按通信的性质将控制任务划分为两大部分：

第一部分，S7-300 通过 DP 控制 MM440 参数，以实现电动机的起动、停机、正转、反转、变速和正反向点动。

第二部分，S7-300 通过 DP 读取 MM440 参数，读取控制电压、电流及频率。

2. 系统设计

系统接线总体结构图如图 12-1 所示。

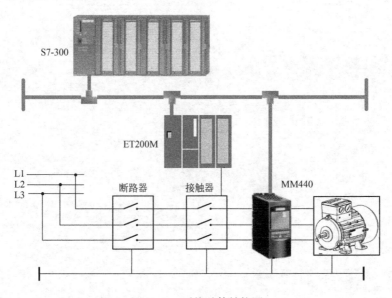

图 12-1　系统总体结构图

3. 变频器参数设置

MM440 与通信相关的参数的设置见表 12-1。

表 12–1　通信配置参数表

参数	内容	设置值	说　　明
P0918	PROFIBUS 地址	4	变频器上的 DIP 开关地址设置为 0 时，DP 地址由参数 P0918 提供
P0700	命令源选择	6	命令源为来自通信板 CB 的远程控制
P1000	频率源选择	6	频率源为来自远程 CB
P0927	参数修改设置	15	允许更改参数

MM440 采用 PROFIBUS – DP 与 S7 – 300 连接，在 DP 现场总线上使用的是 PROFIBUS –DP 协议，MM440 通过选择通信面板（CB）来实现该功能。

4. PLC 与变频器之间的通信

（1）通信帧结构

在变频器 DP 现场总线控制系统中，S7 – 300 与 MM440 间用户数据交换的帧主要使用的是有可变数据字段长度的帧（SD2），它分为协议头、用户数据和协议尾，如图 12-2 所示，其中用户数据是我们需要了解的。

图 12-2　通信帧的结构

用户数据结构被指定为参数过程数据对象（PPO），有的用户数据带有一个参数区域和一个过程数据区域，而有的用户数据仅由过程数据组成。变频器通信概要定义了 5 种 PPO 类型，如图 12-3 所示。

PKW				PZD									
PKE	IND	PWE		PZD1 STW1 ZSW1	PZD2 HSW HIW	PZD3	PZD4	PZD5	PZD6	PZD7	PZD8	PZD9	PZD10
第1字	第2字	第3字	第4字	第1字	第2字	第3字	第4字	第5字	第6字	第7字	第8字	第9字	第10字
PPO1													
PPO2													
PPO3													
PPO4													
PPO5													

图 12-3　用户数据结构

MM440 仅支持 PPO 型 1 和型 3，此处选取的是通信的 PPO1 类型，包含 4 个字的 PKW数据和 2 个字的 PZD 数据，数据格式如图 12-4 所示。下面分别介绍数据类型的具体内容。

（2）PKW 区

PKW 区前两个字 PKE 和 IND 的信息是关于主站请求的任务或应答报文，PKW 区的第3、第 4 个字规定报文中要访问的变频器的参数。P2013 选择可变长度模式（默认值 127），

PKW			PZD	
PKE	IND	PWE	PZD1 STW1 ZSW1	PZD2 HSW HIW
第1字	第2字	第3字 第4字	第1字	第2字

PKW：参数标识符值 　　STW：控制字
PZD：过程数据 　　ZSW：状态字
PKE：参数标识符 　　HSW：主设定值
IND：索引 　　HIW：主实际值
PWE：参数值

图 12-4 PPO1 类型数据格式

主站只发送 PKW 区任务所必需的字数，应答报文的长度也只是需要多长就用多长，这里主站只使用 4 个字 PKW。

1）PKE。该字的结构见表 12-2。其中 AK 标识分任务和应答模式，表 12-2 仅列出常用的表示说明。PNU 存放要访问的变频器的参数号，当参数超过一定范围时，还以 IND 中数据位索引。

表 12-2　PPO1 数据格式具体位

PKE 字结构			任务 AK 说明	
位	标识	功能	AK 值	说明
15 – 12	AK	任务或应答识别标记 ID	1	请求参数数值
11	SPM	保留为 0	2	修改参数数值（单字）
10 – 0	PNU	基本参数号	3	修改参数数值（双字）

应答 AK 说明		IND 说明	
AK 值	说　明	位	说　明
1	传送参数数值（单字）	15 – 12	保留为 0
2	传送参数数值（双字）	11 – 8	下标
3	传送说明元素	7 – 4	PNU 扩展
		3 – 0	保留为 0

2）IND。PNU 扩展以 2000 个参数为单位，当参数号小于 2000 时，表示 PNU 扩展的 IND 第 7 位为 0，当参数号大于或等于 2000 时，表示 PNU 扩展的 IND 第 7 位为 1。下标用来索引参数下标，没有值则取 0。

3）PWE。PWE 的两个字是被访问参数的数值，它包含有许多不同的类型，包括整数、单字长、双字长、十进制数浮点数以及下标参数，参数存储格式和 P2013 的设置有关，可参见变频器手册。

4）举例。

① 读出参数 P0700（700 = 02BChex）的数值：

PLC→MICROMASTER4（请求）：12BC000000000000

MICROMASTER4→PLC（应答）：12BC000000000002

应答报文告诉用户 P0700 是一个单字长的参数数值为 0002 hex。

② 读出参数 P2010［下标 1］（0010 = 00A 和 IND 的位 7 置 1）的数值：

PLC→MICROMASTER4（请求）：100A018000000000

MICROMASTER4→PLC（应答）：200A018042480000

应答报文告诉用户这是一个双字长参数数值为42480000（IEEE浮点数），可以转换为十进制数形式显示。

③ 把参数 P1082 的数值修改为 40.00（40.00 = 42200000 IEEE 浮点数）：

Step1

PLC→MICROMASTER4（请求）：143A000000000000

MICROMASTER4→PLC（应答）：243A000042480000

应答识别标志 2 表明这是一个双字参数，所以必须采用任务识别标志 3 修改双字参数数值。

Step2

PLC→MICROMASTER4（请求）：343A000042200000

MICROMASTER4→PLC（应答）：243A000042200000

确认这一参数的数值已修改完毕。

（3）PZD 区

通信报文的 PZD 区是为控制和监测变频器而设计的，可通过该区写控制信息和控制频率，读状态信息和当前频率。

1）STW。当通过 PLC 对变频器写入 PZD 时，第 1 个字为变频器的控制字，其含义见表 12-3。一般正向起动时赋值 0X047F，停止时赋值 0X047E。

表 12-3　控制字说明

位	功　能	0	1
00	On（斜坡上升）/OFF1（斜坡下降）	否	是
01	OFF2：按惯性自由停车	是	否
02	OFF3：快速停车	是	否
03	脉冲使能	否	是
04	斜坡函数发生器（RFG）使能	否	是
05	RFG 开始	否	是
06	设定值使能	否	是
07	故障确认	否	是
08	正向点动	否	是
09	反向点动	否	是
10	由 PLC 进行控制	否	是
11	设定值反向	否	是
12	未使用		
13	用点动电位计（MOP）升速	否	是
14	用 MOP 降速	否	是
15	本机/远程控制	P0719 下标 0	P0719 下标 1

2）HSW。当通过 PLC 对变频器写入 PZD 时，第 2 个字为主设定值，即设定的变频器主频率。如果 P2009 设置为 0，数值是以十六进制数的形式发送；如果 P2009 设置为 1，数值是以绝对十进制数的形式发送。

3）ZSW。当通过 PLC 读变频器 PZD 时，第 1 个字为变频器状态字，其含义见表 12-4。

表 12-4　状态字说明

位	功能	0	1
00	变频器准备	否	是
01	变频器运行准备就绪	否	是
02	变频器正在运行	否	是
03	变频器故障	否	是
04	OFF2 命令激活	是	否
05	OFF3 命令激活	是	否
06	禁止 on（接通）命令	否	是
07	变频器报警	否	是
08	设定值/实际值偏差过大	是	否
09	PZDI（过程数据）控制	否	是
10	已达到最大频率	否	是
11	电动机电流极限报警	是	否
12	电动机抱闸制动投入	否	是
13	电动机过载	是	否
14	电动机正向运行	否	是
15	变频器过载	是	否

4）HIW。当通过 PLC 读变频器 PZD 时，第 2 个字为运行参数实际值，通常把它定义为变频器的实际输出频率。

5）举例。

① 正向运行，频率 40.00 Hz：

Step1

PLC→MICROMASTER4（请求）：047E3333

MICROMASTER4→PLC（应答）：FB310000

设置速度，并检测变频器是否处于准备运行状态，应答数据提示用户，当前频率状态正常，方向设置为正向，并且速度为 0。

Step2

PLC→MICROMASTER4（请求）：047F3333

发送控制命令，起动变频器控制电动机。

② 变频器正向点动：

Step1

PLC→MICROMASTER4（请求）：047E0000

MICROMASTER4→PLC（应答）：FB310000

检测变频器是否处于准备运行状态，应答数据提示我们，当前频率状态正常，方向设置为正向，并且速度为0。

Step2

PLC→MICROMASTER4（请求）：057E0000

发送命令，使电动机点动运行，正向点动运行频率由 P1058 决定。

（4）系统功能函数 SFC14、SFC15

为了存取相连续的数据区域，使用系统功能函数 SFC14（DPRD_DAT）和 SFC 15（DPWR_DAT）。

为了读一个 DP 从站相连续的输入数据区域，使用系统功能函数 SFC 14（DPRD_DAT）。如果一个 DP 从站有若干个相连续的输入模块，则必须为所要读的每个输入模块分别安排一个 SFC14 调用。表 12-5 列出了 SFC14 的输入和输出参数。

表 12-5　SFC14 参数表

参数	说明	数据类型	描　述
LADDR	INPUT	WORD	用 HW Config 组态的 DP 从站的输入模块开始地址，规定（十六进制格式）
RECORD	OUTPUT	ANY	数据接收后存放的地址
RET_VAL	OUTPUT	INT	SFC 状态返回值

SFC15 用来输出连续数据区域，输入和输出参数与 SFC15 相似，LADDR 为目的输出数据地址，RECORD 为希望输出数据存储区。见表 12-6。

表 12-6　SFC15 参数表

参数	说明	数据类型	描　述
LADDR	INPUT	WORD	用 HW Config 组态的 DP 从站的输入模块开始地址，规定（十六进制格式）
RECORD	INPUT	ANY	所要发送数据的存取地址
RET_VAL	OUTPUT	INT	SFC 状态返回值

返回值 RECORD 可以用来判断读写数据是否发生错误，以及发生何种错误，如果无错误发生，返回值为 W#16#0000，其他状态可参阅手册。

（5）硬件组态

打开 SIMATIC 300 Station，然后双击右侧生成的 Hardware 图标，在弹出的 HW config 中进行组态，在菜单栏中选择 "View" → "Catalog" 命令，打开硬件目录，按订货号和硬件安装次序依次插入机架、电源、CPU 以及 I/O 模块，如图 12-5 和图 12-6 所示。

双击 MPI/DP 槽，在弹出窗口 "Interface" → "Type" 中选择 "PROFIBUS"，然后单击 "Properties" 按钮，如图 12-7 所示单击 "New" 新建一条 DP 总线，并设置地址为 2。单击 "Properties" 按钮，弹出如图 12-8 所示窗口，选择 DP 类型，并设置传输速率为 1.5 Mbit/s。

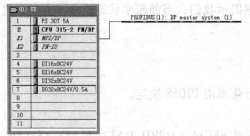

图 12-5　组态主站

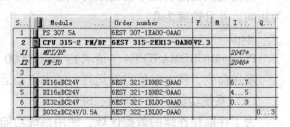

图 12-6　各模块详细信息

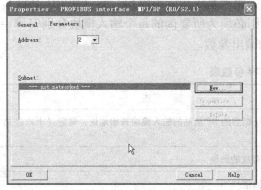

图 12-7　新建 PROFIBUS 总线

图 12-8　设置属性

在 DP 总线上挂上远程 I/O 模块，设置从站地址为 3，并在其上加入相应 I/O 模块。在 DP 总线上挂上 MM440，并组态 MM440 的通信区，通信区与应用有关。MM440 采用通用串行接口协议，其报文结构将在软件部分讲述。由程序操作的通信数据通过参数标识符值 PKW 和过程数据 PZD 传递，最长使用的是 PKW 为 4 个字（8 个字节），PZD 为 2 个字（4 个字节）的固定长度报文，即 PPO1 类型，因此组态 MM440 的地址分别对应读写 PKW 和 PZD。

组态 MM440 步骤如下：

1）打开硬件组态，在右侧选择"PROFIBUS DP"→"SIMOVERT"→"MICROMASTER 4"，添加到 DP 总线上，如图 12-9 所示。

2）在弹出窗口的下拉列表框中选择"Address"为 4，如图 12-10 所示。

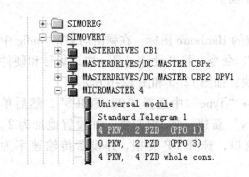

图 12-9　插入 MM440 从站

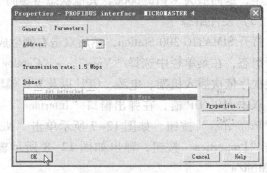

图 12-10　设置 MM440 从站地址

3）选择"MICROMASTER 4"→"4 PKW，2 PZD（PPO 1）"，添加到从站中，如图12-11所示。

4）从站组态完成，设置地址。PKW 读为 IB288 ~ IB295，PZD 读为 IB296 ~ IB299，PKW 写为 QB272 ~ QB279，PZD 写为 QB280 ~ QB283，如图12-11所示。

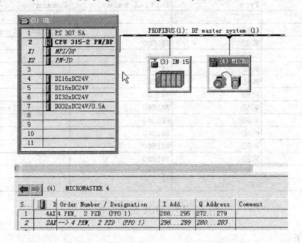

S..		D	Order Number / Designation	I Add..	Q Address	Comment
1		4AX	4 PKW, 2 PZD (PPO 1)	288...295	272...279	
2		2AX	--> 4 PKW, 2 PZD (PPO 1)	296...299	280...283	

图 12-11　组态从站

（6）软件设计

1）软件资源分配。软件资源分配如图12-12所示。

Symbol	Address		Data type		Comment
CYCL_EXC	DB	1	DB	1	通信数据块
TURN_ON	M	30.0	BOOL		断路器关
RESET	M	30.1	BOOL		复位
RESET_SEND	M	30.2	BOOL		触发初始化通信
RESET_OK	M	30.3	BOOL		复位完成
FORWARD_BACKWORD	M	30.5	BOOL		0正转/1反转
START	M	31.0	BOOL		起动
START_SEND1	M	31.1	BOOL		触发起动通信1
START_ING	M	31.2	BOOL		电动机运行中
START_SEND2	M	31.3	BOOL		触发起动通信2
SET_SPEED	M	31.4	BOOL		设置速度
SET_SPEED_SEND	M	31.5	BOOL		触发设置速度通信
STOP	M	32.0	BOOL		停机
STOP_SEND	M	32.1	BOOL		触发停机通信
JOG	M	32.2	BOOL		点动
JOG_UP	M	32.3	BOOL		点动开始脉冲
JOG_DOWN	M	32.4	BOOL		点动结束脉冲
JOG_ING	M	32.5	BOOL		点动状态
VOLTAGE_SEND	M	33.1	BOOL		触发读取电压通信
CURRENT_SEND	M	33.2	BOOL		触发读取电流通信
FREQUENCE_SEND	M	33.3	BOOL		触发读取频率通信
ZERO_SPEED	M	33.4	BOOL		速度为0状态
VOLTAGE	MD	40	REAL		电压
CURRENT	MD	44	REAL		电流
FREQUENCE	MD	48	REAL		频率
S_F	MD	60	DINT		中间换算存储区
SP_REAL	MD	64	REAL		中间换算存储区
SPE_FRE	MW	34	INT		速度值
SPEED	MW	36	INT		设置速度值
CUR_SPEED	MW	38	INT		实时速度
BREAKER	Q	4.0	BOOL		断路器
DPRD_DAT	SFC	14	SFC	14	读DP从站数据
DPWR_DAT	SFC	15	SFC	15	写DP从站数据

图 12-12　软件资源分配

2）数据块 DB1。S7 – 300 与 MM440 的通信主要是对 4 个字 PKW 和 2 个字 PZD 进行读写，为使程序编写更为方便，可在程序中开辟一块静态存储空间，即 DB1，用来存放要读写的数据，数据块格式与 PKW 和 PZD 的结构相似，如图 12-13 所示，读写区域分开。

Address	Name	Type	Initial value	Comment
0.0		STRUCT		
+0.0	PKE_R	WORD	W#16#0	Temporary placeholder variable
+2.0	IND_R	WORD	W#16#0	
+4.0	PWE1_R	WORD	W#16#0	
+6.0	PWE2_R	WORD	W#16#0	
+8.0	PZD1_R	WORD	W#16#0	
+10.0	PZD2_R	WORD	W#16#0	
+12.0	PKE_W	WORD	W#16#0	Temporary placeholder variable
+14.0	IND_W	WORD	W#16#0	
+16.0	PWE1_W	WORD	W#16#0	
+18.0	PWE2_W	WORD	W#16#0	
+20.0	PZD1_W	WORD	W#16#0	
+22.0	PZD2_W	WORD	W#16#0	
=24.0		END_STRUCT		

图 12-13　DB1 资源分配图

3）PLC 控制程序。

① S7 – 300 通过 DP 控制 MM440 参数，以实现电动机的起动、停机、正转、反转、变速和正反向点动。

复位按钮（RESET）被按下，当断路器（BREAKER）已经闭合，则触发一次脉冲，进入复位完成状态（RESET_OK），给期望速度（SPEED）赋值为 0，并对 DB1 中要发送的 PZD 区赋控制字（047Ehex）和主设定值（0），然后触发一个复位通信脉冲（RESET_ SEND），调用 SFC15 和 SFC14 进行通信操作，写的操作地址从 280（118hex）开始 4 个字节，读的操作地址从 296（128hex）开始 4 个字节，程序如图 12-14 所示。

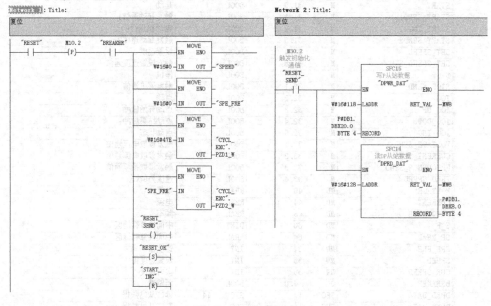

图 12-14　复位程序

在复位完成后，可通过方向开关（FORWORD_BACKWORD）改变电动机的转动方向，断开为正方向，闭合为负方向。方向开关操作 PZD 中控制字的第 11 位（DB1. DBX20.3），这里要注意的是程序中字的存储方式是高字节存放低地址，低字节存放高地址，位都是从高到低对齐。方向设置可以在几种方式下完成：电动机起动前、电动机运行中以及电动机点动前。程序如图 12-15 所示。

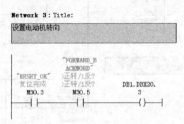

图 12-15　设置电动机转向

将速度按钮（SET_SPEED）置 "1"，能够给期望速度赋值，并触发一个速度改变通信脉冲（SET_SPEED_SEND），当电动机处于运行状态时，将建立一次通信改变转速。变频器使用的 V/f 控制，速度是与频率成正比的，例如本电动机的额定频率是 50 Hz，该频率下对应的额定转速为 1395 r/min，当频率为 40 Hz 时，转速对应为 1116 r/min。要注意的是，传送 W#16#4000 给主设定值，对应的频率为 50 Hz。程序如图 12-16 所示。

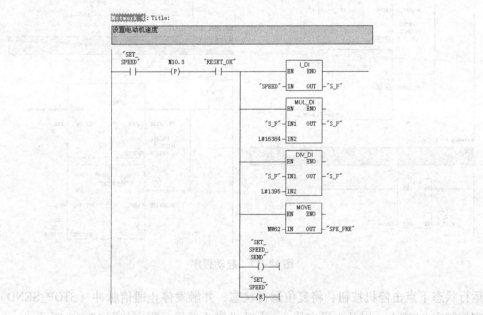

图 12-16　设置电动机速度

复位完成后按下起动按钮（START），进入运行状态（START_ING）。起动分两个步骤，首先让电动机处于准备运行状态，触发起动通信脉冲 1（START_SEND1），写 PZD 中控制字为 047Ehex，主设定值为期望频率，并发送；当读回状态字为正方向 FB31hex（-1231）或反方向 BB31hex（-17615）时，触发起动通信脉冲 2（START_SEND2），写控制字为 047Fhex，主设定值为期望频率，此后电动机开始运行。程序如图 12-17 所示。

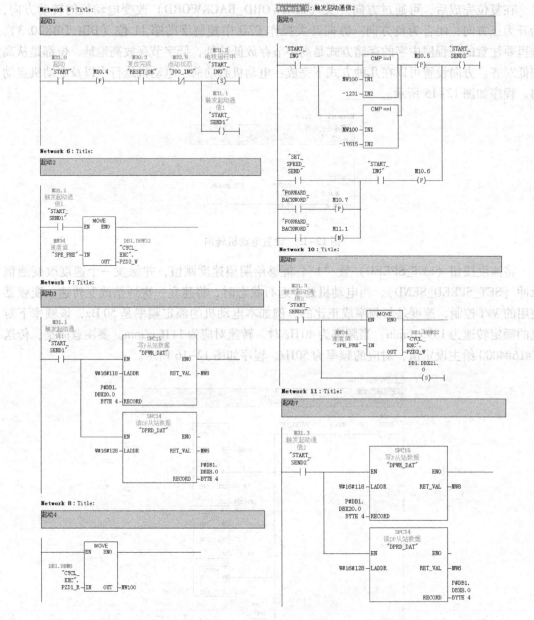

图 12-17 起动程序

运行状态下点击停机按钮，将复位运行状态，并触发停止通信脉冲（STOP_SEND），写PZD 中控制字 047E hex 以及主设定值 0，电动机停止运行。程序如图 12-18 所示。

当复位完成，并且电动机不处于运行状态下时，可以按下点动按钮（JOG），检测到按钮按下，触发一个上升沿脉冲，此时将进入点动状态（JOG_ING），设置 PZD 中控制字第 8位为 1，第 9 位为 0，并触发点动开始脉冲（JOGUP_SEND），发送控制字，点动的方向由方向开关决定。当点动按钮松开时，触发一个下降沿脉冲，将点动状态（JOG_ING）、控制字第 8 和第 9 位复位，并触发点动结束脉冲（JOGDOWN_SEND），发送控制字。程序如图 12-19 所示。

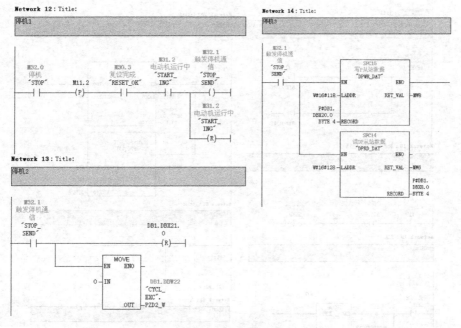

图 12-18 停机程序

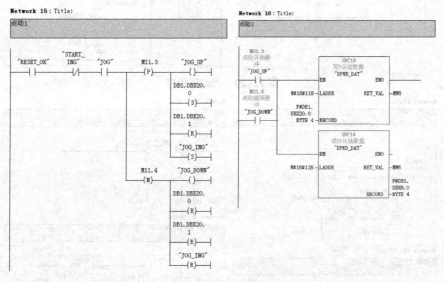

图 12-19 点动程序

② S7-300 通过 DP 读取 MM440 参数，读取控制电压、电流及频率。

该部分的功能是以 0.5 s 的频率刷新当前电压、电流以及频率的值，变频器当前电压、电流以及频率是以 32 位浮点数的形式存储于参数 r0025、r0027 和 r0021。T1 每隔 0.5 s 将触发一个上升沿脉冲，首先触发一个读电压脉冲（VOLTAGE_SEND），给 PKW 的 4 个字赋值（1019000000000000 hex），存储于 DB1. DB12 开始的 8 个字节中，并建立一次通信，当读回的 PKW 中 PKE 为 8217（2019 hex）时，说明读取过程成功，将读取电压值（DB1. DB4 ~ DB1. DB7）存储到电压值（VOLTAGE）中，紧接着触发一个读电流脉冲（CURRENT_SEND），根据上述原理再依次读电流和频率值。程序如图 12-20 ~ 图 12-22 所示。

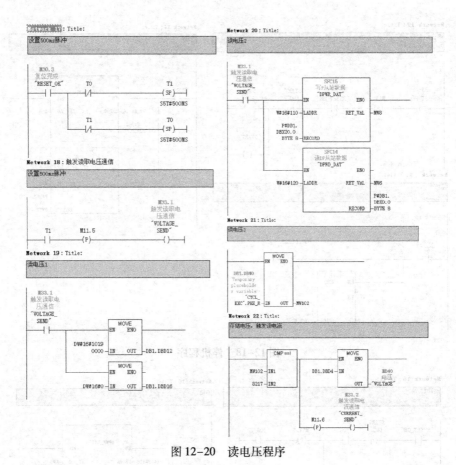

图 12-20　读电压程序

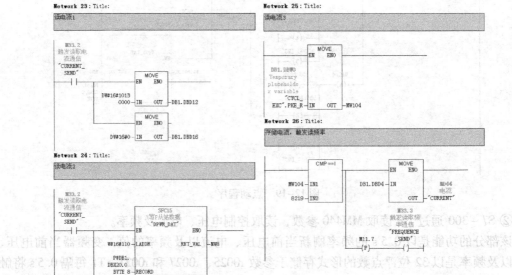

图 12-21　读电流程序

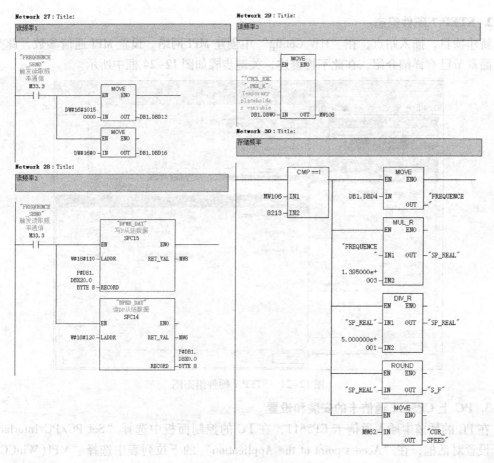

图 12-22　读频率程序

12.2　PLC 与操作员站的通信实例

12.2.1　S7–300/400 PLC 与 WinCC 的通信实例

1. 系统组成

本例需要建立 PLC 与 WinCC 的通信，图 12-23 是 PLC 与 WinCC 通信的网络配置图。

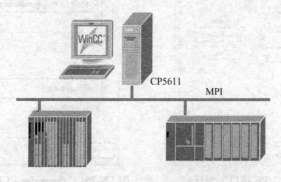

图 12-23　PLC 与 WinCC 的 MPI 通信网络配置图

2. STEP 7 硬件组态

新建项目，插入站点，在"HW Config"中创建 MPI 网络，设置 MPI 通信参数，此类组态前面章节已有详细介绍，在此不再赘述，关键步骤如图 12-24 框中所示。

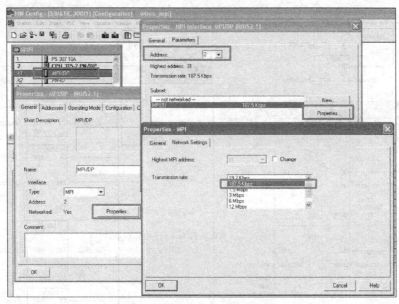

图 12-24　STEP 7 硬件组态图

3. PC 上 CP5611 通信卡的安装和设置

在 PC 的插槽中插入通信卡 CP5611，在 PC 的控制面板中选择"Set PG/PC Interface"，打开设置对话框，在"Access point of the Application"的下拉列表中选择"MPI(WinCC)"，而后在"Interface parameter Assignment Used"的下拉列表中选择"CP5611(MPI)"，而后"Access point of the Application"中将显示"MPI(WinCC)→CP5611(MPI)"。最后单击"OK"按钮。如图 12-25 所示。

单击"Properties"按钮，弹出"Properties - CP5611（MPI）"属性对话框，设置 CP5611 的通信参数，如图 12-26 所示，重要参数如框中所示，其中：

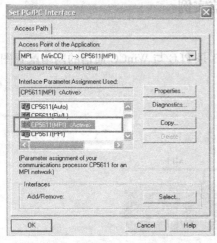

图 12-25　"设置 PG/PC 接口"对话框

图 12-26　"Properties - CP5611(MPI)"对话框

1）CP5611 的地址（MPI 地址必须唯一，建议设置为 0）。

2）MPI 网络的传输速率（默认为 187.5 Kbit/s），可以修改，但必须和实际连接 PLC 的 MPI 端口的传输速率相同）。

3）MPI 网络的最高站地址（必须和 PLC 的 MPI 网络参数设置相同）。

4. 添加通信驱动程序和系统参数设置

打开 WinCC 工程，选中变量管理器（Tag Management），单击鼠标右键，弹出快捷菜单，如图 12-27 所示，单击"Add New Dricer…"，弹出相应对话框，如图 12-28 所示，选中"SIMATIC S7 Protocol Suite.chn"通信驱动程序，最后单击"打开"按钮，添加驱动程序完成。

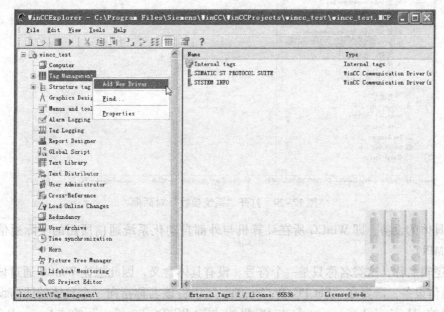

图 12-27　打开"添加新的驱动程序"

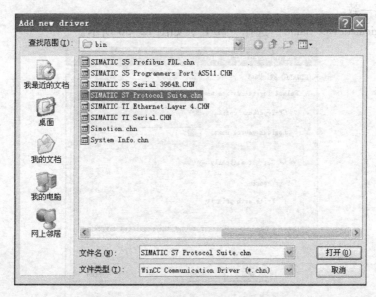

图 12-28　选择所要添加的通信驱动程序

将 WinCC 变量管理器中添加的 "SIMATIC S7 Protocol Suite. chn" 通信驱动程序展开，选择其中的 "MPI" 通道单元，再鼠标右击 "MPI"，选择 "System Parameter"，如图 12-29 所示，打开 "System Parameter – MPI" 设置对话框。在 "单元" 选项卡中，进行 "Logical device name" 的设置，此处设置有两种选择：

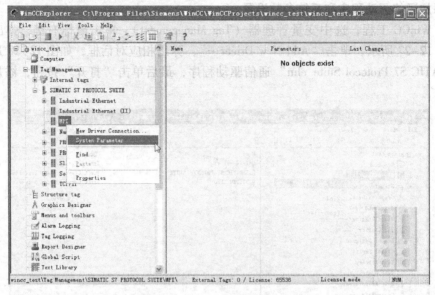

图 12-29　打开 "系统参数" 对话框

1）具体的设备，即 WinCC 所在计算机与外部自动化系统通信所用的实际通信卡，如 CP5611（MPI）。

2）逻辑名称，这类名称只是一个符号，没有具体含义，因此想让 WinCC 通过该名称找到具体通信设备，需要在 "Set PG/PC Interface" 中将该名称指向一个具体的通信设备。即此处所填的 "Logical device name" 与 PC 里的 "Set PG/PC Interface" 的 "Access Point of the Application" 要一致。

这里 "Logical device name" 选择 "MPI"，如图 12-30 所示。

图 12-30　"单元" 选项卡

5. 创建连接和连接参数设置

选择"MPI"通道单元，再右击"MPI"，选择"New Driver Connection…"，如图 12-31 所示，弹出"Connection Properties"对话框，如图 12-32 所示，单击"Properties"按钮，弹出"Connection Parameter – MPI"对话框，如图 12-33 所示。其中，站地址就是 PLC 的地址，机架号就是 CPU 所处机架号，插槽号就是 CPU 的槽位号。按实际情况进行相应参数的修改设置。

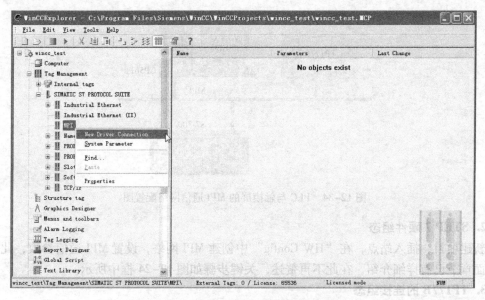

图 12-31 打开"新的驱动程序的连接"

图 12-32 "连接属性"对话框

图 12-33 "连接参数 – MPI"对话框

对于插槽号，如果是 S7 – 300 的 PLC，那么该参数为 2，如果是 S7 – 400 的 PLC，那么要根据 STEP 7 项目中的 Hardware 软件查看 PLC 插在第几号槽内，不能根据经验随便填写，否则通信不能建立。

除了 MPI 通信之外，S7 – 300/400 和 WinCC 还能进行 PROFIBUS、以太网通信，组态方式与 MPI 通信大同小异,在此不再赘述。

12.2.2 S7-300/400 PLC 与 HMI 的通信实例

1. 系统组成

本例需要建立 PLC 与 HMI 设备触摸屏的通信,图 12-34 是 S7-300 PLC 与触摸屏 TP177B 通信的网络配置图。

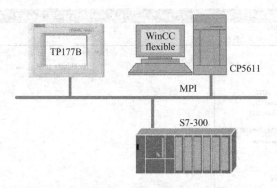

图 12-34 PLC 与触摸屏的 MPI 通信网络配置图

2. STEP 7 硬件组态

新建项目,插入站点,在“HW Config”中创建 MPI 网络,设置 MPI 通信参数,此类组态前面章节已有详细介绍,在此不再赘述,关键步骤如图 12-24 框中所示。

3. TP177B 的连接组态

打开 WinCC flexible 工程,单击项目视图的“通信”文件夹中的“连接”图标,打开连接编辑器,如图 12-35 所示,单击连接表中的第一行,将会自动出现于 S7-300/400 的连接,连接的默认名称为“连接_1”,连接表的下方是连接属性视图,“配置文”为“MPI”通信,通信波特率为 187.5 kbit/s,HMI 通信接口为“1F1B”,地址为“1”,PLC 地址为“2”。

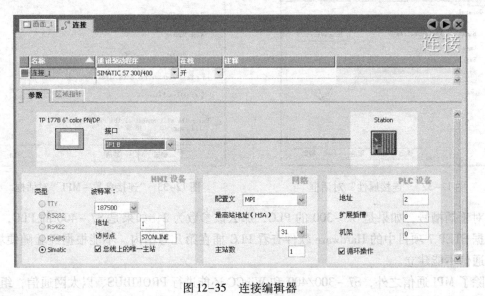

图 12-35 连接编辑器

322

4. 项目下载

在 WinCC flexible 软件中，除了上述与通信有关的连接组态外，包括项目变量、画面、用户管理等都组态完成之后，要将组态的项目下载到触摸屏中，单击工具栏上的"下载"按钮 ，选择"MPI/DP"通信模式，站地址为"1"，单击"传送"按钮，如图 12-36 所示，编译结束后开始下载。

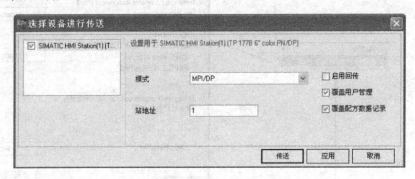

图 12-36　下载组态信息

除了 MPI 外，西门子的 HMI 产品还能和 S7 - 300/400 进行 PROFIBUS、以太网通信，组态方式与 MPI 通信大同小异，在此不再赘述。

12.2.3　S7 - 200 PLC 与 WinCC 的 OPC 通信实例

WinCC 软件的 S7 协议集通信驱动中提供了面向以太网、PROFIBUS、MPI 等的接口，但是没有支持 S7 - 200 PLC 的驱动，所以 WinCC 不能直接与 S7 - 200 PLC 进行通信，需要通过 OPC 来解决两者的通信问题。这里使用西门子专用于 S7 - 200 PLC 的 OPC 服务器，即 PC Access 软件，用 WinCC 软件作为 OPC 客户端访问 OPC 服务器。

1. S7 - 200 与 WinCC 通信方案

图 12-37 为 S7 - 200 PLC 与 WinCC 进行通信的关系图。

图 12-37　S7 - 200 PLC 与 WinCC 通信方案

2. PC Access 的配置

1) 设定 PC Access 通信访问接口。用鼠标单击"Micro Win"进入"PG/PC Internet"设定通信方式，选择 PPI 通信方式，如图 12-38 所示。

2) 用鼠标右键单击"Micro Win"进入"New PLC"，添加一个新的 S7 - 200 PLC，最多可以添加 8 个 S7 - 200 PLC，如图 12-39 所示。在"Name"文本框中定义 PLC 的名称，在"Network Address"中输入 CPU 的网络地址。

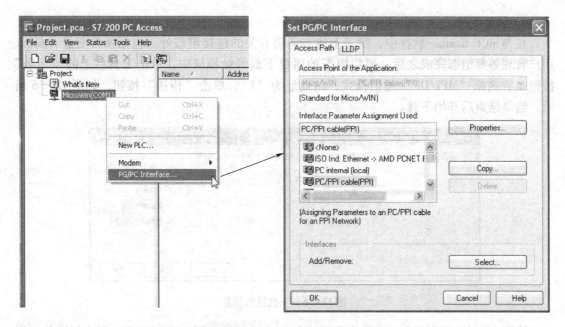

图 12-38 设置 PC Access 通信方式

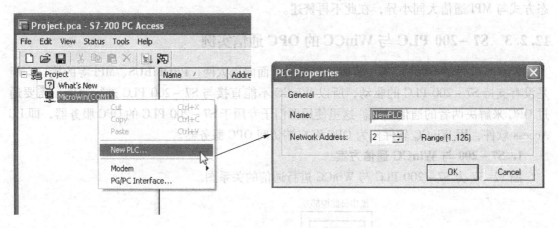

图 12-39 添加 S7 – 200

3）用鼠标右键单击所添加的 S7 – 200 PLC 的名称，单击"New"添加文件夹并命名，用鼠标右键单击文件夹，单击"Item"添加 PLC 内存数据的条目并定义内存数据，如图 12-40 所示，也可不创建文件夹，直接添加条目。

在"Name"文本框中定义条目的符号名，在"Address"文本框中写入内存数据地址，在"Date Type"下拉列表中会自动生成数据类型，同时可以设定数据的访问方式，可设为：只读、只写或读/写，在"Hight"和"Low"文本框中可以定义数据的高低限，"Comment"列表框中则是说明文字。

4）用测试客户端检测配置及通信的正确性。PC Access 软件带有内置的客户端，将测试的条目拖到测试的客户端，然后单击"在线"按钮使之在线，如果配置及通信正确，会显示数据值，并在"Quality"一栏中显示"Good"，否则这一栏会显示"Bad"。

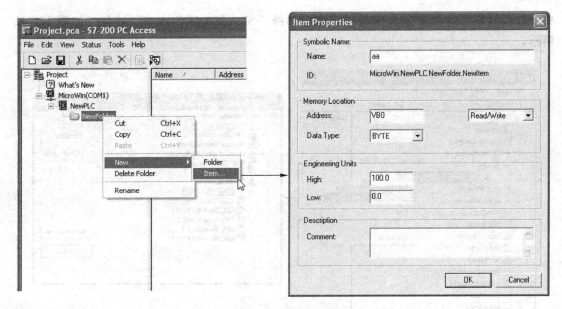

图 12-40　定义条目的属性

3. WinCC 的配置

1）添加通信驱动程序：打开 WinCC 工程，选中变量管理器（Tag Management），单击鼠标右键，弹出快捷菜单，如图 12-27 所示，单击"Add new driver"，弹出相应对话框，如图 12-41 所示，选中"OPC. chn"通信驱动程序，最后单击"Open"按钮。

图 12-41　添加通信驱动程序"OPC. chn"

2）添加逻辑连接：在 OPC 通道驱动程序下，选中"OPC Group"通道单元，单击右键，在弹出的快捷菜单中选择"System Parameter"，在弹出的"OPC Item Manager"对话框

中，计算机将自动搜索相关的连接。这里选择"S7 – 200 OPCserver"连接，如图 12–42
所示。

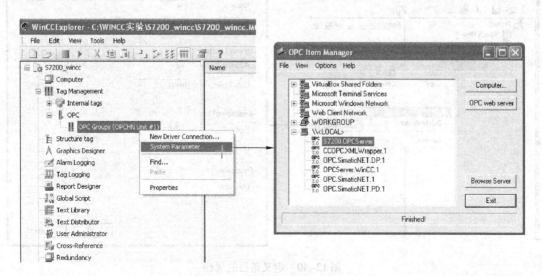

图 12–42　建立逻辑连接

　　然后就能添加前面使用的 PC Access 所设置好的变量了，如图 12–43 所示。在单击
"Add Items"按钮后，计算机提示需要建立一个驱动程序的连接。在随后打开的"New Con-
nection"对话框中可以输入逻辑连接名，如图 12–44 所示。最后选择刚才建立的驱动程序连
接，完成变量的添加，如图 12–45 所示。

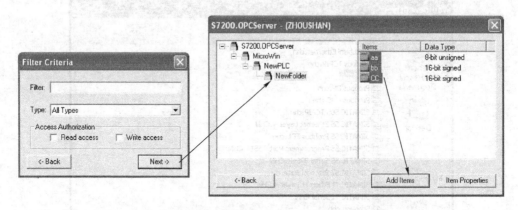

图 12–43　添加 PC Access 中的变量

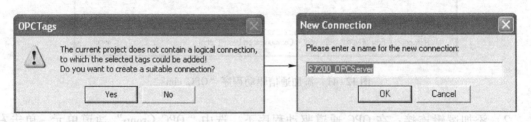

图 12–44　建立驱动程序的连接

图 12-45 完成变量添加

12.3 习题

1. 如何建立 MM440 与 S7 – 300/400 PLC 之间的 PROFIBUS – DP 通信？
2. 如何建立 S7 – 300/400 PLC 与组态软件 WinCC 之间的通信？
3. 如何建立 S7 – 200 PLC 与组态软件 WinCC 之间的通信？
4. 如何建立 S7 – 300/400 PLC 与 HMI 触摸屏之间的通信？

附录　实验指导书

附录 A　基础实验

实验一　基于 MPI 全局数据通信实验

1. 实验目的

1）通过实验加深对 MPI 全局数据通信的理解。

2）掌握 MPI 全局数据通信的方法和调试过程。

3）通过实验巩固 MPI 的全局数据通信方法。

2. 通信系统组成

本实验是 S7 - 300 与 S7 - 400 之间的全局数据包通信。系统组成图如图 A-1 所示。S7 - 400 选取 CPU413 - 2DP，站地址为 2；S7 - 300 选取的是 CPU315 - 2DP，站地址为 3。

3. 通信原理

S7 - 300 与 S7 - 400 之间的全局数据包通信，将 2 号站的 ID0 发送到对方的 QD4，将 3 号站的 ID0 发送到对方的 QD0，将 2 号站的 DB1. DBB0：22 发送到 3 号站的 DB2. DBB0：22 中，将 3 号站 S7 - 300 的 DB1. DBB0：22 发送到 2 号站的 DB1. DBB0：22 中。

通信任务如图 A-2 所示。

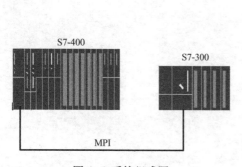

图 A-1　系统组成图

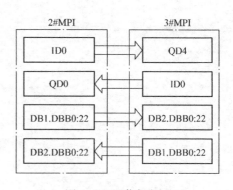

图 A-2　通信任务图

4. 实验内容和要求

（1）系统组态

新建项目，插入一个 S7 - 400 的站点和一个 S7 - 300 的站点，插入相应的输入/输出模块，设置通信参数，完成系统硬件和网络组态，实现 MPI 全局数据通信组态。

（2）GD 表配置

右击网络组态中的 MPI 网络线，打开"Define Global Data"进行全局数据通信组态，建立"GD ID"通信连接需要通信的 CPU。在 GD 表中设置通信双方 CPU 的接收区和发送区。

最后设置好通信扫描速率。

5. 实验报告

1）给出能实现所要求功能的完整组态步骤。

2）给出通信调试结果。

3）给出必要的说明性文档。

4）写出实验体会及实验中遇到的问题和解决方法。

实验二 基于 MPI 的 S7 基本通信实验

1. 实验目的

1）通过实验加深对 MPI 的 S7 基本通信的理解。

2）掌握 MPI 的 S7 基本通信的组态、编程、调试过程。

3）通过实验巩固 MPI 的 S7 基本通信编程指令的使用方法。

2. 通信系统组成

本实验是 S7－300 与 S7－400 之间的 S7 基本单边通信。系统组成图如图 A-3 所示。S7
－400 选取 CPU413－2DP，站地址为 2；S7－300 选取的是 CPU315－2DP，站地址为 3。

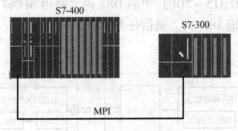

图 A-3　通信系统组成图

3. 实验内容和要求

（1）系统组态

新建项目，在 STEP 7 中建立一个新项目，在此项目下插入一个"SIMATIC 400 站"和
一个"SIMATIC 300 站"，并分别完成硬件组态，网络组态。

（2）资源分配

根据实验需要，部分软件资源分配见表 A-1。

表 A-1　部分软件资源分配表

站点	资源地址	功　　能
CPU413－2DP	DB1. DBB0 ~ DBB75	发送数据区
	DB2. DBB0 ~ DBB75	接收数据区
	ID0	过程输入映像区
	QD4	过程输出映像区
	M0. 0	SFC68 激活参数
	M0. 1	SFC68 通信状态显示
	M0. 2	SFC67 激活参数

站 点	资源地址	功 能
CPU413 – 2DP	M0.3	SFC67 通信状态显示
	M0.4	SFC69 激活参数
	M1.0	为 1 时，表示发送数据是连续的一个整体
	M1.1	为 1 时，表示发送数据是连续的一个整体
	MW2	SFC68 状态字
	MW4	SFC67 状态字
CPU 315 – 2DP	DB2. DBB0 ~ DBB75	接收数据区
	DB1. DBB0 ~ DBB75	发送数据区
	ID0	过程输入映像区
	QD4	过程输出映像区

（3）程序编制

在 S7 基本通信单边通信中，客户机（CPU413 – 2DP）调用 SFC68（X_PUT）来将 DB1 内数据发送到服务器（CPU 315 – 2DP）中的 DB2 内，调用 SFC67（X_GET）来读取服务器中 DB1 内的数据存放到本地 DB2 内。通信任务如图 A-4 所示。

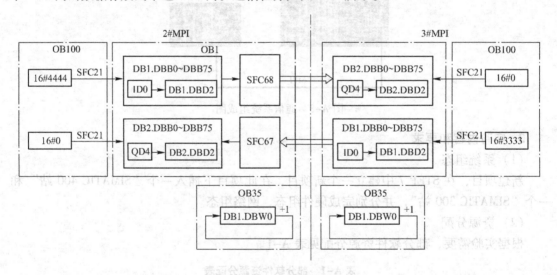

图 A-4　通信任务图

实验要求把 2 号站的 S7 – 400 里 DB1. DBW0 ~ DBW18 里面的数据传送到 3 号站里的 DB2. DBW0 ~ DBW18，同样把 3 号站里 DB1. DBW0 ~ DBW18 里面的数据传送到 2 号站的 DB2. DBW0 ~ DBW18，2 号站 CPU 的 OB35 里面要求 DB1. DBW0 每隔 100ms 递增 1。3 号站 CPU 的 OB35 里面要求 DB1. DBW0 每隔 100 ms 递增 2。

4. 实验报告

1）给出实现所要求功能的完整组态步骤。

2）给出通信调试结果。

3）给出必要的说明性文档。

4）写出实验体会及实验中遇到的问题和解决方法。

实验三　基于 MPI 的 S7 通信实验

1. 实验目的

1）通过实验加深对基于 MPI 的 S7 通信的理解。

2）掌握基于 MPI 的 S7 通信的方法和调试过程。

3）通过实验巩固基于 MPI 的 S7 通信方法。

2. 通信系统组成

本实验是 S7 – 400 之间的 S7 双边通信。系统组成图如图 A–5 所示。S7 – 400 选取 CPU413 – 2DP，其中一个 CPU413 – 2DP 的站地址为 2，另一个 CPU413 – 2DP 站地址为 3。

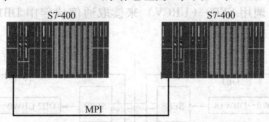

图 A–5　通信系统组成图

3. 实验内容和要求

（1）系统组态

新建项目，在 STEP 7 中建立一个新项目，在此项目下插入两个"SIMATIC 400 站"，并分别完成硬件组态，网络组态。

（2）资源分配

根据实验需要，部分软件资源分配见表 A–2。

表 A–2　部分软件资源分配表

站　点	资源地址	功　能
CPU413 – 2DP	DB1. DBW0 ~ DBW18	发送数据区
	DB2. DBW0 ~ DBW18	接收数据区
	M200. 0	时钟脉冲，SFB8 激活参数
	M0. 1	状态参数
	M0. 2	错误显示
	M10. 1	状态参数
	M10. 2	错误显示
	MW2	SFB9 状态字
	MW12	SFB8 状态字
CPU413 – 2DP	DB2. DBW0 ~ DBW18	接收数据区
	DB1. DBW0 ~ DBW18	发送数据区
	M200. 0	时钟脉冲，SFB8 激活参数
	M0. 1	状态参数

站　　点	资源地址	功　　能
CPU413 – 2DP	M0.2	错误显示
	M10.1	状态参数
	M10.2	错误显示
	MW2	SFB9 状态字
	MW12	SFB8 状态字

（3）程序编制

在基于 MPI 的 S7 双边通信中，双方分别调用 SFB8（USEND）来将 DB1 内数据发送到通信伙伴中的 DB2 内，调用 SFB9（URCV）来读取通信伙伴中 DB1 内的数据存放到本地 DB2 内。通信任务如图 A–6 所示。

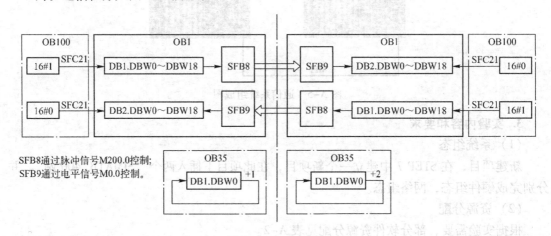

图 A–6　通信任务图

实验要求把 2 号站里 DB1. DBW0 ~ DBW18 里面的数据传送到 3 号站里的 DB2. DBW0 ~ DBW18，同样把 3 号站里 DB1. DBW0 ~ DBW18 里面的数据传送到 2 号站的 DB2. DBW0 ~ DBW18，两个 CPU 的 OB35 里面要求 DB1. DBW0 每隔 100ms 递增 1。

4. 实验报告

1）给出能实现所要求功能的完整组态步骤。

2）给出通信调试结果。

3）给出必要的说明性文档。

4）写出实验体会及实验中遇到的问题和解决方法。

实验四　基于 PROFIBUS – DP 的主从站通信实验

1. 实验目的

1）通过实验加深对 PROFIBUS – DP 主从通信的理解。

2）掌握 PROFIBUS – DP 主从通信的组态、编程、调试过程。

3）通过实验巩固主从通信编程指令的使用方法。

2. 通信系统组成

本实验是 PROFIBUS – DP 主从通信里的 "主站与智能从站的打包通信"。系统组成图如图 A–7 所示。DP 主站使用 CPU315 – 2PN/DP，站地址为 2；智能 DP 从站同样使用 CPU315 – 2PN/DP，站地址为 3。PC 通过 CP5613 接入网络中，作为编程和调试设备。各站之间通过 PROFIBUS 电缆连接，网络终端的插头，其终端电阻开关放在 "ON" 的位置；中间站点的插头其终端电阻开关必须放在 "OFF" 位置。

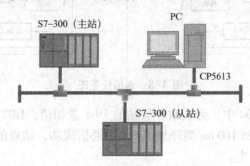

图 A–7　通信系统组成图

3. 实验内容和要求

（1）系统组态

新建项目，插入两个 S7 – 300 站点，分别设置为主站和从站。CPU 选择 315 – 2PN/DP。插入相应的输入输出模块。设置好相应主从站的站地址以及通信方式，配置好通信参数，完成硬件组态和网络组态。

（2）资源分配

根据实验需要，部分软件资源分配见表 A–3。

表 A–3　部分软件资源分配表

站　　点	资源地址	功　　能
主站	DB1. DBW0 ~ DBW118	发送数据区
	DB2. DBW0 ~ DBW118	接收数据区
	IW100 ~ IW118	过程输入映像区
	QW100 ~ QW118	过程输出映像区
	MW0	SFC14 状态字
	MW2	SFC15 状态字
从站	DB2. DBW0 ~ DBW118	接收数据区
	DB1. DBW0 ~ DBW118	发送数据区
	IW100 ~ IW118	过程输入映像区
	QW100 ~ QW118	过程输出映像区
	MW0	SFC14 状态字
	MW2	SFC15 状态字

（3）程序编制

通过硬件组态完成了主站和从站的接收区和发送区的连接，要使主站的从站对应的 I/O

333

区进行通信，还需要进一步编程实现。通信任务如图 A-8 所示。

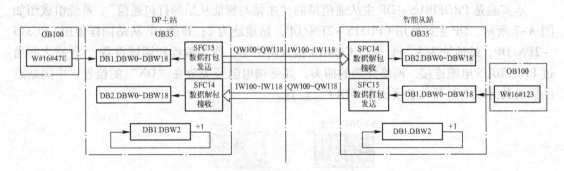

图 A-8　通信任务图

在初始化组织块 OB100 中，为主站和从站的 DB1 置初值，DB2 清零。在循环中断组织块 OB35 中，DB1. DBW2 每 100 ms 循环加 1。如果通信成功，站点的 DB1 的 10 个字的数据映射到另一个站点的 DB2 中。

4. 实验报告

1）给出实现所要求功能的完整组态与程序。

2）给出通信调试结果。

3）写出实验体会及实验中遇到的问题和解决方法。

实验五　基于 PROFIBUS 的 S7 通信实验

1. 实验目的

1）通过实验加深对基于 PROFIBUS 的 S7 通信的理解。

2）掌握基于 PROFIBUS 的 S7 通信的组态、编程、调试过程。

3）通过实验巩固 S7 通信编程指令的使用方法。

2. 通信系统组成

本实验是 CPU 集成口的基于 PROFIBUS 的单边通信。系统组成图如图 A-9 所示。S7 - 300 和 S7 - 400 均作主站。S7 - 400 使用 CPU 416 - 2DP 站地址为 2；S7 - 300 使用 CPU 315 - 2DP，站地址为 4。PC 通过 CP5613 通信卡接入网络中，作为编程和调试设备。各站之间通过 PROFIBUS 电缆连接，网络终端的插头，其终端电阻开关放在"ON"的位置；中间站点的插头其终端电阻开关必须放在"OFF"位置。

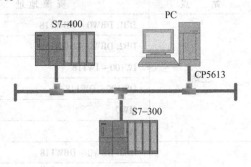

图 A-9　通信系统组成图

3. 实验内容和要求

（1）系统组态

新建项目，插入一个 S7 - 400 的站点和一个 S7 - 300 的站点，两站点均设置为主站。S7 - 400 选择 CPU416 - 2DP，S7 - 300 选择 CPU 315 - 2DP。插入相应的输入输出模块。设置好相应主站的站地址以及通信方式，配置好通信参数，完成硬件组态和网络组态。

（2）资源分配

根据实验需要，部分软件资源分配见表 A-4。

表 A-4　部分软件资源分配表

站　　点	资源地址	功　　能
S7-400	DB1. DBB0 ~ DBB9	数据接收区
	DB2. DBB0 ~ DBB9	数据接收区
	DB3. DBB0 ~ DBB9	数据发送区
	DB4. DBB0 ~ DBB9	数据发送区
	I0. 0	控制 S7-300 的 Q0. 0
	Q0. 0	由 S7-300 的 I0. 0 控制
	M0. 0	SFB14 状态参数
	M0. 1	SFB14 错误显示
	M1. 0	SFB15 状态参数
	M1. 1	SFB15 错误显示
	MW2	SFB14 状态信息
	MW4	SFB15 状态信息
	M10. 0	SFB14 脉冲触发信号
	M11. 0	SFB15 脉冲触发信号

（3）程序编制

在 S7 单边通信中，S7-300 作为服务器，S7-400 作为客户端，客户端调用单边通信功能块 GET 和 PUT，访问服务器的存储区。服务器端不需要编程。通信任务如图 A-10 所示。

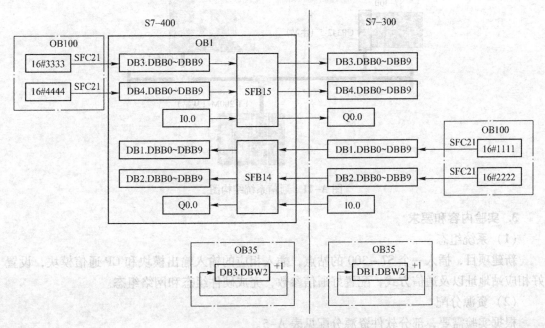

图 A-10　通信任务图

335

初始化组织块 OB100 完成 DB 块数据初始化，DB1 和 DB2 置初值，DB3 和 DB4 数据接收区清零。在循环中断组织块 OB35 中，S7 – 300 的 DB1. DBW2 和 S7 – 400 的 DB3. DBW2 每 100 ms 循环加 1。如果通信成功，S7 – 400 可以读取到 S7 – 300 中 DB1 和 DB2 的数据，S7 – 400 可以将 DB3 和 DB4 的数据写入到 S7 – 300 中的 DB1 和 DB2；并且 S7 – 400 可以通过 I0. 0 控制 S7 – 300 的 Q0. 0，S7 – 300 同样可以通过 I0. 0 控制 S7 – 400 的 Q0. 0。

4. 实验报告

1）给出实现所要求功能的完整组态与程序。

2）给出通信调试结果。

3）写出实验体会及实验中遇到的问题和解决方法。

实验六　通信处理器（CP 块）在 PROFIBUS – DP 中通信实验

1. 实验目的

1）通过实验加深对通信处理器应用的理解。

2）掌握通信处理器（CP 块）在 PROFIBUS – DP 中通信的组态、编程、调试过程。

3）通过实验巩固通信处理器通信编程指令的使用方法。

2. 通信系统组成

本实验实现 CP342 – 5 作为主站的 PROFIBUS – DP 通信。系统组成如图 A–11 所示。CP342 – 5 作为 DP 主站，CPU 模块为 CPU 315 – 2DP，PROFIBUS 总线接在 CP342 – 5 的 DP 接口，站地址为 3；DP 从站使用分布式 I/O ET 200M，站地址为 4。PC 通过 CP5613 接入网络中，作为编程和调试设备。各站之间通过 PROFIBUS 电缆连接，网络终端的插头，其终端电阻开关放在 "ON" 的位置；中间站点的插头其终端电阻开关必须放在 "OFF" 位置。

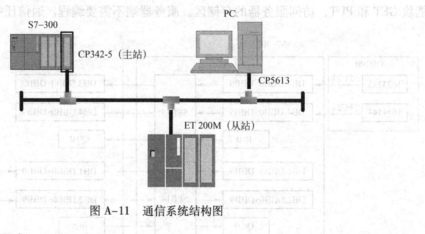

图 A–11　通信系统结构图

3. 实验内容和要求

（1）系统组态

新建项目，插入一个 S7 – 300 的站点，插入相应的输入输出模块和 CP 通信模块，设置好相应站地址以及通信方式，配置好通信参数，完成硬件组态和网络组态。

（2）资源分配

根据实验需要，部分软件资源分配见表 A–5。

表 A–5　部分软件资源分配表

站　　点	资源地址	功　　能
主站	MW0	发送数据区
	MW10	接收数据区
	M2.0	发送完成标志位
	M2.1	发送错误标志位
	MW3	发送状态字
	M12.0	接收完成标志位
	M12.1	接收错误标志位
	MW13	接收状态字
	MB15	DP 网络状态字节
从站	IB0 ~ IB1	发送数据的输入映像区
	QB0 ~ QB1	接收数据的输出映像区

（3）程序编制

根据通信原理设计程序，通信任务如图 A-12 所示。

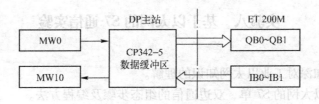

图 A-12　通信任务图

在 DP 主站 OB1 中，调用 FC1 将 MB0 ~ MB1 打包后发送给 ET200 的 QB0 ~ QB1。调用 FC2 将来自 ET200 的 IB0 ~ IB1 的数据存放到 MB10 ~ MB11。

4. 实验报告

1）给出实现所要求功能的完整组态与程序。

2）给出通信调试结果。

3）写出实验体会及实验中遇到的问题和解决方法。

实验七　基于 PROFINET 的 IO 通信实验

1. 实验目的

1）通过实验加深对 PROFINET IO 的理解。

2）掌握 PROFINET IO 通信的组态步骤与编程方法。

3）通过实验巩固各种 PLC 编程指令的使用方法。

2. 实验内容和要求

（1）系统组态

创建一个 S7 – 300 站点。CPU 选择具有集成 PN 接口的 S7 –300PLC，作为 PROFINET 控制器；配置 2 个 IO 从站设备，具有 PN 接口的 ET200S 仅插入数字量输入模块，具有 PN 接口的 ET200 M 仅插入数字量输出模块。

完成硬件组态与网络组态，实现 PROFINET IO 组态。

（2）程序编制

使用移位寄存器指令和定时器指令相结合编写梯形图程序，满足如下要求：

当 I0.0 产生 0→1 的跳变时，点亮 Q0.0，可进行指示灯状态的初始化。

当 I1.0 = 1 和 I1.1 = 1 同时满足时，使一个点亮的指示灯以 1s 的速度从 Q0.0 向 Q0.7 移动，到达终点 Q0.7 后，继续重复从 Q0.0 移动到 Q0.7，同一时刻只有一个指示灯点亮。

当 I2.0 = 1、I2.1 = 1 或 I2.2 = 1 中任意一个条件满足时，令一个点亮的指示灯以 0.5s 的速度按相反的方向移动，即 Q0.7→Q0.6→……→Q0.0→Q0.7→……，同一时刻亦只有一个指示灯点亮。

指示灯移动过程中，切换运动方向立即生效。

3. 实验报告

1）给出能实现所要求功能的完整组态与程序。

2）给出通信调试结果。

3）给出必要的说明性文档。

4）写出实验体会及实验中遇到的问题和解决方法。

实验八　基于以太网的 S7 通信实验

1. 实验目的

1）通过实验加深对工业以太网知识的理解。

2）掌握基于以太网的 S7 单、双边通信的组态步骤及编程方法。

3）掌握通信程序的调试方法与技巧。

2. 实验内容和要求

（1）系统组态

按照图 A-13 所示的结构进行系统的硬件组态和网络组态。AS300 站点的 CPU 采用具有集成 PN 接口的 S7 - 300 PLC；AS400（1）站点和 AS400（2）的 CPU 采用具有集成 PN 接口的 S7 - 400 PLC。三个站点均连接到同一条 Ethernet 上。

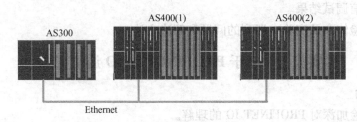

图 A-13　通信系统组成图

（2）通信要求

AS400（1）站点和 AS400（2）站点之间进行 S7 双边通信；同时 AS400（1）站点和 AS300 站点之间进行 S7 单边通信。

（3）资源分配

根据实验需要，部分软件资源分配见表 A-6。

站　点	资源地址	功　能
AS400(1)站点	M100.0	S7 双边通信的发送使能时钟脉冲
	M0.0	S7 双边通信的接收使能
	M100.1	S7 单边通信的发送与接收使能时钟脉冲
	DB1.DBW0 ~ DBW18	发送到 AS400(2)站点的发送数据区
	DB2.DBW0 ~ DBW18	接收 AS400(2)站点数据的接收数据区
	DB3.DBW0 ~ DBW18	发送到 AS300 站点的发送数据区
	DB4.DBW0 ~ DBW18	接收 AS300 站点数据的接收数据区
AS400(2)站点	M100.0	S7 双边通信的发送使能时钟脉冲
	M0.0	S7 双边通信的接收使能
	DB1.DBW0 ~ DBW18	发送到 AS400(1)站点的发送数据区
	DB2.DBW0 ~ DBW18	接收 AS400(1)站点数据的接收数据区
AS300 站点	DB1.DBW0 ~ DBW18	发送到 AS400(1)站点的发送数据区
	DB2.DBW0 ~ DBW18	接收 AS400(1)站点数据的接收数据区

其他在通信程序编写过程中需要用到的状态与标志位，由学员自行决定，此处不作限制。

（4）程序编写

本实验对控制程序作如下要求：

AS400(1)站点：DB1.DBW 初始化为全 0，DB3.DBW 初始化为全 F，实现每 500 ms 给 DB1.DBW 加 1，DB3.DBW 减 1。

AS400(2)站点：DB1.DBW 初始化为全 0，实现每 500 ms 令 DB1.DBW 加 2。

AS300 站点：DB1.DBW 初始化为全 0，实现 DB1.DBW 每 1 s 加 2。

3. 实验报告

1）给出实现所要求功能的完整组态与程序。

2）给出通信调试结果。

3）写出实验体会及实验中遇到的问题和解决方法。

附录 B　综合实验

实验一　PLC 与变频器通信实验

1. 实验目的

1）熟悉 PLC 与变频器的通信方式。

2）掌握 PLC 与变频器、PLC 与 ES 站（工程师站）之间通信的组态、编程、调试方法。

3）通过实验巩固系统设计中控制器与现场设备之间通信的方法。

2. 实验通信系统组成

电动机驱动系统被广泛地应用于现代工业控制系统，本实验模拟最简单的工业生产系统，将本实验系统分为现场级和车间级。

针对被控对象及控制任务的要求，本次设计构建了如图 B-1 所示系统，通过 PROFIBUS 总线连接 ET200M 远程 IO，MM440 驱动器等现场设备，通过工业以太网将 S7 – 300 PLC 与 ES 站连接到一起，S7 – 300 实现对 MM440 的操作，MM440 根据具体操作控制电动机，远程 IO 实现电源的开关量控制。在 ES 站里编写程序下载到控制器里，控制器将电动机控制参数 传送给变频器以及 ET200M（远程 IO 从站），变频器驱动电动机，从而实现对电动机得到控制。

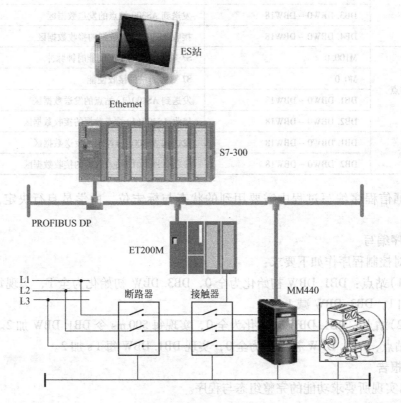

图 B-1　通信系统组成图

电动机驱动系统主要涉及三个部分的通信：ES 站（工程师站）与 PLC 之间的通信；PLC 与 ET200M（远程 IO 从站）之间的通信；PLC 与变频器之间的通信。

3. 实验要求及内容

（1）系统组态

S7 – 300 选择 CPU 315 – 2PN/DP，变频器选择 MicroMaster440，ET200M 选择 IM153 – 2。选型确定后新建 STEP 7 项目，按照系统通信要求选择通信网络，完成硬件组态和网络组态。

（2）电动机控制任务

S7 – 300 通过 DP 通信口，操作 MM440，实现电动机的起动、停机、正转、反转、变速，并读取电动机当前电压、电流及频率值。

可以按通信的性质将控制任务划分为两大部分：

第一部分，S7 – 300 通过 DP 控制 MM440 参数，以实现电动机的起动、停机、正转、反转、变速和正反向点动。

第二部分，S7-300 通过 DP 读取 MM440 参数，读取控制电压、电流及频率。

PLC 上电后程序开始循环执行，断路器闭合后，进行复位操作，即可对电动机进行相应控制，同时 T1 以 0.5 s 的频率触发，刷新当前电压、电流以及频率值。

（3）程序编写

图 B-2 所示为 S7-300 与变频器之间通信过程软件流程图。

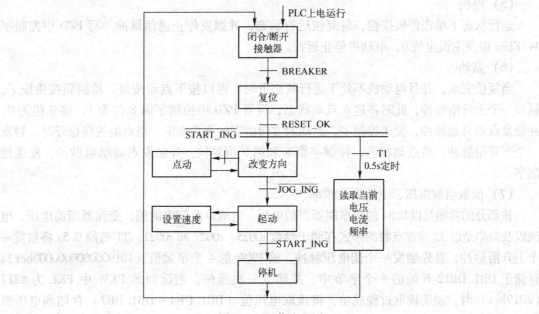

图 B-2　通信流程图

（1）复位

复位按钮（RESET）被按下，当断路器控制位已经闭合，则触发一次脉冲，进入复位完成状态控制位，给期望速度（SPEED）赋值为 0，并对 DB1 中要发送的 PZD 区赋控制字（047Ehex）和主设定值（0），然后触发一个复位通信脉冲，调用 SFC15 和 SFC14 进行通信操作，写的操作地址从 280（118hex）开始 4 个字节，读的操作地址从 296（128hex）开始 4 个字节。

（2）设置方向

在复位完成后，可通过方向开关改变电动机的转动方向，当断开为正方向，闭合为负方向。方向开关操作 PZD 中控制字的 11 位，这里要注意的是程序中字的存储方式是高字节存放低地址，低字节存放高地址，位都是从高到低对齐。方向设置可以在几种方式下完成：电动机起动前、电动机运行中以及电动机点动前。

（3）设置速度

按下设置速度按钮，能够给期望速度赋值，并触发一个速度改变通信脉冲，当电动机处于运行状态时，将建立一次通信改变转速。变频器使用的 V/f 控制，速度是与频率成正比的，例如本电动机的额定频率是 50 Hz，该频率下对应的额定转速为 1395 r/min，当频率为 40 Hz 时，转速对应为 1116 r/min。要注意的是，传送 W#16#4000 给主设定值，对应的频率为 50Hz。

（4）起动

在复位完成后，按下起动按钮，进入运行状态。起动分两个步骤，首先让电动机处于准备运行状态，触发起动通信脉冲 1，写 PZD 中控制字为 047Ehex，主设定值为期望频率，并发送；当读回状态字为正方向 FB31hex（ - 1231）或反方向 BB31（ - 17615）时，触发起动通信脉冲 2，写控制字为 047Fhex，主设定值为期望频率，此后电动机开始运行。

（5）停机

运行状态下单击停机按钮，将复位运行状态，并触发停止通信脉冲，写 PZD 中控制字 047Ehex 以及主设定值 0，电动机停止运行。

（6）点动

当复位完成，并且电动机不处于运行状态下时，可以按下点动按钮，检测到按钮按下，触发一个上升沿脉冲，此时将进入点动状态，设置 PZD 中控制字第 8 位为 1，第 9 位为 0，并触发点动开始脉冲，发送控制字，点动的方向由方向开关决定。当点动按钮松开时，触发一个下降沿脉冲，将点动状态，控制字第 8 和第 9 位复位，并触发点动结束脉冲，发送控制字。

（7）读取当前电压、电流以及频率

该部分的功能是以 0.5s 的频率刷新当前电压、电流以及频率的值，变频器当前电压、电流以及频率是以 32 位浮点数的形式存储于参数 r0025、r0027 和 r0021。T1 每隔 0.5s 将触发一个上升沿脉冲，首先触发一个读电压脉冲，给 PKW 的 4 个字赋值（1019000000000000hex），存储于 DB1. DB12 开始的 8 个字节中，并建立一次通信，当读回的 PKW 中 PKE 为 8217（2019hex）时，说明读取过程成功，将读取电压值（DB1. DB4 ~ DB1. DB7）存储到电压值（VOLTAGE）变量中，紧接着触发一个读电流脉冲，根据上述原理再依次读电流和频率值。

4. 实验报告

1）给出实现所要求功能的完整组态与程序。

2）给出系统通信调试结果。

3）写出实验体会及实验中遇到的问题和解决方法。

实验二　PLC 与操作员站通信实验

1. 实验目的

1）熟悉 PLC 与操作员站的通信方式。

2）掌握 OPC 通信方式以及 WinCC 通信组态。

3）通过实验巩固系统设计中控制器与操作员站之间通信的方法。

2. 实验设备及工具

一台 PC，装有 STEP 7 - Micro/WIN 用于编程，OPC 服务器 PC Access 以及组态软件 WinCC，西门子 S7 - 200 系列 PLC 控制器。

3. 实验要求及内容

在 STEP 7 - Micro/WIN 中创建四个变量，并进行赋值，利用 WinCC 对创建的变量进行监控。其中 PC Access 中添加的变量与 STEP 7 - Micro/WIN 中创建的四个变量对应关系见表 B-1。

表 B-1　变量对应表

PC Access 变量名	PLC 200 变量	变量值
a1	VB0(BYTE)	12
a2	VW2(INT)	-34
a3	MD0(REAL)	5.67
a4	VB10(STRING)	"abcde"

4. 实验报告

1) 给出 STEP 7 - Micro/WIN 中状态表。

2) 给出 PC Access 以及 WinCC 组态图。

3) 给出 WinCC 运行结果图。

4) 写出实验体会及实验中遇到的问题和解决方法。

附录 C　系统设计实验

实验　蒸洗机控制系统通信网络设计实验

1. 实验目的

1) 学习和了解蒸洗机系统的系统结构与工艺流程。

2) 学习和了解蒸洗机系统网络通信系统总体设计方法。

3) 掌握系统网络通信模型仿真。

2. 实验预备知识

了解蒸洗机的工作过程；掌握 PLC 程序硬件组态和下载；掌握多 CPU 通信的编程和调试。

3. 实验设备及工具

一台 PC（装有 STEP 7V5.5 用于编程，装有 PLCSIM V5.5 用于系统调试），西门子 S7 - 300 系列 PLC 控制器（4 个），西门子 S7 - 400 系列 PLC 控制器（2 个）。

4. 被控对象分析

本系统由两个厂房共四个车间组成。在现场级，采用的是 S7 - 300 控制器来对整条生产线的运行进行控制，下面连接着若干个变频器和电动机，一个车间网络上挂载一个分布式 IO。通过通信网络将两个车间的信息传送到管理级 S7 - 400 处。再由 S7 - 400 将采集的数据再传送到 OS 客户端，由客户端来监视车间的工作情况。然后，两个车间的客户端信息一起汇总到中央服务器。整体的网络通信设计架构如图 C-1 所示。

本实验的内容是蒸洗机控制系统通信方案的设计，整个蒸洗机的控制系统涉及两个 S7 -400（作为数据归档服务器）、四个 S7 - 300（作为蒸洗机系统的主控制器）、多台变频器及电动机驱动、远程 I\O 从站、以及系统监控站等之间的通信。所以，对其控制系统通信部分的良好设计是整个系统正常运行的必要条件。整个系统的硬件见表 C-2。

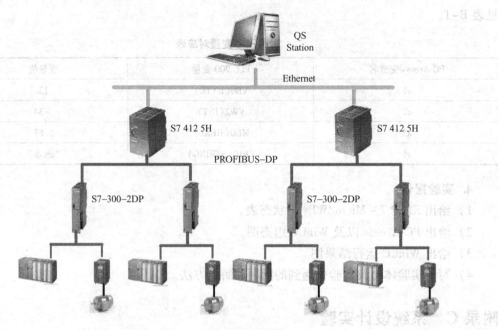

图 C-1　系统通信结构图

表 C-1　系统硬件选型表

硬　件	数　量	型　号	功　能
CPU	X2	S7 - 412 - 5H	归档数据
CPU	X4	S7 - 317 - 2DP	蒸洗机控制器
远程 IO 从站	X4	ET - 200M	远程 I/O 控制
变频器	X4	MM440	电机驱动

1）操作员站（OS 站）与 S7 - 400 的通信选择的是工业以太网。对于蒸洗机通信系统来说，本系统对于网络通信的要求比较高，特别是操作员站和 S7 - 400 之间的通信，使用工业以太网可以降低网络的负荷，对于数据的过滤也较精确，减少冲突，大大提高了通信的准确性和实时性。

2）两个 S7 - 400 之间选择的也是工业以太网，由于两个 S7 - 400 之间是双边通信，所以能实时的传输数据成为重要的条件，还有的就是几乎绝大多数编程语言都支持工业以太网，这给予了工业以太网极大的可操作性。

3）S7 - 400 和 S7 - 300 之间选择基于 PROFIBUS 的 S7 通信。PROFIBUS 是一种高速低成本的数据传输。

4）S7 - 300 与变频器之间采用 PROFIBUS - DP 通信。因为在变频器调速期间，对于时间的响应要非常迅速，而 PROFIBUS - DP 的特点决定了它非常适合现场级设备间的通信，并且 PROFIBUS - DP 的通信实现起来相对来说比较简单。

5）S7 - 300 与远程 I/O 从站选择的是 DP 通信，由于两者间的距离比较近，所以选择 DP 通信比较有性价比。其次 DP 通信特别适合用于设备控制系统与分散式 I/O 的通信。

5. 实验内容和要求

（1）系统组态

打开 STEP 7，单击新建项目，插入两个 S7 – 400 站。然后再在每个 S7 – 400 的站下分别再插入两个 S7 – 300 站，按照通信系统图要求，每个 S7 – 300 下再挂接一个 ET200M 的远程 I/O 从站、一个变频器。完成硬件组态。硬件组态完成后，按照通信系统要求图进行网络组态。选择各自通信的网络后，完成网络组态。

（2）系统通信要求

组态完成后。进行通信网络的编程。为了简便过程，本实验只要求系统间进行简单的通信，只要能够把系统网络调试成功。即达到本实验的要求。具体实验要求如下：

1）OS 站与 S7 – 400 站之间的通信。要求能够用 Ethernet 让 OS 站与 S7 – 400 通信成功。

2）S7 – 400 与 S7 – 400 之间的通信。要求采用基于以太网的 S7 双边通信方式。

3）S7 – 300 与 S7 – 400 之间的通信。要求采用基于 PROFIBUS 的 S7 单边通信方式，S7 – 400 作为客户机，S7 – 300 作为服务器。

4）S7 – 300 与 ET200M 之间的通信。要求 S7 – 300 通过主从站通信控制 ET200M 里面的输出位。

5）S7 – 300 与 MM440 之间的通信。要求能够实现 S7 – 300 与 MM440 变频器基于 PRO-FIBUS – DP 的通信。

6. 实验报告

1）给出实现所要求功能的完整组态与程序。

2）给出 PLCSIM 仿真调试的结果。

3）给出必要的说明性文档。

4）写出实验体会及实验中遇到的问题和解决方法。

参考文献

[1] 廖常初，祖正容．西门子工业通信网络组态编程与故障诊断 [M]．北京：机械工业出版社，2009．

[2] 崔坚．西门子工业网络通信指南 [M]．北京：机械工业出版社，2005．

[3] 向晓汉，苏高峰．PLC 工业通信完全精通教程 [M]．北京：化学工业出版社，2013．

[4] 缪学勤．现场总线国际标准最新进展 [J]．电气时代，2007（8）：15-17．

[5] 姜建芳．西门子 S7-300/400PLC 工程应用技术 [M]．北京：机械工业出版社，2012．

[6] 姜建芳．电气控制与 S7-300 PLC 工程应用技术 [M]．北京：机械工业出版社，2014．

[7] 陈瑞阳，席巍，宋柏青．西门子工业自动化项目设计实践 [M]．北京：机械工业出版社，2009．

[8] Siemens AG. Industrial Communication Catalog IK PI, 2009.

[9] Siemens AG. Communication with SIMATIC System Manual, 2006.

[10] J Weigmann, G Kilian. Decentralization with PROFIBUS DP/DPV1 [M]. 2nd ed. Erlangen：Publicis Corporate Publishing, 2003.

[11] Siemens AG. System Software for S7-300/400 System and Standard Functions Reference Manual, 2006.

[12] Danfoss Group. VLT5000 PROFIBUS Manual, 2005.

[13] Siemens AG. Configuring Hardware and Communication Connections Manual, 2007.

[14] Siemens AG. Distributed I/O device ET 200M Operating Instructions, 2006.

[15] Siemens AG. Distributed I/O System ET200S Manual, 2005.

[16] Siemens AG. ET200B Distributed I/O Station Manual, 1999.

[17] Siemens AG. S7-CPs for PROFIBUS Configuring and Commissioning Manual, 2005.

[18] Siemens AG. Diagnostic Repeater for PROFIBUS-DP Manual. 2002.

[19] Siemens AG. From DP to PROFINET IO Programming Manual, 2006.

[20] Siemens AG. CP 343-2_343-2P AS-i Master Manual, 2008.

[21] Siemens AG. S7-PDIAG Configuring Process Diagnostics Manual, 2002.

[22] Siemens AG. PROFIBUS Trade Organization PTO. PROFIBUS Technology and Application, Karlsruhe Germany, 2002.

[23] Siemens AG. PROFIBUS to PROFINET 编程手册，2006．

[24] Siemens AG. 工业通讯及现场设备产品目录，2004．

[25] Siemens AG. 用于 S7 的系统软件和标准功能参考手册，2007．